水暖工程施工技巧与常见问题分析处理

主　编　崔奉卫

副主编　王　芳　张广钱

湖南大学出版社

内 容 简 介

本书根据水暖工程施工安装实际，结合最新给排水工程设计与施工质量验收规范，对水暖工程的施工安装方法和技巧进行了详细阐述，对水暖工程常见施工安装质量问题进行了细致的分析并提出了适当的解决方法。本书主要内容包括水暖工程常用材料及设备、室内给水系统安装、室内排水系统安装、室内热水供应系统安装、卫生器具安装、室内采暖系统安装、室外给水管网安装、室外排水管网安装、室外供热管网安装、供热锅炉及辅助设备安装、中水系统及游泳池水系统安装等。

本书内容丰富，体例新颖，可供水暖工程施工安装现场技术及管理人员使用，也可供高等院校相关专业师生学习时参考。

图书在版编目（CIP）数据

水暖工程施工技巧与常见问题分析处理/崔奉卫主编.
—长沙：湖南大学出版社，2013.5
（建筑工程施工技巧与常见问题分析处理系列手册）
ISBN 978-7-5667-0326-2

Ⅰ.①水… Ⅱ.①崔… Ⅲ.①给排水系统—建筑安装
—工程施工—技术手册 ②采暖设备—建筑安装—工程施工
—技术手册 Ⅳ.①TU8-62

中国版本图书馆 CIP 数据核字（2013）第 089373 号

水暖工程施工技巧与常见问题分析处理
SHUINUAN GONGCHENG SHIGONG JIQIAO YU CHANGJIAN WENTI FENXI CHULI

作　者：崔奉卫　主编
责任编辑：张建平　　　　责任印制：陈　燕
印　装：北京紫瑞利印刷有限公司
开本：787×1092　16 开　　印张：15.5　　字数：368 千
版次：2013 年 5 月第 1 版　印次：2013 年 5 月第 1 次印刷
书号：ISBN 978-7-5667-0326-2
定价：35.00 元

出版人：雷　鸣
出版发行：湖南大学出版社
社　址：湖南·长沙·岳麓山　　　　邮　编：410082
电　话：0731-88821691（发行部），88820008（编辑室），88821006（出版部）
传　真：0731-88649312（发行部），88822264（总编室）
网　址：http://www.hnupress.com　　电子邮箱：574587@qq.com

水暖工程施工技巧与常见问题分析处理

（编 委 会）

主　　编：崔奉卫

副 主 编：王　芳　张广钱

编　　委：郤建荣　秦大为　訾珊珊
　　　　　华克见　葛彩霞

前　言

当前，我国经济社会进入一个新的重要发展时期，作为国民经济的支柱产业，建筑业的重要地位和作用正在日益显现。随着我国建设事业的不断发展，建筑行业的各项技术也有了很大的进步，各种新材料、新设备、新技术不断涌现，这给建筑工程相关从业人员带来了极大的机遇与挑战，也对他们提出了更高的专业要求。

工程质量直接关系到人民生命财产的安全和社会经济的运行发展。我国工程质量近些年来总体水平虽有提高，可质量问题仍然不少，各种事故时有发生。作为建筑工程现场工作人员，更应该深入了解施工过程中存在的质量问题，才能有效地预防质量问题的发生，对出现的质量问题进行有效治理，确保工程安全、顺利进行，保证工程的使用质量。

在建筑施工现场，相关技术人员、建筑工人在面对各种施工方法问题、施工质量问题时，常常苦于无法方便快捷地找到解决实际问题的相关知识、资料。为此，我们组织相关专家、学者，在进行了实地调研之后，编写了这套《建筑工程施工技巧与常见问题分析处理系列手册》。本套丛书在编写上，力求直接解决相关人员在实际工作中所遇到的重点、难点问题，使相关从业人员在确保建筑工程质量的前提下，更好、更快、更准确地获取所需的相关知识。

与市面上同类书籍相比，本套丛书具有以下一些特点：

1. 针对不同的工程，分别编写了《地基基础工程施工技巧与常见问题分析处理》、《钢结构工程施工技巧与常见问题分析处理》、《主体结构工程施工技巧与常见问题分析处理》、《装饰装修工程施工技巧与常见问题分析处理》、《水暖工程施工技巧与常见问题分析处理》、《电气安装工程施工技巧与常见问题分析处理》、《通风空调工程施工技巧与常见问题分析处理》等分册，以适应不同专业施工、管理人员的需求，并使各专业知识更加全面、具体，具有可操作性。

2. 参考了国家最新相关施工技术、质量验收等方面的标准、规范、规程，并注意吸收新技术、新材料、新设备等方面的应用知识，确保书籍编写的正确性、新颖性。

3. 在编写体例上，注意丛书的实用性和方便性，针对各专业工程的具体施工，从目录上即体现出各具体施工问题的详细分类，方便读者查找；在内容上，从施工工艺、施工技巧、存在问题分析及处理三大方面入手；在细节上，针对各个细小的施工，对建筑工程施工的方法、问题进行详细剖析，使读者切实掌握施工技术的应用，并能解决实际相关问题。

4. 本套丛书注意语言通俗、易懂、简洁，图文并茂，以方便读者快速阅读、快速掌握，从而提升读者分析问题和解决问题的能力，特别适合建筑工程施工现场技术及管理人员使用。

本套丛书在编写过程中得到了有关专家学者的大力支持与帮助，参考和引用了有关部门、单位和个人的资料，在此深表谢意。限于编者的水平及阅历的局限，加之编写时间仓促，书中错误及疏漏之处在所难免，恳请广大读者和有关专家批评指正。

编　者

目录

第1章　水暖工程常用材料及设备

1.1　水暖管材

在建筑工程中，管材按用途不同可分为给水管材、排水管材和采暖管道管材。

1.1.1　给水管材

1. 钢管

(1)钢管的分类。室内给水常用的钢管，有低压流体输送用焊接钢管、低压流体输送用镀锌焊接钢管和无缝钢管等。

根据钢管的壁厚，钢管又分为普通焊接钢管和加厚焊接钢管两类。普通钢管出厂试验水压力为 2.0MPa，用于工作压力小于 1.0MPa 的管路；加厚钢管出厂试验水压力为 3.0MPa，用于工作压力小于 1.6MPa 的管路。

(2)钢管的性能。钢管具有强度高、承受内压力大、抗震性能好、重量比铸铁管轻、接头少、内外表面光滑、容易加工和安装等优点。但是，钢管抗腐蚀性能差，造价较高。钢管镀锌的目的是防锈、防腐、不使水质变坏，延长使用年限。

因此，钢管应存放在室内，至少要存放在棚内，避免日晒雨淋，并不得直接置于潮湿的地面上，防止锈蚀。管端带螺纹的钢管，两端需带管箍或管帽，以保护螺纹不受损害。

2. 给水铸铁管

按连接形式划分，给水铸铁管有承插连接式和法兰连接式两种，具有耐腐蚀、价格便宜、使用年限长的特点，适于埋入地下。一般生活饮用水管管径 $d > 75\text{mm}$ 时，均采用铸铁管，但其性质脆、重量大，施工比钢管困难。

承插接口式铸铁管常用地下永久性埋设，法兰接口式铸铁管一般用于明装、管沟及水泵房或需要经常拆卸的地方。

3. 塑料管

塑料管广泛应用于房屋建筑的自来水供水系统配管、排水、排气和排污卫生管，地下排水管系统，雨水管以及电线安装配套用管等。在工程建设中最常见的是硬聚氯乙烯管。

塑料管是由石油、煤、天然气及农副产品制取聚氯乙烯树脂与稳定剂、润滑剂等配合后，经挤压成型而得。

(1)塑料管在一般民用与工业建筑室内连续排水水温不大于 40℃，瞬时排水温度不大于 80℃。

(2)轻型塑料管使用压力小于或等于 0.6MPa，重型管使用压力小于或等于 1MPa。

(3)塑料排水管按外径分，有 40mm、50mm、75mm、110mm、160mm 等五种规格。

(4)管材与管件的质量应符合下列要求：

1)管材和管件的颜色应一致，无色泽不均及分解变色线。

2)管材的内外壁应光滑、平整、无气孔、无裂口、无明显的痕纹和凹陷。

3)管材的端面必须平整并垂直于轴线。

4)管材不允许有异向弯曲，直线度的公差应小于0.3%。

5)管件应完整无缺损，浇口及溢边应修平整，内外表面平滑，无明显痕纹。

6)管材和管件的物理力学性能指标应符合表1-1的规定。在寒冷地区使用的管件和管材，其性能应满足当地的气候条件。

表1-1 塑料排水管材、管件的物理力学性能

试验项目	指标	
	管 材	管 件
拉伸强度	>41.19MPa	
维卡软化温度	>79℃	>70℃
扁平试验	压至外径的1/2时无裂纹	在规定试验压力下无破裂
落锤冲击试验	试样不破裂	
液压试验	1.226MPa、保持1min无渗漏	
坠落试验		无破裂
纵向尺寸变化率	±2.5%	

(5)管材和管件应在同一批中抽样进行外观、规格尺寸与必要的物理力学性能检查。如达不到规定的质量标准，并与生产单位有异议时，应按有关规定，由工程所在地试验单位进行仲裁试验。

(6)塑料管的特性。常用的四种塑料管的特性见表1-2。

表1-2 塑料管特性

材料名称	代号	最大压力/MPa	最高温度/℃	适用介质
普通硬塑料管(聚氯乙烯管)	V·P	1	60	弱酸、弱碱
耐冲击塑料管	HI－VP	2~4	40~60	弱酸、弱碱
耐热塑料管	HT－VP	1	80~100	弱酸、弱碱
聚丙烯管	P·P	1	60	弱酸、强碱

1.1.2 排水管材

1. 排水铸铁管

排水铸铁管常用于生活污水和雨水管道。其特点是管壁比给水铸铁管薄，钢材用量少，强度低，不能承受较大压力。因此，在生产工艺设备振动较小的场所，铸铁管也可用做生产排水管道。排水铸铁管管径一般为50~200mm，采用承插连接。承插口直管有单承口和双承口两种；主要接口有铅接口、普通水泥接口、石棉水泥接口、氯化钙石膏水泥接口和膨胀水泥接口等，最常用的是普通水泥接口。

2. 硬聚氯乙烯塑料排水管(DPVC管)

硬聚氯乙烯塑料管具有耐腐蚀、重量轻、加工方便等优点，适宜用于室内上、下水管材。其质量密度为1.35~1.6g/cm³。

硬聚氯乙烯塑料管制作长度为 $4\pm0.1m$。管材在常温下使用的压力为：轻型管≤
0.6MPa；重型管≤1MPa。

3. 混凝土管

排水混凝土管有承插式和套管式两种形式，其规格见表 1-3。

表 1-3 排水混凝土管规格表

公称内径/mm	最小管长/mm	最小壁厚/mm	安全荷载/(N/m)	破坏荷载/(N/m)
75	1000	25	20000	24000
100	1000	25	16000	19000
150	1000	25	12000	14000
200	1000	27	10000	12000
250	1000	33	12000	15000
300	1000	40	15000	18000
350	1000	50	19000	22000
400	1000	60	23000	27000
450	1000	67	27000	32000

4. 钢筋混凝土管

常用的钢筋混凝土管有普通钢筋混凝土管、预应力钢筋混凝土管和自应力钢筋混凝土管。

(1)普通钢筋混凝土管。按其材料和载荷可分为轻型钢筋混凝土管和重型钢筋混凝土管。混凝土一般选用设计强度为 C30 的规格。

普通钢筋混凝土管的接口方式有承插式和套环式等。钢筋混凝土管的规格见表 1-4。

表 1-4 钢筋混凝土排水管规格 mm

轻型钢筋混凝土管			重型钢筋混凝土管		
公称内径	最小壁厚	最小管长	公称内径	最小壁厚	最小管长
100	25	2000			
150	25	2000			
200	27	2000			
250	28	2000			
300	30	2000	300	58	2000
350	33	2000	350	60	2000
400	35	2000	400	65	2000
450	40	2000	450	67	2000
500	42	2000	550	75	2000
600	50	2000	650	80	2000
700	55	2000	750	90	2000
800	65	2000	850	95	2000
900	70	2000	950	100	2000

续表

轻型钢筋混凝土管			重型钢筋混凝土管		
公称内径	最小壁厚	最小管长	公称内径	最小壁厚	最小管长
1000	75	2000	1050	110	2000
1100	85	2000	1300	125	2000
1200	90	2000	1550	175	2000
1350	100	2000			
1500	115	2000			
1650	125	2000			
1800	140	2000			

有些管径较小的混凝土管属于无筋管材一类，不能承受较大的载荷，只能用于户线及支线上。

重型钢筋混凝土管的管径通常都在 300mm 以上，多用于干线上。其制作工艺较为简单，成本也不高，缺点是管节短接头多，施工效率低，且自重较大，运输不便。

（2）预应力钢筋混凝土管。预应力钢筋混凝土管的管径一般在 400～1200mm，管长 5m左右。使用预应力钢筋混凝土管可以节约大量钢材。由于混凝土密实强度高，抗渗、抗裂、抗折性能好，而且又耐腐蚀，可以延长使用期，故对施工和安装都较方便。预应力钢筋混凝土管接口采用套环橡胶圈，具有一定的抗震性能。预应力钢筋混凝土管的规格及技术数据见表 1-5。

表 1-5　预应力钢筋混凝土管的规格及技术数据

种　类	公称内径 /mm	工作压力 /MPa	抗渗压力 /MPa	开裂压力 /MPa	参考重量 /（kg/根）
承压—$\frac{4}{5}$	$\phi400$ $\phi500$	0.4	0.8	1.3	1000 1200
承压—6	$\phi600$	0.6	1.1	1.6	1600
承压—8	$\phi800$ $\phi1000$	0.8	1.3	1.8	2340 3300
承压—10	$\phi1200$	1.0	1.5	2.0	4500

注：管子埋深以 2m 计；管子长度为 5m。

（3）自应力钢筋混凝土管。自应力钢筋混凝土管的主要材料是自应力水泥（又称膨胀水泥）。这种管子坚固耐用，即使局部出现裂缝（宽度在 0.25mm 以内），由于有自应力的作用，裂缝也可以自行闭合。其缺点是管子自重大、比较脆，在运输、装卸及安装时应小心避免碰撞。

1.1.3　采暖管道管材

采暖管道通常都采用钢管。钢管的最大优点是能承受较大的内压力和动荷载，管道连接简便；但缺点是钢管内部及外部易受腐蚀。室内采暖管道常采用焊接钢管或无缝钢管。

1.2 常用管件

　　水暖工程系统中管道管件主要是指用于直接连接转弯、分支、变径以及用做端部等的零部件，包括弯头、三通、四通、异径管接头、管箍、内外螺纹接头、活接头、快速接头、螺纹短节、加强管接头、管堵、管帽等（不包括阀门、法兰、螺栓、垫片）。

1.2.1 给水管道管件

1. 钢管管件

　　钢管采用螺纹连接就是用配件连接。连接配件的形式，如图1-1所示。室内生活给水管道应用镀锌配件，镀锌钢管必须用螺纹连接，多用于明装管道。

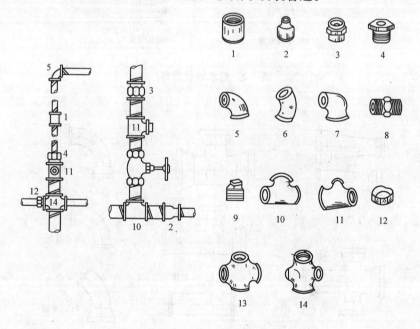

图1-1　螺纹连接配件

1—管接头；2—异径接头；3—活接头；4—补芯；5—弯头；6—45°弯头；7—异径弯头；
8—内接头；9—管堵；10—三通；11—异径三通；12—根母；13—四通；14—异径四通

2. 给水铸铁管件

给水铸铁管件的形式如图1-2所示。

给水铸铁管管件多采用承插式连接，但与阀件相连时，要用法兰连接。管件从种类上分，大体上有渐缩管(大小头)、三通、四通、弯头等；从形式上可分为承插、双承、双盘及三承三盘等。较为常用的给水铸铁管管件如图1-3所示。给水铸铁管件的弯头除90°的双承、双盘之外，还有承插式45°、22.5°。

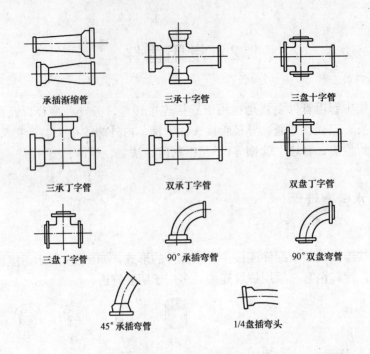

图 1-2　给水铸铁管件

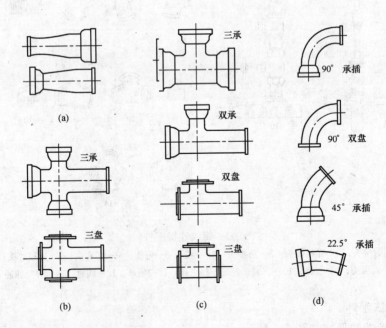

图 1-3　常用给水铸铁管件

(a)异径管；(b)四通；(c)三通；(d)弯头

3. 给水塑料管件

(1)注压管件。注压管件是由聚氯乙烯树脂加入稳定剂、润滑剂、着色剂及少量增型剂后，经捏和塑化切粒，再注压而成。

(2)热加工焊接管件。热加工焊接管件是由硬聚氯乙烯塑料经热加工焊接而成。

1.2.2 排水管道管件

1. 排水铸铁管管件

排水铸铁管的管件种类式样很多，如图1-4所示。此外，存水弯还分S弯和P弯。铸铁下水管管件的管壁薄，承插口浅，几何形状比较复杂，异形管件种类多。

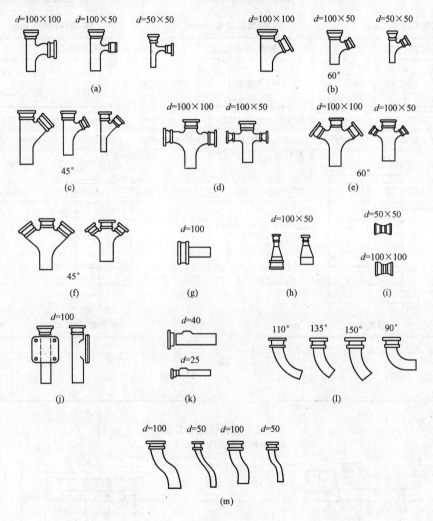

图1-4 排水铸铁管连接件

(a)直角三通；(b)60°斜三通；(c)45°斜三通；(d)直角四通；
(e)60°斜四通；(f)45°斜四通；(g)异径管（大小头）；(h)异径管（大小头）；
(i)管箍；(j)检查管；(k)有接头短管；(l)弯头；(m)乙字管

2. 硬聚氯乙烯塑料排水管管件

塑料管件主要有以下10种类型：45°弯头、90°弯头、90°顺水三通、45°斜三通、瓶型三通、正四通、45°斜四通、直角四通、异径管和管箍，如图1-5～图1-7所示。

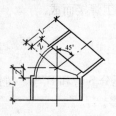
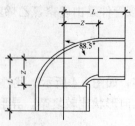
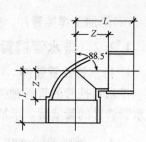

45°弯头尺寸	mm	
公称外径 D	Z	L
50	20	50
75	20	60
110	35	85

(a)

90°弯头尺寸	mm	
公称外径 D	Z	L
75(大弯)	50	90

(b)

90°弯头尺寸	mm	
公称外径 D	Z	L
50	38	68
110	74	124

(c)

图 1-5 塑料弯头

(a)45°塑料弯头；(b)90°塑料弯头；(c)90°塑料弯头

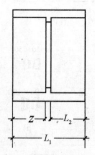

管箍尺寸		mm	
公称外径 D	Z	L_1	L_2
50	2	52	25
75	2	82	40
110	2	103	50

(a)

异径管尺寸			mm	
公称外径 D	D_1	D_2	L_1	L_2
110×50	110	50	50	25
110×75	110	75	50	40
75×50	75	50	40	25

(b)

图 1-6 塑料管箍及异径管

(a)塑料管箍；(b)塑料异径管

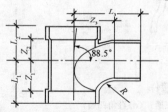
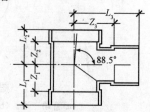

90°正三通尺寸						mm
公称外径 D	Z_1	Z_2	Z_3	L_1	L_2	L_3
50×50	40	35	43	70	65	73
110×110	80	70	80	130	120	130
110×50	50	40	80	100	90	110

(a)

90°顺水三通尺寸						mm	
公称外径 D	Z_1	Z_2	Z_3	L_1	L_2	L_3	R
75	50	30	55	87	79	94	≥49
110	80	55	80	118	105	130	≥63

(b)

图 1-7 塑料三通(一)

(a)90°塑料三通；(b)90°塑料顺水三通

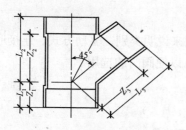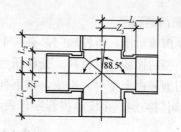

45°斜三通尺寸　　　　　mm

公称外径 D	Z_1	Z_2	Z_3	L_1	L_2	L_3
110×50	20	95	110	30	145	135
110×75	1	115	120	49	165	160

(c)

正四通尺寸　　　　　mm

公称外径 D	Z_1	Z_2	Z_3	L_1	L_2	L_3
110×110	80	70	80	130	120	130
110×50	50	40	80	110	90	100

(d)

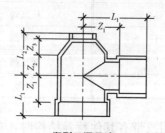

瓶型三通尺寸　　　　　mm

公称外径 D	Z_1	Z_2	Z_3	L_1	L_2
110×50	80	58	27	130	109

(e)

图 1-7　塑料三通(二)

(c)45°塑料斜三通；(d)塑料正四通；(e)塑料瓶型三通

1.3　附　　件

给水排水系统中的各种附件，其主要作用是控制管道中水的流量及便于平时进行管理检修。

1.3.1　阀门的种类及型号

1. 阀门的种类

阀门的种类繁多，按输送介质可分为煤气阀、水蒸气阀和空气阀等；按材质可分为铸铁阀、铸钢阀、锻钢阀和钢板焊接阀等；按输送介质温度可分为低温阀和高温阀等；按压力等级可分为低压阀、中压阀和高压阀等。

另外，按用途分主要有以下几种：

(1)用于启闭管道介质流动，如旋塞阀、闸阀、截止阀和球阀等。

(2)用于自动防止管道内介质的倒流，如止回阀和底阀等。

(3)排出管内空气，同时也起进气作用，如排气阀。

(4)用于启闭或调节管道内介质作用，如蝶阀。

(5)其他种类，如节流阀、安全阀、液压阀和疏水器等。

2. 阀门的型号

根据国家标准，每种阀门都有一个特定型号，用来说明类别、驱动方式、连接形式、结构形式、密封面或衬里材料、公称压力及阀体材料，以便阀门的选用。

阀门型号由七个单元组成，按下列顺序编制。

(1)阀门类别。用汉语拼音字母表示，见表1-6。

表1-6　阀门类别与类型代号

阀门类型	代　　号	阀门类型	代　　号
弹簧载荷安全阀	A	排污阀	P
蝶阀	D	球阀	Q
隔膜阀	G	蒸汽疏水阀	S
杠杆式安全阀	GA	柱塞阀	U
止回阀和底阀	H	旋塞阀	X
截止阀	J	减压阀	Y
节流阀	L	闸阀	Z

当阀门还具有其他功能作用或带有其他特异结构时，在阀门类型代号前再加注一个汉语拼音字母，按表1-7的规定。

1-7　具有其他功能作用或带有其他特异结构的阀门表示代号

第二功能作用名称	代　　号	第二功能作用名称	代　　号
保温型	B	排渣型	P
低温型	D[a]	快速型	Q
防火型	F	(阀杆密封)波纹管型	W
缓闭型	H	—	—

a 低温型指允许使用温度低于－46℃以下的阀门。

(2)驱动方式。用一位阿拉伯数字表示，见表1-8。

表1-8　阀门驱动方式代号

驱动方式	代　　号	驱动方式	代　　号
电磁动	0	锥齿轮	5
电磁—液动	1	气动	6
电—液动	2	液动	7
蜗轮	3	气—液动	8
正齿轮	4	电动	9

注：代号1、代号2及代号8是用在阀门启闭时，需有两种动力源同时对阀门进行操作。

(3)连接形式。用一位阿拉伯数字表示，见表1-9。

表 1-9　阀门连接端连接形式代号

连接形式	代　号	连接形式	代　号
内螺纹	1	对　　夹	7
外螺纹	2	卡　　箍	8
法兰式	4	卡　　套	9
焊接式	6	—	—

(4)结构形式。用一位阿拉伯数字表示。结构形式最为复杂,不同种类的阀门有相应的结构形式,如闸阀结构形式见表 1-10。

表 1-10　闸阀结构形式代号

结　构　形　式			代　号
阀杆升降式(明杆)	楔式闸板	弹性闸板	0
		刚性闸板　单闸板	1
		刚性闸板　双闸板	2
	平行式闸板	刚性闸板　单闸板	3
		刚性闸板　双闸板	4
阀杆非升降式(暗杆)	楔式闸板	刚性闸板　单闸板	5
		刚性闸板　双闸板	6
	平式行闸板	刚性闸板　单闸板	7
		刚性闸板　双闸板	8

(5)密封面或衬里材料。用拼音字母表示,见表 1-11。

表 1-11　密封面或衬里材料代号

密封面或衬里材料	代　号	密封面或衬里材料	代　号
锡基轴承合金(巴氏合金)	B	尼龙塑料	N
搪瓷	C	渗硼钢	P
渗氮钢	D	衬铅	Q
氟塑料	F	奥氏体不锈钢	R
陶瓷	G	塑料	S
Cr13 系不锈钢	H	铜合金	T
衬胶	J	橡胶	X
蒙乃尔合金	M	硬质合金	Y

(6)公称压力。用横线"—"与前面内容分开。

(7)阀体材料。阀体材料代号见表 1-12。

表 1-12　阀体材料代号

阀 体 材 料	代 号	阀 体 材 料	代 号
碳 钢	C	铬镍钼系不锈钢	R
Cr13 系不锈钢	H	塑 料	S
铬钼系钢	I	铜及铜合金	T
可锻铸铁	K	钛及钛合金	Ti
铝合金	L	铝钼钒钢	V
铬镍系不锈钢	P	灰铸铁	Z
球墨铸铁	Q	—	—

注：CF3、CF8、CF3M、CF8M 等材料牌号可直接标注在阀体上。

1.3.2　给水管道附件

1. 配水附件

配水附件是指装在给水支管末端，专供卫生器具和用水点放水用的各式水龙头（或称水嘴）。水龙头的种类很多，按用途不同可分为配水龙头、盥洗龙头、混合龙头和小嘴龙头。

（1）配水龙头（水嘴）。配水龙头是指装在卫生器具上的各种各样的水龙头，规格有 15mm、20mm、25mm 三种，常用的有旋压式和旋塞式两种。

1）旋压式配水龙头。旋压式配水龙头是一种最常见的普通水龙头，装在洗涤盆、盥洗槽、拖布盆上和集中供水点，专供放水用，如图 1-8 所示，一般用铜或可锻铸铁制成。

它的球形顶盖内阀轴的升降而不漏水，阀瓣底部贴一垫圈，能紧密闭塞阀孔。对于冷水采用皮革垫圈或塑料垫圈，对于热水采用纤维织物或其他高温下不易损坏的材料。

2）旋塞式配水龙头。旋塞式配水龙头用于开水炉、沸水器、热水桶上的水龙头或用于压力不大于 1 个大气压的给水系统中，如图 1-9 所示。它用铜制成，水柄转动 90°时龙头完全开启，规格有 DN15、DN20 等。

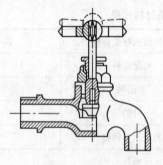

图 1-8　旋压式配水龙头

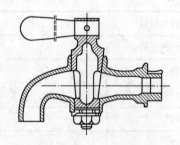

图 1-9　旋塞式配水龙头

（2）盥洗龙头。盥洗龙头是装在洗脸盆上专供盥洗用冷水或热水的龙头，材质多为铜制，镀镍表面，有光泽，不生锈。盥洗龙头式样很多，图1-10是一种装在瓷质洗脸盆上的角式水龙头。

（3）混合龙头。在具有热水供应的系统中，为了使冷热水进行混合，在洗脸盆、浴缸淋浴莲蓬头等用具上装置混合龙头。它有冷热水两个开关，冷热水进入后，就混合器中进行混合，然后流出。混合龙头种类很多，图 1-11 是浴盆上用的一种。另外，还有肘式开关混合龙头和脚踏式开关混合龙头，适用于医院、化验室等特殊场所。

（4）小嘴龙头。它是一种专供接胶皮管而用的小嘴龙头，又称接管龙头或皮带水嘴，适用于实验室、化验室泄水盆，如图 1-12 所示。

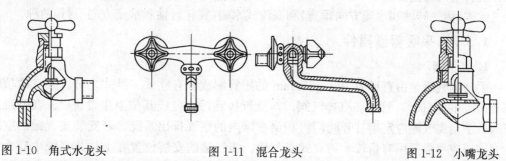

图 1-10　角式水龙头　　　　　图 1-11　混合龙头　　　　　图 1-12　小嘴龙头

2. 截流调节附件

截流调节附件是指控制水流运动的各种阀门，常用的有截止阀、闸阀、旋塞阀、止回阀、底阀、浮球阀、安全阀等。

（1）截止阀。截止阀是使用广泛的一种阀门。有内螺纹接口截止阀和法兰盘接口截止阀。截止阀与闸阀比较，其优点是：结构简单，密封性好，制造维修方便；缺点是：流体阻力大，开启、关闭力也稍大。

（2）闸阀。给水管道常采用闸阀。具有流体阻力小，开启、关闭力较小，介质可从两个方面流动的特点。但是结构复杂，高度尺寸大密封面容易擦伤。闸阀有暗杆、明杆、楔杆、平行式等几种。明杆适用于非腐蚀性介质和安装及操作位置受到限制的地方。暗杆适用于腐蚀性介质及室内管道上。平行式大多制造为双闸板，不适合于污物及含有杂质的介质中，主要用于蒸汽、清水管道中。楔式大多制造为单闸，在高温下不易变形，适用于黏性介质中。

（3）球阀。这种阀门与闸阀、截止阀相比具有：结构简单，体积小，流体阻力大的优点。但是由于密封结构及材料的限制，目前还不能使用于高温介质中。

（4）止回阀。止回阀又称单向阀、逆止阀，是一种只允许水流向一个方向流动，不能反向流动的阀门。根据其结构的不同，有升降式和旋启式两种。

旋启式止回阀可水平安装或垂直安装，垂直安装时水流只能朝上而不能朝下；升降式止回阀在阀前压力大于 19.62kPa 时，方能启闭灵活。

（5）浮球阀。浮球阀是一种用以控制水箱或水池水位而能自动进水和自动关闭的阀门。浮球可随水位的高低而起落，当水箱（池）进水至预定水位时，浮球漂起，则关闭进水口，停止进水；当水位下降时，浮球下落，则开启进水口。

（6）安全阀。安全阀是保证系统和设备安全的阀件，有杠杆式和弹簧式两种。其作用是避免管网和其他设备中压力超过规定值而使管网、用具或密闭水箱受到破坏。

3. 计量器（水表）

水表主要用于水的计量，以便计算水费。根据测量流量的方法可分为容积式水表和流速式水表两种。

（1）容积式水表。容积式水表是通过水流每次充满一定容积来计算流量的，由于构造复杂且不精确，这类水表目前已不常采用。

(2)流速式水表。流速式水表是当水流通过水表时推动翼片转动,从而将流量测得。翼片转动速度与水的速度成正比,翼片轮的转动带动一组联动齿轮,联动齿轮计量盘上通过指针的转动将流量读数表示出来。这种水表目前采用较多。流速式水表按其构造分为:翼轮式水表(翼轮转轴和水流方向垂直)和涡流式水表(翼轮转轴和水流方向平行)两种。

1.3.3 采暖管道附件

1. 集气罐

手动集气罐是由直径为 100～250mm 的短管制成,有立式、卧式之分。集气罐顶部设有 DN15 的空气管,管端装有排气阀门,就近接到污水盆或其他卫生设备处。在系统工作期间,手动集气罐应定期打开阀门将积聚在罐内的空气排出系统。若安装集气罐的空间尺寸允许,应尽量采用容量较大的立式集气罐。集气罐的安装位置在上供式系统中应为管网的最高点。为了利于排气,应使供水干管水流方向与空气气泡浮升方向相一致,这就要求管道坡度与水流方向相反。否则,设计时应注意使管道的水流速度小于气泡浮升速度,以避免气泡被水流卷走。

2. 自动排气阀

自动排气阀是一种依靠自身内部机构将系统内空气自动排出的新型排气装置,型号种类较多。它的工作原理就是依靠罐内水对浮体的浮力,通过内部构件的传动作用自动启动排气阀门。当罐内无气时,系统中的水流入罐体使浮体浮起,通过耐热橡皮垫将排气孔关闭;当系统中有空气流入罐体时,空气浮于水面上使水面标高降低,浮力减小后浮体下落,排气孔开启排气。排气结束后浮体又重新上升关闭阀孔,如此反复。自动排气阀具有管理简单,使用方便,节能等优点。

3. 散热器温控阀

散热器温控阀是一种自动控制散热器散热量的设备。它由两部分组成,一部分为阀体部分,另一部分为感温元件控制部分。当室内温度高于给定的温度值时,感温元件受热,其顶杆就压缩阀杆,将阀口关小,使进入散热器的水流量减小,散热器散热量减小,室温下降。当室内温度下降到低于设定值时,感温元件开始收缩,其阀杆靠弹簧的作用,将阀杆抬起,阀孔开大,水流量增大,散热器散热量增加,室内温度开始升高,从而保证室温处在设定的温度值上。温控阀控温范围在 13～28℃ 之间,温控误差为 ±1℃。

4. 除污器

除污器是热水供暖系统中用来清除和过滤热网中污物的设备,以保证系统管路畅通无阻。除污器一般设置在供暖系统用户引入口供水总管上、循环水泵的吸入管段上、热交换设备进水管段等位置。除污器有立式和卧式两种,通常用立式。

5. 疏水器

疏水器用于蒸汽供暖系统中,其作用在于能自动而迅速地排出散热设备及管网中的凝结水和空气,同时可以阻止蒸汽的逸漏。

根据作用原理不同,疏水器可分为机械型疏水器、热动力型疏水器、热静力型疏水器,三种类型。

6. 减压阀

减压阀是利用蒸汽通过断面收缩阀孔时因节流损失而降低压力的原理制成,它可以依靠启闭阀孔对蒸汽节流而达到减压的目的,且能够控制阀后压力。常用的减压阀有活塞式、波纹管式两种，分别适用于工作温度不高于 300℃、200℃的蒸汽管路上。

供热管道常见减压阀有薄膜式(鼓膜式)减压阀和弹簧式减压阀。

7. 安全阀

安全阀是保证蒸汽供暖系统不超过允许压力范围的一种安全控制装置。一旦系统的压力超过设计规定的最高允许值，阀门自动开启放出蒸汽，直至压力回降到允许值才会自动关闭。安全阀有微启式、全启式和速启式三种类型，供暖系统中多用微启式安全阀。

8. 散热器用截止阀

此类阀门专用于散热器上作为开关，根据结构形式可分为直通式和直角式。

9. 热水采暖调节阀

热水采暖调节阀主要分为两类。一类是用于单管系统的手动三通调节阀；另一类是用于双管系统的自动恒温调节阀。它们的功能都是为了调节管道流量，从而得到合适的室内温度，防止室内出现过冷过热现象，最终目的是为了节约能源。安装时要注意其方向性。

10. 散热器用疏水阀

散热器用疏水阀的功能与一般疏水阀相同，只不过是专用在蒸汽采暖系统的散热器上。其特点是恒温，体积小，噪声低。

第2章 室内给水系统安装

2.1 室内给水管道安装

2.1.1 室内给水系统的布置形式与供水压力

1. 给水系统的布置形式

给水系统布置形式如图 2-1 所示。

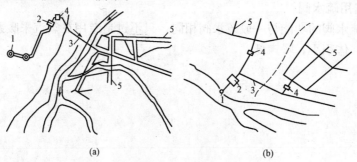

(a)   (b)

图 2-1 室内给水系统的布置形式

（a)统一给水系统；(b)分区给水系统

1—水源及取水构筑物；2—水处理构筑物；3—输水管；4—加压泵站；5—给水管网

2. 室内给水系统的供水压力

室内给水系统的压力，必须能将需要的流量供到建筑物内最不利点的配水龙头且能保证足够的水压。其中包括引入管至最不利给水点的高度差所需水压、管路损失、水流通过水表的压力损失、管路最不利点水龙头的流出水压。

$$p = p_1 + p_2 + p_3 + p_4$$

式中 p——建筑给水系统所需的总水压(kPa)；

p_1——最不利点与给水引入管起点高差所需的水压(kPa)；

p_2——计算管路的压力损失(kPa)；

p_3——水流通过水表的压力损失(kPa)；

p_4——计算管路最不利给水点配水龙头的流出水压(kPa)。

流出水头是指各种配水龙头或用水设备，为获得规定的出水量而必需的最小压力。它是为供水克服配水龙头内的摩擦、冲击、流速变化等阻力所规定的静水头。有条件时，还可考虑一定的富余压力，一般取 15~20kPa。

对于住宅建筑的生活给水系统，可按建筑层数估算其最小水压值，以便于在初步设计阶段能估算出室内给水管网所需的压力。见表 2-1。

表 2-1 住宅所需最小水压值

建筑物层数	1	2	3	4	5	6	7	8	9	10
地面上最小水压值/mH₂O	10	12	16	20	24	28	32	36	40	44

当引入管或室内管道较长或层高超过 3.5m 时，表 2-1 中的数值应适当增加。

2.1.2 常见施工工艺

室内给水管道安装工艺流程：预埋预留→管径确定→管子下料→管道连接→管道布置→管道安装→管道水压测压→管道系统吹洗。

1. 预埋预留

安装图上有土建图上未设计的，由安装单位负责配合土建预留预埋；但开工前应与土建施工人员协商划分清楚，明确各自的范围与责任，以免发生错误和遗漏；在配合土建预埋作业中，要进一步核对位置和尺寸，确认无误后，经土建、安装双方施工人员（必要时还要请建设单位参加）办理签证手续后，再进入下一道工序；在浇灌混凝土过程中，安装单位要有专人监护，以防预埋件移位或损坏。

管道穿墙、基础和楼板，配合土建预留孔洞的尺寸，如设计无要求时，按表 2-2、表 2-3规定进行。

表 2-2 预留孔洞尺寸表

管 道 名 称	明 管		暗 管	
	留孔尺寸/mm 长×宽		暗槽尺寸/mm 宽度×深度	
	金属管	塑料管（给排水）	金属管	塑料管（给水）
供暖或给水立管 管径≤25mm 管径=32～50mm 管径=70～100mm	100×100 150×150 200×200	80×80 150×150 200×200	130×130 150×130 200×200	90×90 110×110 160×160
一根排水立管 管径≤50mm 管径=70～100mm	150×150 200×200	130×130 180×180	200×200 250×200	
两根供暖或给水立管 管径≤32mm	150×100	100×100	200×130	150×80
一根给水立管和一根排水立管在一起 管径≤50mm 管径=70～100mm	200×150 250×200	130×130 250×200	200×130 250×200	200×100 250×150
两根给水立管和一根排水立管在一起 管径≤50mm 管径=70～100mm	200×150 350×200	200×150 350×200	250×130 380×200	220×100 320×150
给水支管或散热器支管 管径≤25mm 管径=32～40mm	100×100 150×130	80×80 140×140	60×60 150×100	60×60 150×100

续表

管 道 名 称	明 管		暗 管	
	留孔尺寸/mm 长×宽		暗槽尺寸/mm 宽度×深度	
	金属管	塑料管(给排水)	金属管	塑料管(给水)
排水支管 　管径≤80mm 　管径=100mm	250×200 300×250	230×180 300×200		
供暖或排水主干管 　管径≤80mm 　管径=100~125mm	300×250 350×300	250×200 300×250		
给水引入管 　管径≤100mm			300×200	300×200
排水排出管穿建筑物基础 　管径≤80mm 　管径=100~150mm 　管径=200mm			300×300 (管径+300)× (管径+200)	300×300

注:1. 给水引入管,管顶上部净空一般不小于100mm。

　　2. 排水排出管,管顶上部净空一般不小于150mm。

　　3. 给水架空管顶上部的净空不小于100mm(为便于装修工程实施,均不得偏大)。

　　4. 排水架空管顶上部的净空不小于150mm(为便于装修工程实施,均不得偏大)。

　　5. 在建筑物内风管预留孔尺寸,圆形为管径加100mm,矩形为边长加100mm。

表 2-3　预留孔洞位置

卫生器具名称		平 面 位 置	图 示
蹲式大便器			
坐式大便器	分体座便		
	连体座便		

续表

卫生器具名称	平 面 位 置	图 示
小便槽	≥650 排水立管洞 200×200 150 1000 排水管洞 200×200 650 地漏洞 300×300 ≥450 排水立管洞 200×200 50 1000 排水管洞 150×150 地漏洞 300×300	
立式小便器	700 1000 排水立管洞 150 1000 排水管洞 150×150 地漏洞 200×200 (甲)650 (乙)150	甲 乙
挂式小便器	排水立管洞 150 1000 排水管洞 150×150 1000 地漏洞 200×200	
洗脸盆	150 排水管洞 150×150 洗脸盆中心线	
污水盆(池)	150 排水管洞 150×150 污水盆中心线	
地漏	150 ≥150 排水立管洞 150 地漏洞 ≥150×150	
净身盆	150 排水立管洞 ≥380 150 排水管洞 150×150	

2. 管径确定

室内给水管道的经济流速控制范围是:

(1)接卫生器具的支管为 0.6～1.2m/s;干管、立管及横管为 1.0～1.8m/s。

(2)生活或生产给水管道流速应≤2.0m/s;消防管道一般不超过 2.5m/s。

对于仅供给生活用水的建筑物,无论其性质如何,室内用水量最终是通过卫生器具配水龙头的出水量来体现的。但各种器具配水龙头的出流流量和出流特性不尽相同,为简化计算,通常以污水盆用的一般球形阀配水龙头在出流水头为 2m 时全开的流量 0.2L/s 为 1 个当量(N),其他各种卫生器具配水龙头的流量以此为准换算成相应的当量数。表 2-4 为各种卫生器具的当量、流量、支管管径和流出水头值。使用时可根据表中的规定和建筑物内卫生设备的数量,计算出单个建筑物卫生器具给水当量总数,再依表 2-5 直接查出所需给水管管径的大小。

表 2-4 卫生器具给水的额定流量、当量、发管管径和流出水头值

卫生器具给水配件名称	额定流量 /(L/s)	当量	支管管径 /mm	流出水头 /kPa
污水盆(池)水龙头	0.20	1.0	15	19.6
家用厨房洗涤盆(池)水龙头				
一个阀开	0.14	0.7	15	14.7
两个阀开	0.20	1.0	15	14.7
普通水龙头	0.20	1.0	15	14.7
住宅集中给水龙头	0.30	1.5	20	19.6
食堂厨房洗涤盆(池)水龙头				
一个阀开	0.24	1.2	15	19.6
两个阀开	0.32	1.6	15	19.6
普通水龙头	0.44	2.2	20	39.2
洗脸盆(有塞)盥洗槽水龙头				
一个阀开	0.16	0.8	15	14.7
两个阀开	0.20	1.0	15	14.7
普通水龙头	0.20	1.0	15	14.7
洗脸盆(无塞)洗手盆水龙头	0.10	0.5	15	14.7
浴盆水龙头				
一个阀开	0.2	1.0	15	19.6
	0.2	1.0	20	14.7
两个阀开	0.3	1.5	15	19.6
	0.3	1.5	20	14.7
普通水龙头	0.3	1.5	15	19.6
	0.3	1.5	20	14.7
大便器				
冲洗水箱浮球阀	0.10	0.5	15	19.6
自闭式冲洗阀	1.20	6.0	25	按产品要求

续表

卫生器具给水配件名称	额定流量 /(L/s)	当量	支管管径 /mm	流出水头 /kPa
淋浴器				
一个阀开	0.10	0.5	15	24.5～39.2
两个阀开	0.15	0.75	15	24.5～39.2
大便槽冲洗水箱进水阀	0.10	0.5	15	19.6
小便器				
手动冲洗阀	0.05	0.25	15	14.7
自闭式冲洗阀	0.05	0.25	15	14.7
自动冲洗水箱进水阀	0.10	0.5	15	19.6
小便槽多孔冲洗管(每米长)	0.05	0.25	15～20	14.7
化验盆				
单联鹅颈水龙头	0.07	0.35	15	19.6
双联鹅颈水龙头	0.15	0.75	15	19.6
三联鹅颈水龙头	0.20	1.0	15	19.6
妇女卫生盆冲洗龙头				
一个阀开	0.07	0.35	15	29.4
两个阀开	0.10	0.5	15	29.4
饮水器喷嘴	0.05	0.25	15	19.6
洒水栓	0.20	1.0	15	
	0.40	2.0	20	按使用要求
	0.70	3.5	25	
家用洗衣机给水龙头	0.24	1.2	15	19.6

注：1. "一个阀开"是指单独龙头或混合龙头只开冷水或热水；"两个阀开"是指单独龙头或混合龙头冷热水同时开放。

　　2. 单独计算冷热水流量时，按表内的一个阀开的给水额定流量及当量值采用；计算冷热水总流量时，按表内两个阀开的给水额定流量及当量值采用。

表 2-5　按用水设备当量数估算管径

当量总数 建筑物类型		管径/mm　15	20	25	32	40	50	70	80	100
住宅	无淋浴设备	1	2～3	4～8	9～39	40～94	96～219	220～480	481～809	810～1043
	有淋浴设备	1	2～3	4～9	10～42	43～101	102～236	237～521	522～880	881～1043
	有淋浴有热水	1	2～4	5～9	10～44	45～107	108～254	255～563	564～955	956～1240
幼儿园		1	2	3～7	8～37	38～108	109～306	307～850	851～1736	1737～2500
门诊、诊疗所		1	2	3～5	6～29	30～80	81～225	226～625	626～1276	1277～1837
办公楼、商场		1	2	3～5	6～25	26～69	70～196	197～544	545～1111	1111～1600
学校		1	2	3	4～17	18～48	49～136	137～378	379～772	773～1111
医院、疗养室		1	2	3	4～14	15～39	40～110	111～306	307～625	626～900
集体宿舍旅馆		1	2	3	4～9	10～25	26～71	72～196	197～400	401～576
部队营房		1	2	3	4～6	7～18	19～49	50～136	137～278	279～400

3. 管子下料

干管、立管和支管安装中，都要预先对管段长度进行测量，并计算出管子加工时下料尺寸。管段的长度包括该段管子长度加上阀件或管件长度，因而管子下料长度就要除去阀件和管件的占用长度，同时加螺纹拧入配件内或插入法兰内的长度。

4. 管道连接

(1)管道螺纹连接。管螺纹连接时，一般均加填料，填料的种类有铅油麻丝、铅油、聚四氟乙烯生料带和一氧化铅甘油调合剂等几种，可根据介质的种类进行选择。螺纹加工和连接的方法要正确。不论是手工或机械加工，加工后的管螺纹都应端正、清楚、完整、光滑。断丝和缺丝总长不得超过全螺纹长度的10%。

管道螺纹连接时，应在管端螺纹外面敷上填料，用手拧入2～3扣，再用管子钳一次装紧，不得倒回。装紧后应留有螺尾；管道连接后，应把挤到螺栓外面的填料清除掉。填料不得挤入管道，以免阻塞管路；一氧化铅与甘油混合后，需在10min内完成，否则就会硬化，不得再用。各种填料在螺纹里只能使用一次，若螺纹拆卸，重新装紧时，应更换新填料。螺纹连接应选用合适的管钳，不得在管子钳的手柄上加套管增长手柄来拧紧管子。

(2)法兰连接。

1)凡管段与管段采用法兰连接或管段与带法兰管件连接的，必须按照设计要求和工作压力选用标准法兰盘。管材与法兰的焊接，应先将管材插入法兰盘内，法兰盘应两面焊接，其内侧缝不得凸出法兰盘密封面。

2)法兰的安装应垂直于管子中心线，其表面应相互平行；紧固法兰的螺栓直径、长度应一致，螺母应安装在法兰的同侧，对称拧紧。紧固好的螺栓外露丝扣应为2～3扣，并不应大于螺栓直径的1/2。

3)法兰连接衬垫，冷水管道一般采用1.5～3.0mm厚的橡胶垫，衬垫不得凸入管内，其外边缘接近螺栓孔为宜，并不得安放双垫或偏垫。

(3)承插连接。给水铸铁管的承插连接是在承口与插口的间隙内加填料，使之密实，并达到一定的强度，以达到密封压力介质为目的。承插口填料分为两层，内层用油麻或胶圈，外层用石棉水泥接口或自应力水泥沙浆接口或石膏氧化钙水泥接口或青铅接口内层填料的操作方法，承插口的内层填料使用油麻或胶圈。将油麻拧成直径为接口间隙1.5倍的麻辫，其长度应比管外径周长长100～150mm，油麻辫同接口下方开始逐渐塞入承插口间隙内，且每圈首尾搭接50～100mm，一般嵌塞油麻辫两圈，并依次用麻凿打实，填麻深度约为承口深度的1/3；当管径大于或等于300mm时，可用胶圈代替油麻，操作时可由下而上逐渐用捻凿贴插口壁把胶圈打入承口内，在此之前，宜把胶圈均匀滚动到承口内水线处，然后分2～3次使其到位。对于有凸台的管端(砂型铸铁管)，胶圈应捻至凸台处，对于无凸台的插口(连续铸铁管)，胶圈应捻至距边缘10～20mm处，捻入胶圈时应使其均匀滚动到位，防止扭曲或产生"麻花"、疙瘩。当采用青铅接口时，为防止高温液态钻把胶圈烫坏，必须在捻入胶圈后再捻打1～2圈油麻。

(4)铜管焊接。在安装过程中，应轻拿轻放，防止碰撞及表面被硬物划伤。弯管的管口至起弯点的距离应不小于管径，且不小于30mm。采用螺纹连接时，螺纹应涂石墨甘油。法兰连接时，垫片采用橡胶制品等软垫片。采用翻边松套法兰连接时，应保持同轴。$DN \leqslant$ 50mm 时，其偏差 $\leqslant$ 1mm；$DN >$ 50mm 时，其偏差 $\leqslant$ 2mm。除此之外，还应遵循镀锌钢管安装的有关规定。

铜管焊接时，在焊前必须清除焊丝表面和焊件坡口两侧约 30mm 范围内的油污、水分、氧化物及其他杂物。常用汽油或乙醇擦拭。焊丝清洗后，置于含硝酸 35%～40% 或含硫酸 10%～15% 的水溶液中，浸蚀 2～3min 后用钢丝刷清除氧化皮，并露出金属光泽。

坡口制备时，当 $\delta < 3mm$ 时，采用卷边接头，卷口高度 1.5～2mm；当 $\delta > 3～6mm$ 时，纯铜可不开坡口；当 $\delta > 6mm$ 时，采用 V 形坡口；当 $\delta \geq 14mm$ 时，采用 U 形坡口或 X 形坡口。对接接头坡口尺寸见表 2-6。

表 2-6　钢管接头坡口尺寸　　　　　　　　　mm

简　　图	管壁厚 δ	间隙 b	填充焊丝直径	错边允许	备　注
	1.5～3	0	不用	小于壁厚 8%	
	>3～6	3～6	$\phi2～3$		
	>6～10	1.5	$\phi3～5$	小于壁厚 8%	钝边 1.5mm
	≥14	1.5	$\phi6$	小于壁厚 8% 且不大于 15mm	钝边 3mm

注：1. 壁厚度 $\delta > 3mm$，推荐采用预热，预热 200～600℃。

　　2. 焊接方法：气焊、碳弧焊、手工电弧焊、氩弧焊。

(5)塑料给水管道热熔连接。将热熔工具接通电源，到达工作温度指示灯亮后方能开始操作。

切割管材时，必须使端面垂直于管轴线。管材切断一般使用管子或管道切割机，必要时可使用锋利的钢锯，但切割后管材断面应去除毛边和毛刺。管材与管件连接端面必须清洁、干燥无油。

用卡尺和合适的笔在管端测量并标绘出热熔深度，热熔连接应符合表 2-7 要求。

表 2-7　热熔连接技术要求

公称外径/mm	热熔深度/mm	加热时间/s	加工时间/s	冷却时间/min
20	14	5	4	3
25	16	7	4	3
32	20	8	4	4
40	21	12	6	4
50	22	18	6	5
63	24	24	6	6
75	26	30	10	8
90	32	40	10	8
110	38.5	50	15	10

注：若环境温度小于 5℃，加热时间延长 50%。

熔接弯头或三通时，应按设计图纸要求进行，并应注意其方向，在管件和管材的直线方向上，应用辅助标志标出位置。

连接时，应旋转地把管端导入加热套内，插入到所标志的深度，同时，无旋转地把管件推到加热头上，达到规定标志处。加热时间必须满足表 2-7 的规定。

达到加热时间后，立即把管材与管件从加热套的加热头上同时取下，迅速地、无旋转地、直线均匀地插入到所标深度，使接头处形成均匀凸缘。在表 2-7 所规定的加工时间内，刚熔接好的接头还可校正，但严禁旋转。

(6)塑料给水管道粘接。将管材切割为所需长度，两端必须平整，最好使用割管机进行切割。用中号钢锉刀将毛刺去掉并倒成 $2 \times 45°$ 角，并在管子表面根据插口长度作出标识。

用干净的布清洁管材表面及承插口内壁，选用浓度适宜的黏合剂，使用前搅拌均匀，涂刷黏合剂时动作迅速，涂抹均匀。涂抹黏合剂后，立即将管子旋转推入管件，旋转角度不大于 90°，要避免中断，一直推入到底，根据管材规格的大小轴向推力保持数秒到数分钟，然后用棉纱蘸丙酮擦掉多余的黏合剂，把盖子盖好，同时，为防止渗漏和挥发，用丙酮或其他溶剂清洗刷子。

立管和横管按规定设置伸缩节，横管伸缩节应采用锁紧式橡胶管件，当管径大于或等于 100mm 时，横干管宜采用弹性橡胶密封圈连接形式，当设计对伸缩节无规定时，管端插入伸缩节处。预留的间隙：夏季为 5～10mm，冬季为 15～20mm。

5. 管道布置

(1)管位确定。应首先了解和确定干管的标高、位置、坡度、管径等，正确地按图纸（或标准图）要求几何尺寸制作并埋好支架或挖好地沟。待支架牢固后，就可以安装。立管用线坠吊挂在立管的位置上，用"粉囊"(灰线包)在墙面上弹出垂直线，依次埋好立管卡。凡正式建筑物的管道支架和固定不准再使用钩钉。

(2)引入管的布置。建筑物给水引入管，应从靠近用水量最大或不允许间断供水的地方引入，这样可使大口径管道最短，供水较可靠。如室内用水点分布较均匀，则从建筑物的中部引入，以利于水压平衡。

布置引入管时，应考虑水表的安装位置，如水表设在室外，需设置水表井。在寒冷地区还需考虑引入管和水表的防冻措施。且要考虑不受污染，不易受损坏。引入管与其他管道应保持一定的距离，如与室内污水排出管平行敷设，其外壁水平间距不小于 1.0m；如与电缆平行敷设，其间距不小于 0.75m。

若建筑物内不允许中断供水，可设两根引入管，而且应由室外环形管网的不同侧引入。若不可能，也可由同侧引入，但两根引入管的间距应在 10m 以上，并在两接点间安装一个闸门，以便当一面管道损坏时，关闭闸门后，另一面仍可继续供水。

引入管穿过承重墙或基础时，应预留孔洞。管顶上部净空不得小于建筑物的沉降量，一般不小于 0.1m；当沉降量较大时，应由结构设计人员提交资料决定。当引入管穿过地下室或地下构筑物的墙壁时，应采取防水措施。

引入管的敷设深度要根据土壤冰冻土深度及地面负荷情况决定。通常敷设在冰冻线以下 20cm，覆土深度不小于 0.7～1.0m。

引入管穿越砖墙基础时，孔洞与管道的空隙应用油麻、黏土填实，外抹 M5 水泥沙浆，以防雨水渗入。

(3)室内给水管道的布置。给水管道的布置受建筑结构、用水要求、配水点和室外给水管道的位置以及其他设备工程管线位置等因素的影响。

管线布置主要有两种形式：水平干管沿建筑内高层(各区高层)顶棚布置，由上向下供水的称上行下给式；水平干管埋地或布置在建筑内地下室中，底层(各区底层)走廊内由下往上供水的称上行上给式。同一栋建筑其管线布置也可兼有以上两种形式。

给水横管宜有 0.002～0.005 的坡度坡向泄水装置。

室内给水管道与排水管道平行埋设和交叉埋设时，管外壁的最小距离分别为 0.5m 和 0.15m。交叉埋设时，给水管应布置在排水管上面；当地下管道较多，敷设有困难时，可在给水管道外面加设套管，再由排水管下面通过。

给水管道可与其他管道同沟或共架敷设，但给水管应布置在排水管、冷冻管的上面，热水管或蒸汽管的下面。给水管道不宜与输送易燃易爆或有害的气体及液体的管道同沟敷设。

6. 管道安装

(1)管道支架安装。

1)管道支架、支座的制作应按照图样要求进行施工，代用材料应取得设计者同意；支吊架的受力部件，如横梁、吊杆及螺栓等的规格应符合设计及有关技术标准的规定；管道支吊架、支座及零件的焊接应遵守结构件焊接工艺。焊缝高度不应小于焊件最小厚度，并不得有漏焊、结渣或焊缝裂纹等缺陷。制作合格的支吊架，应进行防腐处理和妥善保管。

2)管道支架的放线定位。首先根据设计要求定出固定支架和补偿器的位置；根据管道设计标高，把同一水平面直管段的两端支架位置画在墙上或柱上。根据两点间的距离和坡度大小，算出两点间的高度差，标在末端支架位置上；在两高差点拉一根直线，按照支架的间距在墙上或柱上标出每个支架位置。如果土建施工时，在墙上如预留有支架孔洞或在钢筋混凝土构件上预埋了焊接支架的钢板，应采用上述方法进行拉线校正，然后标出支架实际安装位置。

(2)干管安装。室内给水管一般分下供埋地式(由室外进到室内各立管)和上供架空式(由顶层水箱引至室内各立管)两种。

1)埋地式(下供)干管安装。首先确定干管的位置、标高、管径等，正确地按设计图纸规定的位置开挖土(石)方至所需深度，若未留墙洞，则需要按图纸的标高和位置在工作面上划好打眼位置的十字线，然后打洞；十字线的长度应大于孔径，以便打洞后按剩余线迹来检验所定管道的位置正确与否。为保证检查维修时能排尽管内余水，埋地总管一般应坡向室外。

给水引入管与排水排出管的水平净距不得小于 1m；室内给水管与排水管平行铺设时，两管间的最小水平净距为 500mm。交叉铺设时，垂直净距 150mm，给水管应铺设在排水管上方，如给水管必须铺设在排水管下方时应加套管，套管长度不应小于排水管径的 3 倍。

对埋地镀锌钢管被破坏的镀锌表层及管螺纹露出部分的防腐，可采用涂铅油或防锈漆的方法；对于镀锌钢管大面积表面破损则应调换管子或与非镀锌钢管一样，按三油两布的方法进行防腐处理。

2)架空式干管安装。首先确定干管的位置、标高、管径、坡度、坡向等，正确地按图示位置、间距和标高确定支架的安装位置，在应裁支架的部位画出长度大于孔径的十字线，然后打洞栽支架。

干管安装，一般在支架安装完毕后进行。可先在主干管中心线上定出各分支主管的位置，标出主管的中心线，然后将各主管间的管段长度测量记录并在地面进行预制和预组装（组装长度应以方便吊装为宜），预制时同一方向的主管头子应保证在同一直线上，且管道的变径应在分出支管之后进行。组装好的管子，应在地面进行检查，若有歪斜曲扭，则应进行调直。

上管时，应将管道滚落在支架上，随即用预先准备好的 U 形卡将管子固定，防止管道滚落伤人。干管安装后，还应进行最后的校正调直，保证整根管子水平面和垂直面都在同一直线上并最后固定牢靠。

（3）立管安装。首先根据图纸要求或给水配件及卫生器具的种类确定支管的高度，在墙面上画出横线；再用线坠吊在立管的位置上，在墙上弹出或画出垂直线，并根据立管卡的高度在垂直线上确定出立管卡的位置并画好横线，然后根据所画横线和垂直线的交点打洞栽卡。立管管卡的安装，当层高小于或等于 5m 时，每层须安装一个；当层高大于 5m 时，每层不得少于两个；管卡的安装高度，应距地面 1.5~1.8m；两个以上的管卡应均匀安装，成排管道或同一房间的立管卡和阀门等的安装高度应保持一致。

管卡栽好后，再根据干管和支管横线，测出各立管的实际尺寸进行编号记录，在地面统一进行预制和组装，在检查和调直后方可进行安装。上立管时，应两人配合，一人在下端托管，一人在上端上管，上到一定程度时，要注意下面支管头方向，以防支管头偏差或过头。上好的立管要进行最后检查，保证垂直度（允许偏差：每米 4mm，10m 以上不大于 30mm）和离墙距离，使其正面和侧面都在同一垂直线上。最后把管卡收紧，或用螺栓固定于立管上。

竖井内立管安装的卡件宜在管井口设置型钢，上下统一吊线安装卡件。安装在墙内的立管应在结构施工中预留管槽，立管安装后吊直找正，用卡件固定。支管的甩口应露明并加好临时丝堵。

（4）支管安装。

1）支管明装。安装支管前，先按立管上预留的管口在墙面上画出（或弹出）水平支管安装位置的横线，并在横线上按图纸要求画出各分支线或给水配件的位置中心线，再根据横线中心线测出各支管的实际尺寸进行编号记录，根据记录尺寸进行预制和组装，检查调直后进行安装。

给水立管和装有 3 个或 3 个以上配水点的支管始端，以及给水闸阀后面按水流方向均应设置可装拆的连接件（油任）。

2）支管暗装。确定支管高度后画线定位，剔出管槽，将预制好的支管敷在槽内，找平、找正定位后用勾钉固定。卫生器具的冷热水预留口要做在明处，加好丝堵。

7. 管道水压试压

室内管道安装完毕即可进行试压，试验压力不小于 0.6MPa。生活饮用水和生产、消防合用的管道，试验压力为工作压力的 1.5 倍，但不得超过 1MPa。

（1）试压准备。将试压用的泵桶、管材、管件、阀件、压力表等工具材料准备好，并找好水源。压力表必须经过校验，其精度不得低于 1.5 级，且铅封良好。

（2）接管。试压泵桶与系统的接管，如图 2-2 所示。由于试压泵种类不同，本图仅供参考，具体接法可按现场具体情况确定。

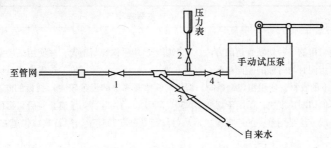

图 2-2　试压泵安装图

(3)试压。

1)如图 2-2 所示，打开阀 1、2、3，自来水不经泵直接往系统进水，同时将管网中最高处配水点的阀门打开，以便排尽管中空气，待出水时关闭。

2)当管网中的压力和自来水压力相同，管网不再增压时(管网中压力与自来水的压力平衡时)，关闭阀 3，同时开启阀 4，由泵桶经阀 4、阀 1 往管网中增水加压至试验压力(加压的速度应平衡均匀，不得太快太猛)后关闭阀 4，稳压 10min，压力降不大于 0.05MPa，然后将试验压力降至工作压力作外观检查，以不漏为合格。

3)试压合格后，及时填写"管道系统试验记录"。

(4)拆除。试压合格，将管网中的水排尽，同时将试验压力用的泵桶、阀件、管件、压力表等拆除，并卸下所有临时用的堵头，装上给水配件。如暂不能(或不需要)装给水配件或卫生器具，则可不必拆除堵头，在安装配件(卫生器具)时再拆。

拆除后的试压泵及压力表等，应妥善保管(压力表单独存放，一般由计量室或计量员保管)，以利下次使用。

8. 管道吹洗

(1)由给水入户管控制阀的前面，接上临时水源，向系统供水。

(2)关闭其他立支管控制阀门，只开启干管末端最底层的阀门，由底层放水并引至排水系统。

(3)临时供水，启动增压泵加压，由专人观察出水口处水质变化。必须符合下列规定，出水口处的管径截面不得小于被吹洗管径截面的 3/5，即出水口管径只能比吹洗管的管径小 1 号。如果出口管径截面大，出水流速低，无吹洗力；出水口的管径截面过小，出水流速太大，不便观察和排除杂质、污物。出口的水色和透明度与入口处目测水色一致为合格。如设计无规定，出水口流速不小于 1.5m/s。

(4)底层主干管吹洗合格后，再依工艺流程顺序吹洗其他各干、立、支管，直至全系统管路吹洗完毕为止。

(5)吹洗后，如实填写吹洗记录存档。

(6)仪表及器具件复位，将拆下的部件等复位。

(7)检查验收。检查系统与设计图应一致，验收，签字。

2.1.3　给水管道安装施工操作技巧

(1)管子下料的方法见表 2-8。

表 2-8　常见管道下料的操作方法

方　法	具体操作
锯割	锯割是常用的一种切断管道的方法。手工切断即用手锯切断钢管。在使用细齿锯条时，因齿距小，只有几个锯齿同时与管壁的断面接触，锯齿吃力小，而不致卡掉锯齿，较省力，但切断速度慢，适于切断 DN40 以下的管材。使用粗齿锯条时，锯齿与管壁面接触的齿数较少，锯齿的吃力大，容易卡掉锯齿，较费力，但切断速度快，适用于切断 DN50～DN150 的钢管。为了防止将管口锯偏，可在管壁上预先划好线。画线方法是用整齐的厚纸板或油毡(样板)紧贴在管壁上，用石笔或铅笔在管子上沿样板画一圈即可。 　　切断时，锯条应保持与管子轴线垂直，才能使切口平直。如发现锯偏时，应将锯弓转换方向再锯。锯口要锯到底部，不应把剩下的一部分折断，防止管壁变形。 　　使用电锯切断时，将管子固定在锯床上，锯条对准切断线即可切断
磨割	磨割，使用砂轮切割机(无齿锯)切割，效率较高，比手工锯割工效提高 10 倍以上。切断的管子端面光滑，只有少数飞边，再用锉刀轻轻一锉就可以除去
刀割	刀割，即用管子割刀切断管子。一般用于切割 DN50 以下的管子。此种割法比锯条切割管子速度快，切割断面也较平直，缺点是管子受挤压管径缩小，因此在刀割后，须用铰刀刮去其缩小部分。但切割时如进刀浅，则管径收缩较小，便可以用三角刮刀修刮管口代替铰刀
气割	气割是利用氧气和乙炔燃烧产生的热量，使被切割的金属在高温下熔化(也称氧—乙炔焰切割)，然后用高压气流将熔化的金属吹离，使得金属管子被切断，并产生氧化铁熔渣。一般用在 DN100 以上的钢管上。但镀锌钢管不允许用气割
凿切	凿切主要用于铸铁管。采用的工具为扁凿(或窄凿)及锤头。将管子切断处垫上木条，转动管子用凿子沿切线轻凿一、两圈以刻出线沟，然后沿线沟以木棍用力敲打，同时不断地转动管子，连续敲打几圈后直至管子折断为止。凿切时人站在管子侧面。大口径管子可由两人操作，一人打锤，一人掌握凿子；手握凿子要端正，凿子与被切割管子角度要正确，千万不要偏斜，以免打坏凿子。管子的两端不应站人。操作的人应戴防护眼镜，以避免飞溅出的铁片碰伤脸或眼睛
等离子切割	等离子弧的温度高达 15000～33000℃，热量比电弧更加集中。现有的高熔点金属和非金属材料，在等离子弧的高温下都能被熔化，切割效率高，热影响区小，变形小，质量高。 　　不论用哪种方法切割管子，其切口表面都应平整，不得有裂纹、重皮。如有毛刺、凹凸、缩口、熔渣、氧化铁、铁屑等都应清除；切口平面偏差为管径的 10%，但不得超过 3mm

　　(2)承插连接方法与室外大口径管道相同，主要有石棉水泥接口、自应力水泥接口和橡胶圈接口等。

　　1)石棉水泥接口。

　　①石棉水泥接口配制材料：四级石棉与 42.5 级水泥，其质量比为 3∶7；水胶比为 1/9～1/10。根据实践经验，配制好的石棉水泥以捏能成团，抛能散开为度。加水拌制的石棉水泥灰应当在 1h 内用完。

　　②操作要点：用麻钎向环向间隙打入一圈油麻并打实；按比例将石棉水泥拌制均匀，

加入少许水拌和好；石棉水泥灰分 3～4 层用灰钎塞打，各层均应打实，打好的灰口应比承口端部凹进 2～3mm，当听到金属回击声，水泥发青并析出水分，打口即成；养护24～48h。

2）自应力水泥接口。

①接口用的自应力水泥为 32.5 级，黄砂为最大粒径不超过 2.5mm 的纯净细砂，其配比为砂∶水泥∶水＝1∶1∶(0.28～0.32)(质量比)。拌好后的砂浆应在 2h 内用完。若冬期施工时，其水温应大于 80℃。

②为鉴定自应力水泥的质量，可按比例混合后装入小玻璃瓶内，正常情况下 24h 内玻璃瓶被胀裂为合格。

③自应力水泥接口做好后关键在于养护，接口必须保持湿润不少于 3d；自应力水泥接口的管道一般宜盖土养护，能确保其质量。

3）橡胶圈接口。

①橡胶圈现场检查不得有气孔、裂纹和接缝，硬度 HS(邵氏)45～55，拉断强度≥16MPa，伸长率≥500％，永久变形<20％，老化系数>0.8，直径压缩率 38％～40％。

②操作要点：橡胶圈应均匀、平展地套在插口平台上，不得扭曲和断裂。将装上橡胶圈的插口用拉链等机械拉入承口，并将胶圈均匀压实。胶圈内径与插口外径之比为 0.85～0.87，直径压缩率 40％～50％。贮运时，胶圈不宜长时间受压，不宜长时间日晒，不得接触油类及橡胶溶剂。

(3)管道支架安装。支架结构多为标准设计，可按国标图集《给水排水标准图集》S161 要求集中预制。现场安装中，托架安装工序较为复杂。结合实际情况可用栽埋法、膨胀螺栓法、射钉法、预埋焊接法、抱柱法安装。

(4)管道试压。

1)试压时，一定要排尽空气，若管线过长可在最高处(多处)排空。

2)若自来水等于或大于试验压力时，可只开闭阀1、阀3进行。

3)试压时，应保证阀 2(压力表阀)呈开启状态，直至试压完毕。

4)试压时，如发现螺纹或零件有小的渗漏，可上紧至不漏为合格，如有大漏需要更换零件时，则应将水排除后再进行修理。

5)若气温低于 5℃，则应采取防冻措施。试压合格后，应将系统内的存水排除干净。

2.1.4　室内金属管道冷弯方法的改进

加工管径小于 25mm 的焊接钢管的方法有热弯和冷弯两种。冷弯用手动弯管器，缺点是手动弯管器较贵，操作不太方便，尤其是长度小于 200mm 的管道，由于太短，不好加工。下面介绍一种经济、简单的冷弯新方法。

操作时，先在工作台架边焊接一段长 50mm、管径比需弯管管径大两级的焊接钢管。在钢管内垫 5mm 厚的胶皮或在现场找一段长为 50mm 的橡胶管，套在短管内，用细铅丝在管侧面将胶皮或橡胶管与短管绑紧。再将需弯管插进胶皮管内，进行弯管，且用力要均匀一致。若需弯管较短，那么弯管时，先将管两端套螺纹，其中一端拧入一个管箍保护螺纹，后用一根长约 1m、管径比需弯管直径大两级的钢管，套在一端有管箍的需弯管之上。这样，冷弯出来的管道表面无凹坑、不圆等缺陷，管道表面光滑，不仅保证了工程质量，而且节省了工程费用。

2.1.5 材料选择或使用导致的质量问题分析处理

1. 室内给水管材选料不合理

室内生活给水管使用铸铁给水管或无缝钢管、屋顶、外墙等受阳光直接照射的地方选用塑料管，且未采取防晒、保温等措施。

为避免上述问题的产生室内给水管材选料，选料时应注意以下几点：

(1)设计施工过程中应执行国家规范及当地主管部门对给水管材的采用规定来选择使用给水管材。室内给水管管材的选用见表2-9。

表 2-9　室内给水管材选用表

管道类别	敷设方式	管径/mm	宜　用　管　材
生活给水管	明装或暗设	$DN \leqslant 100$	铝塑复合管
			钢塑复合管
			给水硬聚氯乙烯管
			聚丙烯管(PP-R)
			工程塑料管(ABS)
			给水铜管
			热镀锌钢管
			钢塑复合管
生活给水管	明装或暗设	$DN > 100$	给水硬聚氯乙烯管
			给水铜管
			热镀锌无缝钢管
	埋地	$DN < 75$	给水硬聚氯乙烯管
			聚丙烯管(PP-R)
		$DN \geqslant 75$	给水铸铁管
			钢塑复合管
饮用水管	明装或暗设	$DN \leqslant 100$	给水铜管
			薄壁不锈钢管
生产给水管	水质近于生活给水(埋地)		给水铸铁管
	水质要求一般	明装	焊接钢管
		埋地	给水铸铁管
消火栓给水管	明装或暗设	$DN \leqslant 100$	焊接钢管
			热镀锌钢管
		$DN > 100$	焊接无缝钢管
			热镀锌无缝钢管
	埋地		给水铸铁管
自动喷水管 (湿式或干湿)	明装或暗设	$DN \leqslant 100$	热镀锌钢管
		$DN > 100$	热镀锌无缝钢管
	埋地		给水铸铁管

由于每种管材均有自己的专用管配件及连接方法,因此,选用的给水管道必须采用与管材相适应的管件。当必须使用钢管(铸铁管)时,应对钢管(铸铁管)内外进行防腐处理,内防腐处理常见的有衬塑、涂塑或涂防腐涂料。

(2)给水系统所采用的管材和管件,除应符合现行规范及相应的产品标准外,还要求其工作压力不大于产品标准标注的允许工作压力。管件的允许工作压力除取决于管材、管件的承压能力外,还与管道接口能承受的拉力有关,这三个允许工作压力中的最低者为管道系统的允许工作压力。

(3)部分塑料管及其复合管材(如 PP-R,铝塑复合管等)一般都有冷、热水管之分,选择使用时应注意塑料冷水管不得使用于热水系统,聚乙烯及交联聚乙烯塑料管不得使用于热水系统。

(4)屋顶、明装于外墙等可能受阳光直接照射部位的管道,宜采用金属管或钢塑复合管,当选用塑料管时应采取有效的保护措施;北方冰冻地区应采取保温措施。

2. 管材、管料使用不当影响使用寿命

在消防和生活用水共用管道中,必须按规范规定使用镀锌钢管和镀锌管件,钢管镀锌的目的是防锈、防腐、不使水质变坏,延长使用年限。镀锌钢管的规格见表 2-10。

表 2-10 低压流体输送用焊接/镀锌焊接钢管规格

公称直径		外径		普通钢管			加厚钢管		
			允许偏差	壁厚		理论质量/(kg/m)	壁厚		理论质量/(kg/m)
mm	in	mm		公称尺寸/mm	允许偏差		公称尺寸/mm	允许偏差	
8	1/4	13.5	±5%	2.25	+12% −15%	0.62	2.75	+12% −15%	0.73
10	3/8	17.0		2.25		0.82	2.75		0.97
15	1/2	21.3		2.75		1.26	3.25		1.45
20	3/4	26.8		2.75		1.63	3.50		2.01
25	1	33.5		3.25		2.42	4.00		2.91
32	5/4	42.3		3.25		3.13	4.00		3.78
40	3/2	48.0		3.50		3.84	4.25		4.58
50	2	60.0	±1%	3.50		4.88	4.50		6.16
65	5/2	75.5		3.75		6.64	4.50		7.88
80	88.5		4.00		8.34	4.75		9.81	
100	4	114.0		4.00		10.85	5.00		13.44
125	5	140.0		4.50		15.04	5.50		18.24
150	6	165.0		4.50		17.81	5.50		21.63

2.1.6 管件焊接与连接导致的质量问题分析处理

1. 镀锌钢管焊接和配用非镀锌管件

为防止镀锌钢管焊接和配用非镀锌管件,焊接连接时应注意以下几点:

(1)及时做出镀锌管零件的供应计划,保证安装使用的需要。

(2)认真学习和执行操作规程。

(3)拆除焊接部分的管道，采用丝扣连接的方法，非镀锌管件换成镀锌管件，重新安装管道。

2. 镀锌钢管连接不符合规范要求

镀锌钢管连接时，如对规范不熟悉，施工图省事，或有关方不执行规范，一味强调控制造价(成本)，将导致管道接口质量不过关，通水后管道接口处有返潮、滴水、渗漏现象。

为防止镀锌钢管连接不符合规范的要求，施工过程中应注意以下几点：

(1)选用优质管材及管件。按设计或规范要求，结合管径的大小，确定管道连接方式。按照各类连接方式的操作工艺标准或施工方案要求，严格施工。

(2)$DN \leqslant 100mm$ 时，镀锌钢管接口应采用螺纹连接方式。

1)管螺纹加工时应根据管径大小决定切削次数，管径大于 25mm 时，应分 2～3 次套丝。

2)螺纹加工长度应符合规定要求，螺纹应清洁、规整，断丝或缺丝不大于螺纹全扣数的 10%。

3)管道连接前，用手将管件拧上，以检查管螺纹的松紧程度，应保证管螺纹留有足够的装配余量可供拧紧。

4)填料应按顺时针方向缠绕，要求缠绕均匀，紧贴管螺纹；上管件时应使填料吃进螺纹间隙内，不得将填料挤出。

5)连接时应选用合适的管钳，确保螺纹的连接紧密牢固。螺纹应一次上紧，并不得倒回，拧紧后螺纹根部应有 2～3 扣的外露螺纹。

6)螺纹连接后，应进行外观检查，并清除外露麻丝，及时对被破坏镀锌层进行防腐处理。

(3)$DN > 100mm$，镀锌钢管接口可采用法兰连接方式，镀锌钢管与法兰焊接处应二次镀锌。

1)法兰应垂直于管中心，采用角尺找正，管端插入法兰深度为法兰厚度的 1/2～2/3。法兰的内外面均需焊接，法兰内侧的焊缝不得凸出密封面。法兰焊接后应将毛刺及熔渣清除干净，内孔应光滑，法兰面应无飞溅物。

2)法兰焊接完毕，应进行二次镀锌。对于下料尺寸不容易把握的部位，可进行预组装，无误后拆下来再进行二次镀锌。

3)法兰装配时，两法兰应相互平行，不得将不平行的法兰强制对口。

4)连接法兰，将垫片放入法兰之间，法兰间垫片的材质和厚度应符合设计和施工验收规范的要求，安装垫片时要做成带把的形状，垫片不得凸入法兰内，其边缘接近螺栓孔为宜。不得安放双垫或偏垫。

5)连接法兰的螺栓，其直径和长度应符合标准。安装方向一致，即螺母在同一侧。拧紧螺栓时应对称成十字交叉式进行，不得一次拧紧一颗螺栓，对称的螺栓应松紧一致，拧紧后的螺栓应突出螺母，其长度不得大于螺杆直径的 1/2。

6)法兰连接接口不得直接埋入土壤中，必须埋地时应沿地沟敷设或设置检查井，且法兰和螺栓应涂防腐漆。

(4)$DN > 100mm$，镀锌钢管也可采用卡套(箍)连接方式，卡套(箍)连接应采用专用沟槽式管接头。

（5）管道安装完毕应进行水压试验，试压时应检查各接口是否有渗漏，发现问题应做好记号，待修复后重新进行试压，直至水压试验合格。

2.1.7　管道安装产生的质量问题分析处理

1. 不锈钢管道安装不合格

不锈钢管道安装不合格是由于施工人员对不锈钢安装要求缺少基本知识；焊接操作不符合规程要求，操作不熟练；安装前管内杂物未清除干净，管壁伤痕未处理；在运输、堆放和安装中部分不锈钢管与碳钢直接接触产生点腐蚀和晶间腐蚀。

为防止产生上述质量问题，在施工过程中应注意以下几点：

（1）不锈钢管道安装，除应遵照工业管道安装一般工艺要求的有关规定外，还应特别注意安装前检查管内是否有杂物存在。一般应将管子进行对光观察；弯头则可用等于管子内径 86% 的木球或不锈钢球做通球试验。安装前应对管子进行一般清洗，并用净布擦干，除去油渍及其他污物。当管子光面有机械损伤时，必须加以修整，使其光滑，并要进行酸洗和钝化处理（当划痕深度在 0.2mm 以下，且无黑斑时，允许不进行处理）。

（2）不锈钢管不允许直接与碳钢支架接触，应在支架与管道之间垫入不锈钢垫片、塑料片、橡胶片或其他隔垫物；有时也可以在碳钢支架上涂刷耐久结实的油漆作为隔离层。

（3）不锈钢管道可采用手动或自动氩弧焊、埋弧自动焊、手工电弧焊等焊接法。

不锈钢管道焊口装配方法和要求基本上与碳素钢管相同。焊工使用的锤子和刷子宜用不锈钢制造以免管材受损。焊接前应将坡口上的毛刺等用锉刀或砂纸清除干净，再用不锈钢刷及丙酮或其他有机溶液将管子对口端的坡口面及管内外壁 30mm 以内的脏物清除干净，清除工作不应早于施焊前 2h。焊前应在距焊口 4～5mm 以外，涂一道宽 40～50mm 的石灰浆保护层，也可用石棉橡胶板包敷予以保护以免飞溅物落在管壁上。

不锈钢管焊接，要由有经验的焊工操作。焊接后，焊缝及邻近区域应进行酸洗和钝化处理。

2. 铜及铜合金管道安装缺陷

（1）铜及铜合金管道安装缺陷有以下一些：

1）铜管及铜合金管皮薄质软，在运输和堆放中易产生凹陷和弯曲。

2）支架间距过大，焊接工艺选择不当，焊接安装操作不符合要求。

3）管道安装后受碰撞、踩蹬变形。

4）给管道冲洗、试压后未排尽积水被冻裂。

（2）为防止铜及铜合金管道安装产生上述质量缺陷，应按照下列要求进行。

1）管道和配件进场后，应按牌号规格分别标记和堆放，防止混乱和挤压；弯曲管在安装前要用调直器调直；并清除管内砂粒和杂物；或用橡皮锤、木槌，轻轻敲打，逐根调直。

2）当管道设计坡度未明确时，热水管、冷水管应以不小于 0.3% 的坡度安装，在管道试压、冲洗合格后，要随即排除管内积水。

3）安装铜管及铜合金管所用的支架与钢管基本相同，支架间距可按同管径、同壁厚的钢管支架间距的 3/4 选取；支架与铜管间用石棉板轻金属垫或木垫隔开，接触紧密，防止损坏铜管。

4）铜管与铜合金管件或铜合金管件与铜合金管件间焊接时，应在铜合金管件焊接处使用助焊剂，并在焊接完成后，清除管道外壁的残余熔剂。

5）铜及铜合金管可采用气焊、钎焊、手工电弧焊和氩弧焊。焊接应选择合理的焊接工艺，由操作熟练的铜管焊工施焊，焊口不得出现裂纹、夹渣、气孔等缺陷。焊缝局部出现气孔、夹渣等时可进行修补，修补前应清除夹渣等物，修补温度不宜过高，范围要小，避免整体焊缝脱焊。

6）安装好的铜管和铜合金管要做好成品保护工作，严禁踩蹬或碰撞，并防止砂石、混凝土等硬物划伤铜管。

3. 硬聚氯乙烯塑料管安装弯曲不直

塑料管的使用温度为 $-10\sim60℃$，由于安装时的温度和使用温度有变化；安装时管身未调直；安装的支架距离不符合要求等都会造成管子变形。

为防止硬聚氯乙烯塑料管安装产生上述质量问题，施工过程中应按下列要求进行。

（1）硬聚氯乙烯塑料管加工。

1）调直。硬聚氯乙烯管道如产生弯曲，必须调直后才可使用。调直方法是把弯曲的管子放在平直的调直平台上，在管内通入蒸汽，使管子变软，以其本身自重调直。

2）切断。硬聚氯乙烯管采用木工锯或粗齿钢锯切割，坡口使用木工锉或坡口器加工成 $45°$坡口。

3）弯曲。

①加热。硬聚氯乙烯管加热温度应控制在 $135\sim150℃$，在此温度下，硬聚氯乙烯管的延伸率为 100%。

②热弯。$\phi\leqslant40mm$ 的硬聚氯乙烯管热弯时可不灌砂，直接在电炉或煤炉上加热，加热长度为弯头展开长度。当弯成所需角度后，立即用湿布擦拭，使之冷却定型。弯管操作可放在平板上进行，使弯成的弯头不产生扭曲。

$\phi50\sim\phi200$ 的硬聚氯乙烯管弯管时，应在弯曲部分灌以 $80℃$ 的热砂，并要打实。加热时，应将管段放到能自动控制温度的烘箱或电炉上进行（在烘箱内的加热温度为 $135\pm5℃$，历时 $15min$）。加热过程中，管段经常转动，使加热均匀，并防止管段产生扭曲现象。

当加热到一定软态时，可用手摁压管壁检视其是否呈现柔软状态。当温度符合要求后，立即将管段放到平台上靠模进行弯制，同时用湿布擦拭冷却，待全部冷却后就可清除管段内的砂子。

弯管应检查其椭圆度，以不超过管径的 $3\%\sim4\%$ 为合格，外表面应无皱折及凸起。

4）翻边。采用卷边活套法兰连接的聚氯乙烯管口必须翻出卷边肩（图 2-3）。

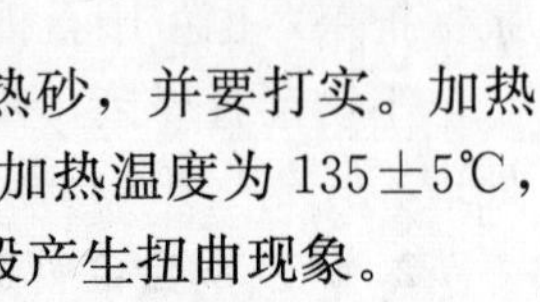

图 2-3 卷边活套法兰

管口翻边应严格掌握温度。使用加热工具是甘油加热锅。为防止加热的管的端与锅底接触，锅底部垫一层砂，厚 30mm。

加热时，先将锅内的甘油加热到 $140\sim150℃$，再把加工成内坡口的管端放到锅内，并经常转动管段，使加热均匀，加热时间见表 2-11。

表 2-11 硬聚氯乙烯管翻边加热时间

管径/mm	50	65	80	100	125	150	200
加热时间/min	2～3	2～3	3～4				4～5

5)焊接弯头。$\phi \leqslant 200$ 的无缝聚氯乙烯管，应采用热煨弯头，如不能时，才使用焊接弯头。卷焊管一般采用焊接弯头。

焊接弯头的弯曲半径应不小于公称直径的 1.5 倍。90°焊接弯头的节数不应少于 3 节；45°焊接弯头的节数不应少于 2 节。

(2)管道连接。

1)硬聚氯乙烯管承插连接。直径小于 200mm 的挤压管多采用承插连接，如图 2-4 所示。

2)对焊连接。对焊连接适用于直径较大(>200mm)的管子连接。方法是将管子两端对起来焊成一体。焊口的连接强度比承插连接差，但施工简便，严密性好，也是一种常用的不可拆卸的连接方式。

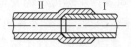

图 2-4　塑料管承插连接

(3)支架安装。硬聚氯乙烯管道不得直接与金属支、吊架相接触，而应在管道与支吊架间垫以软塑料垫。

由于硬聚氯乙烯强度低、刚度小，因此，支承管子的支、吊架间距要小。管径小、工作温度或大气温度较高时，应在管子全长上用角钢支托，以防止管子向下挠曲，并要注意防振。

(4)热补偿。硬聚氯乙烯管的膨胀系数比钢大很多，因此，要设热补偿装置。当管子不长时，可用自然弯代替补偿器；当管子较长时，每隔一定距离应装一个补偿器。直径在100mm 以下的管子，可以管子本身直接弯成"Ω"型补偿器；大直径管子，有时每隔一定距离焊一小段软聚氯乙烯管当做补偿器用，或翻边粘结。也可以把管子压成波型补偿器，波数可以是一个或几个，根据最大温度差和支承架的间距来确定。也可采用"Ω"型补偿器。

此外，硬聚氯乙烯管道不能靠近输送高温介质的管道敷设，也不能安装在其他大于60℃的热源附近。

2.1.8　给水管道支吊架制作安装缺陷分析处理

1. 管道支架制作安装不合格

管道支架制作安装不合格主要是支架制作下料时，用电、气焊切割，且毛刺未经打磨；支架不按标准图制作或片面追求省料；支架埋深不够或墙洞未用水浸润；支架固定于不能载重的轻质墙上等原因造成的。

为防止制作时产生上述质量问题，制作安装时应注意以下几方面：

(1)管道支架制作。管道支架、支座的制作应按照图样要求进行施工，代用材料应取得设计者同意；支吊架的受力部件，如横梁、吊杆及螺栓等的规格应符合设计及有关技术标准的规定；管道支吊架、支座及零件的焊接应遵守结构件焊接工艺。焊缝高度不应小于焊件最小厚度，并不得有漏焊、结渣或焊缝裂纹等缺陷，制作合格的支吊架，应进行防腐处理和妥善保管。

(2)管道支架的放线定位。首先根据设计要求定出固定支架和补偿器的位置；根据管道设计标高，把同一水平面直管段的两端支架位置画在墙上或柱上。按照两点间的距离和坡度大小，算出两点间的高度差，标在末端支架位置上；在两高度点拉一条直线，按照支架的间距在墙上或柱上标出每个支架位置。土建施工时，在墙上如预留有支架孔洞或在钢筋混凝土构件上预埋了焊接支架的钢板，应采用上述方法进行拉线校正，然后标出支架实际安装位置。

(3)支吊架安装的一般要求。支架横梁应牢固地固定在墙、柱或其他结构物上，横梁长度方向应水平。顶面应与管中心线平行；固定支架必须严格地安装在设计规定位置，并使管子牢固地固定在支架上。在无补偿器，有位移的直管段上，不得安装一个以上的固定支架；活动支架不应妨碍管道由于热膨胀所引起的移动，其安装位置应从支撑面中心向位移反向偏移，偏移值应为位移之半；无热位移的管道吊架的吊杆应垂直安装，吊杆的长度应能调节；有热位移的管道吊杆应斜向位移相反的方向，按位移值的一半倾斜安装。补偿器两侧应安装 1～2 个多向支架，使管道在支架上伸缩时不至偏移中心线。管道支架上管道离墙、柱及管子与管子中间的距离应按设计图纸要求敷设。铸铁管道上的阀门应使用专用支架，不得让管道承重。在墙上预留孔洞埋设支架时，埋设前应检查校正孔洞标高位置是否正确，深度是否符合设计和有关标准图的规定要求，无误后，清除孔洞内的杂物及灰尘，并用水将洞周围浇湿，将支架埋入填实，用 1：3 水泥沙浆填充饱满。在钢筋混凝土构件预埋钢板上焊接支架时，先校正支架焊接的标高位置，消除预埋钢板上的杂物，校正后施焊。焊缝必须满焊，焊缝高度不少于焊接件最小厚度。

(4)管道支架安装方法。支架结构多为标准设计，可按国标图集《给水排水标准图集》S161 要求集中预制。现场安装中，托架安装工序较为复杂。结合实际情况可用栽埋法、膨胀螺栓法、射钉法、预埋焊接法、抱柱法安装。

1)栽埋法：适用于墙上直形横梁的安装。安装步骤和方法是：在已有的安装坡度线上，画出支架定位的十字线和打洞的方块线，即可打洞、浇水(用水壶嘴往洞顶上沿浇水，直至水从洞下沿流出)、填实砂浆直至抹平洞口，插栽支架横梁。栽埋横梁必须拉线(即将坡度线向外引出)，使横梁端部 U 形螺栓孔中心对准安装中心线，即对准挂线后，填塞碎石挤实洞口，在横梁找平找正后，抹平洞口处灰浆。

2)膨胀螺栓法：适用于角形横梁在墙上的安装。其做法是：按坡度线上支架定位十字线向下量尺，画出上下两膨胀螺栓安装位置十字线后，用电钻钻孔。孔径等于套管外径，孔深为套管长度加 15mm 并与墙面垂直。清除孔内灰渣，套上锥形螺栓并拧上螺母，打入墙孔直至螺母与墙平齐，用扳手拧紧螺母直至胀开套管后，打横梁穿入螺栓，并用螺母紧固在墙上。

3)射钉法：多用于角形横梁在混凝土结构上的安装。其做法是：按膨胀螺栓法定出射钉位置十字线，用射钉枪射入为 8～12mm 的射钉，用螺纹射钉紧固角形横梁。

4)预埋焊接法：在预埋的钢板上，弹上安装坡度线，作为焊接横梁的端面安装标高控制线，将横梁垂直焊在预埋钢板上，并使横梁端面与坡度线对齐，先电焊，校正后焊牢。

5)抱柱法：管道沿柱子安装时，可用抱柱法安装支架。做法是：把柱上的安装坡度线，用水平尺引至柱子侧面，弹出水平线作为抱柱托架端面的安装标高线，用两条双头螺栓把托架紧固于柱子上，托架安装一定要保持水平，螺母应紧固。

2. 给水管支吊架及支墩安装不合格

给水管支吊架及支墩安装不合格是由于支吊架选型不合理，制作时不按标准图(或工艺标准)选择型材，片面追求省料；制作下料时采用电、气焊切割开孔，毛刺不经打磨；支吊架根部处理不规范，焊接不牢固；放线定位不准，管道支吊架偏移、间距过大；或对于有热伸缩管道的支吊架安装时未考虑管道的热伸缩性等原因造成的。

为防止支吊架及支墩安装时产生以上问题，安装过程中应注意以下几点：

(1)管道支、吊、托架的形式、尺寸及规格应按设计或标准图集加工制作，型材与所固定的管道相称；孔、眼应采用电钻或冲床加工，焊接处不得有漏焊、欠焊或焊接裂纹等缺陷；金属支、吊、托架应做好防锈处理。

(2)支、吊、托架间距应按规范要求设置，直线管道上的支架应采用拉线检查的方法使支架保持同一直线，以便使管道排列整齐，管道与支架间紧密接触，铜管与金属支架间还应加橡胶等绝缘垫。

(3)对于墙上的支架，如墙上有预留孔洞的，可将支架横梁埋入墙内，埋入墙内部分一般不小于120mm，且应开脚，埋设前应清除孔洞内的杂物及灰尘，并用水将孔洞浇湿，以M5水泥沙浆和适量石子填塞密实饱满；对于吊架安装在楼板下时，可采用穿吊型，即吊杆贯穿楼板，但必须在楼板面层施工前钻孔安装，适用于$DN15\sim DN300$的管道。

(4)钢筋混凝土构件上的支吊架也可在浇筑时于各支吊架位置处预埋钢板，安装时将支吊架根部焊接在预埋钢板上。

(5)没有预留孔洞和预埋钢板的砖墙或混凝土构件上，对于$DN15\sim DN150$的管道支吊架可以用膨胀螺栓固定支吊架，但膨胀螺栓距结构物边缘、螺栓间距及螺栓的承载力应符合要求。

(6)沿柱敷设的管道，可采用抱柱式支架。

(7)有热伸长的管道支吊架应按设计设置固定及滑动支吊架，明管敷设的支吊架对管道线膨胀采取措施时，应按固定点要求施工，管道的各配水点、受力点以及穿墙支管节点处，应采取可靠的固定措施。

(8)埋地管道的支墩(座)必须设置在坚实老土上，松土地基必须夯实。

2.1.9 管道附件安装缺陷分析处理

1. 管道固定卡具设置不当

管道固定卡具设置不当是因为垂直或水平管道的管卡设置不当或卡具的标高和水平管卡的间距及转角、水龙头、角阀等处的管卡随意盲目设置等造成的。

为防止固定卡具设置不当，应注意以下几点。

(1)严格按照规范、标准的规定，确定垂直管道固定管卡标高。尤其是同室的多种垂直管道的标高应统一。在每层都应安装一个管卡，从地面到管卡的中心应统一为1600mm。

(2)管卡(抱箍式、承重式)和U形螺栓及其附件均应为镀锌制品件。

(3)室内给水支管($\phi15\sim\phi20$)管卡的安装位置应符合设计要求和规范的规定。给水管道管长度大于200mm，及管道转角、表位、水龙头或角阀、管道末端的100mm处应设置管卡固定。管卡安装必须牢固，不得使用钩钉。

2. 给水管道及阀门安装偏差过大

给水管道及阀门安装偏差过大原因很多，主要是设计原因，多层建筑的同一位置的各层墙体不在同一轴线上；施工中技术变更，墙体移位；施工放线不准确或施工误差，使多层建筑的同一位置的各层墙体不在同一轴线上；或管道安装未吊通线，管道偏斜等。

为避免给水管道及阀门安装偏差过大，施工中土建工程砌筑墙体时须精确放线，发现墙体轴线压预留管洞距管洞过远时，应及时与安装方联系，查明原因，寻求解决的方法。管道和阀门安装允许偏差及检验方法见表2-12。

表 2-12　管道和阀门安装的允许偏差和检验方法

项　次	项　目		允许偏差/mm	检验方法
1	水平管道纵横方向弯曲	钢　管　每米	1	用水平尺、直尺、拉线和尺量检查
		全长 25m 以上	≤25	
		塑料管　复合管　每米	1.5	
		全长 25m 以上	≤25	
		铸铁管　每米	2	
		全长 25m 以上	≤25	
2	立管垂直度	钢　管　每米	3	吊线和尺量检查
		5m 以上	≤8	
		塑料管复合管　每米	2	
		5m 以上	≤8	
		铸铁管　每米	3	
		5m 以上	≤10	
3	成排管段和成排阀门	在同一平面上间距	3	尺量检查

3. 给水立管及多用水点配水支管未设置可拆卸的连接件阀门

由于设计、施工过程中执行规范不严格、图省事，给水立管及多用水点配水支管未设置可拆卸连接件阀门。

为避免此类质量问题的产生，给水立管和装有 3 个或 3 个以上配水点的支管始端设置可拆卸的连接件及阀门主要是便于维修，拆装方便，在设计施工中应严格执行规范要求，按设计要求加好套管。立管与导管连接要采用两个弯头(图 2-5)。立管直线长度大于 15m 时，要采用 3 个弯头(图 2-6)。立管如有伸缩器安装同干管。

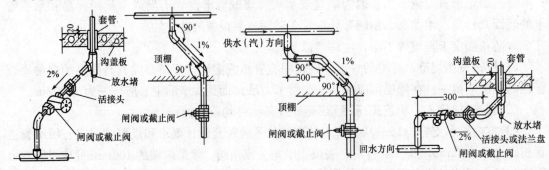

图 2-5　立管与导管连接时的弯头安装　　　图 2-6　立管直线长度大于 15m 时弯头安装

4. 给水管道器具安装不规范

给水管道器具安装不规范是由于管道穿越楼板、墙体时甩头不准；若有热水供应管道时，冷热水龙头及管道错位；各种器具(配件)安装位置不当、不整齐、不美观等原因造成的。

为防止给水管道器具安装出现上述质量问题，安装施工时，应特别注意以下几点：

(1)给水管道甩头标高及坐标必须按设计的位置确定，而且在施工时要注意施工时有关尺寸变化情况，以便随时进行调整。

(2)立管甩头时，注意使立管外皮距墙装饰面的间距应符合表2-13的要求。

表 2-13 立管外皮距墙面(抹灰面)间距   mm

管 径	32 以下	32~50	70~100	125~150
管外皮到墙面间距	20~25	25~30	30~50	60

(3)装有分户水表的给水立管，应该确保水表外壳距墙10~30mm。

(4)甩至地面上的立管阀门，为避免堵塞及碰撞移位最好临时拧上相同口径的丝堵或用其他材料堵牢。

(5)安装冷、热水龙头时要注意安装的位置和色标。

1)蓝色、绿色表示冷水管，应安装在面向卫生器具的右侧，如图2-7所示。

2)红色表示热水管，安装在面向卫生器具的左侧。冷热水龙头安装位置如图2-7所示。

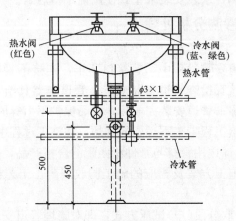

图 2-7 洗脸盆冷热水龙头安装位置

5. 水表安装不合理

水表安装不合理主要是由于缺乏水表安装经验，安装水表时未考虑外壳尺寸和使用维修的方便性；给水立管距墙过近或过远，支管上安装水表时未用乙字弯调整；水表接口不平直，踩踏或碰撞后，接口松动等原因造成的。

为防止水表安装出现质量问题，安装时应注意以下几点：

(1)安装准备工作。

1)检查安装使用的水表型号、规格是否符合设计要求，表壳铸造规矩，无砂眼、裂纹，表玻璃盖无损坏，铅封完整，并具有产品出厂合格证及法定单位检测证明文件。

2)复核已预留的水表连接管段口径、表位、管件及标高等，均应符合设计和安装要求。

3)在施工草图上标出水表、阀门等位置及水表前后直线管段长度，然后按草图测得的尺寸下料编号、配管连接。

(2)水表安装要点。

1)水表安装就位时，应复核水表上标示的箭头方向与水流方向是否一致。

2)旋翼式水表应水平安装；水平螺翼式和容积式水表可根据实际情况确定水平、倾斜或垂直安装，但垂直安装时水流方向必须从下向上。

3）螺翼式水表的前端，应有8～10倍水表接管直径的直线管段；其他类型水表前后应有不小于300mm的直线管段，或符合产品标准规定的要求。

4）对于生活、生产、消防合一的给水系统，如只有一条引入管时，应绕水表安装旁通道。水表前后和旁通管上均应装设检修阀门，水表与水表后阀门间应装设泄水装置。住宅中的分户水表，其表后检修阀门及专用泄水装置可以不设。

5）水表支管除表前后需有直线管段外，其他超出部分管段应进行适当煨弯，使管段沿墙敷设，支管长度大于1.2m时应设管卡固定。

6）组装水表连接处的连接件为铜质零件时，为防止损伤铜件，应对钳口加防护软垫或用布包扎。

7）给水管道进行单元或系统试压和冲洗时，应将水表卸下，待试压、冲洗完成后再行复位。

8）为避免损伤表罩玻璃，水表安装未正式使用前不得启封。

2.1.10 给水管道渗漏分析处理

1. 给水管道渗漏

给水管道渗漏包括管道安装过程中，管接口不牢，连接不紧密，以致连接处渗漏；管道水压试验不认真，没有认真检查管道安装质量；管道与器具给水阀门、水龙头、水表等连接不紧密，导致接口渗漏；管道安装完成后，成品保护不力等原因造成的渗漏等。

为避免给水管道渗漏给工程带来不必要的麻烦，在施工过程中应注意以下几点。

（1）管道安装时应按设计选用管材与管件相匹配的合格产品，并采用与之相适应的管道连接方式，要求严格按照施工方案及相应的施工验收规范、工艺标准，采取合理的安装程序进行施工。

（2）对于暗埋管道应采取分段（户）试压方式，即对暗埋管道安装一段，试压一段，隐藏一段。分段（户）试压必须达到规范验收要求，全部安装完毕再进行系统试压，同样必须满足验收规范，从而确保管道接口的严密性。

（3）做好成品保护，与相关各工种配合协调。

（4）管道与器具（配件）连接时，应注意密封填料要密实饱满，密封橡胶圈等衬垫要求配套、不变形；橡胶圈应均匀，平展地套在插口平台上，不得扭曲和断裂，将装上橡胶圈的插口用拉链等机械拉入承口，并将胶圈均匀压实。胶圈内径与插口外径之比为0.85～0.87，直径压缩率40％～50％，贮运时，胶圈不宜长时间受压，不宜长时间日晒，不得接触油类及胶溶制品。为确保接口严密、牢固金属管道与非金属管道转换接头质量要过关。

2. 塑料给水管漏水

因安装程序不对，安装方法不当，造成管道损坏，接头松动；试压不合格等都会造成塑料给水管漏水。

为防塑料给水管漏水，施工时应注意以下几点。

（1）塑料给水管多为暗装，应采用以下安装方法：

1）预埋套管；

2）预留墙槽、板槽，尽量把安装工期延后，以减少因工种交叉而损坏管道的概率。

（2）做好成品保护，与土建工种搞好协调配合。

(3)对于铝制管件，应精心安装，一次成功，切忌反复拆卸。

(4)分段试压，即对暗装管道安装一段，试压一段。试压必须达到规范和生产厂家的要求。全部安装完成后，再整体试压一次。

(5)更换损坏的管道和管件。

3. 给水管道穿越楼板(墙)处渗漏

给水管道穿越楼板处渗漏在楼板和墙中穿越给水管时不做套管，套管内径与给水管外径的环隙没做油麻封闭，或套管设置的位置或上部预留高度错误等原因所致。

为防止管道穿越楼板处渗漏，施工时应注意以下几点。

(1)穿过楼板。管道穿过楼板时，应预先留孔，避免在施工安装时凿穿楼板面。管道通过楼板段应设套管，尤其是热水管道。对于现浇楼板，可以采用预埋套管。

(2)通过沉降缝。管道一般不应通过沉降缝。实在无法避免时，可采用如下几种办法处理。

1)连接橡胶软管。用橡胶软管连接沉降缝两边的管道。但橡胶软管不能承受太高的温度，因此，这种做法只适用于冷水管道，如图 2-8 所示。

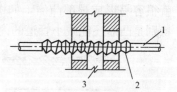

图 2-8　橡胶软管连接方法
1—管道；2—软管；3—沉降缝

2)连接丝扣弯头。在建筑物沉降过程中，两边的沉降差可用丝扣弯头的旋转来补偿。此法适用于管径较小的冷热水管道。接法如图 2-9 所示。

3)安装滑动支架。靠近沉降缝两侧的支架做法，如图 2-10 所示，只能使管道垂直位移而不能水平横向位移。

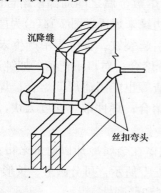

图 2-9　丝扣弯头连接法

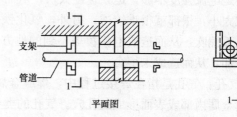

图 2-10　滑动支架做法

(3)通过伸缩缝。室内地面以上的管道应尽量不通过伸缩缝，必须通过时，应采取措施使管道不直接承受拉伸与挤压。室内地面以下的管道，在通过有伸缩缝的基础时，可借鉴通过沉降缝的做法处理。

4. 在管道焊口处有返潮、滴漏现象，影响使用

在管子焊接中，一般小管径的可采用气焊(一般管子壁厚小于 4mm)，大管径的采用电弧焊接。

焊缝的缺陷种类很多，有外部缺陷(一般用肉眼或低倍放大镜在焊缝外部可观察到)和内部缺陷(用破坏性试验或射线透视来探测)。

焊缝主要缺陷的种类及产生原因如下。

(1)焊缝外形尺寸不符合要求：即焊缝成型不好，出现高低不平、宽窄不匀的现象，如图 2-11 所示。产生这种现象的原因主要是焊接规范选择不合理或操作不当；或者是在使用电焊时，选择电流过大，焊条熔化太快，从而不易控制焊缝成型。

(2)咬肉：在焊缝两侧与基体金属交界处形成凹槽，如图 2-12 所示。咬肉减少了焊缝的有效截面，因而降低了接头的强度；同时还易产生应力集中，引起焊件断裂，因此，这种现象必须加以控制。产生的原因主要是焊接规范选择不合理，焊接时操作不当以及电焊时焊接电流过大所致。

(3)烧穿和凸瘤：这种外部缺陷主要表现在气焊上。所谓烧穿是指在焊缝底部形成穿孔，造成熔化金属往下漏的现象。特别是在焊薄壁管子时，烧穿就更易出现。由于烧穿，就很容易形成根部凸瘤，如图 2-13 所示。这种缺陷同样会引起应力集中，降低接头强度，特别是凸瘤还能减小管道的内截面。

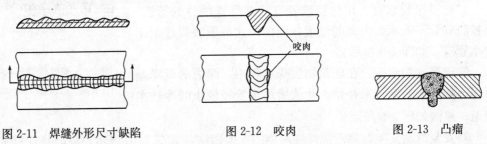

图 2-11　焊缝外形尺寸缺陷　　　　图 2-12　咬肉　　　　图 2-13　凸瘤

(4)未焊透：未焊透是指母材与母材之间，或母材与熔敷金属之间局部未熔合的现象。如图 2-14 所示，图 2-14(a)为根部未焊透；图 2-14(b)为边缘未焊透；图 2-14(c)为层间未焊透。这种缺陷不仅使接头强度降低，而且在焊接中还易引起裂纹。在电焊中产生未焊透的原因主要是电流强度不够，运条速度太快，从而不能充分熔合；对口不正确，如钝边太厚，对口间隙太小，根部就很难熔透；另外，氧化铁皮及熔渣等也能阻碍层间熔合；焊条角度不对或电弧偏吹，从而造成电弧覆盖不到的地方就不易熔合；焊件散热速度太快，熔融金属迅速冷却，从而造成未熔合。

(5)气孔：气孔是指在焊接过程中，焊缝金属中的气体在金属冷却以前未来得及逸出，而在焊缝金属内部或表面形成的孔穴。气孔的类型如图 2-15 所示，可分圆形、长形、链状、蜂窝状等形式。焊缝金属中存有气孔，能降低接头的强度和严密性。

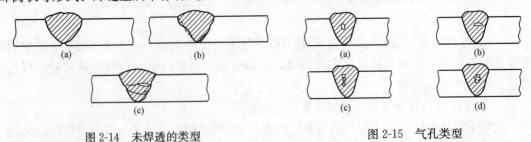

图 2-14　未焊透的类型　　　　　　　　图 2-15　气孔类型

产生气孔的原因主要有：熔化金属冷却太快，气体来不及逸出；焊工操作不良；焊条涂料太薄或受潮；焊件或焊条上粘有锈、漆、油等杂物；基体金属或焊条化学成分不当等。

（6）裂纹：裂纹系指在焊接过程中或焊接以后，在焊接接头区域内所出现的金属局部破裂现象。裂纹有纵向裂纹、横向裂纹、热影响区内部裂纹，如图 2-16 所示。

产生裂纹有多种原因，如焊接材料化学成分不当；熔化金属冷却太快；焊件结构设计不合理（如焊缝过多，分布不合理等）；焊接过程中，阻碍了焊件自由膨胀和收缩；对口不符合规范要求等均能造成裂纹。

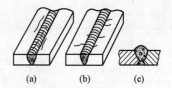

图 2-16　裂纹
(a)纵向裂纹；(b)横向裂纹；
(c)热影响区裂纹

（7）夹渣：夹渣是指由于焊接操作不当，或者焊接材料不符合要求，在焊接金属内部或熔合线内部有非金属夹杂渣物存在。

夹渣产生的原因主要有：焊件边缘及焊层之间清理不干净，焊接电流过小；熔化金属凝固太快，熔渣来不及浮出；操作不符合要求，熔渣与铁水分离不清；焊件及焊条的化学成分不当等。

为防止在管道焊口处有返潮、滴漏现象，应按下列要求进行施工。

（1）根据管材材质、不同的壁厚及焊接方法选用不同的坡口。如设计文件无要求时，可按表 2-14 选用坡口形式。

表 2-14　钢焊件坡口形式和尺寸

项 次	厚度 T /mm	坡口名称	坡 口 形 式	坡 口 尺 寸			备 注
				间隙 c /mm	钝边 p /mm	坡口角度 $\alpha(\beta)$ /(°)	
1	1～3	I 形坡口		0～1.5	—	—	单面焊
	3～6			0～2.5			双面焊
2	3～9	V 形坡口		0～2	0～2	65～75	
	9～26			0～3	0～3	55～65	
3	6～9	带垫板 V 形坡口		3～5	0～2	45～55	
	9～26		$\delta=4～6$　$d=20～40$	4～6	0～2		
4	12～60	X 形坡口		0～3	0～3	55～65	

续表

项次	厚度 T /mm	坡口名称	坡　口　形　式	坡　口　尺　寸			备　注
				间隙 c /mm	钝边 p /mm	坡口角度 $\alpha(\beta)$ /(°)	
5	20~60	双 V 形坡口	$h = 8 \sim 12$	0~3	1~3	65~75 (8~12)	
6	20~60	U 形坡口	$R = 5 \sim 6$	0~3	1~3	(8~12)	

(2)正确地选用焊接规范。

1)焊条直径的选择:焊条直径大小与焊件的厚度、焊缝位置和焊接层数有关,见表 2-15、表2-16。

表 2-15　焊件厚度与焊条直径关系

焊件厚度/mm	≤1.5	2	3	4~5	6~12	≥13
焊条直径/mm	1.5	2	3.2	3.2~4	4~5	5~6

表 2-16　管子对接接头焊接层数、焊条直径及焊接电流

管壁厚度 /mm	焊接层数	焊条直径 /mm	焊接电流 /A	管壁厚度 /mm	焊接层数	焊条直径 /mm	焊接电流 /A
3~6	2	2~3.2	80~120	13~16	4~5	3.2~4 4	105~180 160~200
6~10	2~3	3.2 4	105~120 160~200				
10~13	3~4	3.2~4 4	105~180 160~200	16~22	5~6	3.2~4 4~5	105~180 160~250

立焊和仰焊时,可适当选细些焊条;多层焊时,打底焊应选用直径小些的焊条,以后各层选用直径较大的焊条。

2)焊接电流:焊接电流和焊条直径、焊缝位置有关。焊接电流可按下式计算:

$$I = K \cdot d$$

式中　I——焊接电流(A);

　　　d——焊条直径(mm);

　　　K——经验系数,可按表 2-17 选用。

表 2-17　焊条直径与经验系数关系

焊条直径 d/mm	1～2	2～4	4～6
经验系数 K	25～30	30～40	40～60

焊接平焊缝时，电流可选用较大的电流，焊其他位置焊缝时，焊接电流可选小些。

3)电弧电压：电弧电压决定电弧长度，在焊接过程中，应力求使用短弧，所以应选用低电弧电压。

4)焊缝速度：在保证焊缝质量的前提下，应适当加快焊接速度。

(3)预防咬肉缺陷的措施主要是根据管壁厚度，正确选择焊接电流和焊条。

(4)防止烧穿和结瘤的措施主要是在焊接薄壁管时要选择较小的中性火焰或较小电流；对口时，要符合规范要求，当间隙较大时就容易产生结瘤。

(5)预防未焊透的措施是正确选择对口规范，并注意坡口两侧及焊层之间的清理；运条时，随时注意调整焊条角度，使熔融金属与基体金属之间充分熔合；对导热性高、散热大的焊件可提前预热或在焊接过程中加热；正确选择焊接电流。

(6)预防产生气孔的措施是选择适宜的电流值，运条速度不应太快，焊接中不允许焊接区域受到风吹雨打，当环境温度在 0℃ 以下时可进行焊口预热；焊条在使用前应进行干燥；操作前清除焊口表面的污垢。

(7)预防焊口裂纹的措施是在确定焊缝位置时要合理，减少交错接头；对于含碳量较高的碳钢焊前要预热，必要时在焊接中加热，焊后进行退火；点焊时，焊点应具有一定尺寸和强度，施焊前要检查点焊处有无裂纹存在，若有应铲掉重焊；不要突然熄弧，熄弧时要填满熔池；避免大电流薄焊肉的焊接方法，因为薄焊肉的强度低，在应力作用下易出现裂纹。

(8)夹渣的预防措施是首先要注意坡口及焊层间的清理，将凸凹不平处铲平，然后才能进行施焊；操作时运条要正确，弧长适当，使溶渣能上浮到铁水表面，防止熔渣超前于铁水而引起夹渣；避免焊缝金属冷却过速，选择电流要适当。

管道焊接完后，应作外观检查。如焊缝缺陷超过标准，应进行修整，直至不漏及达到允许程度为止。

2.1.11　给水系统吹洗和消毒缺陷分析处理

1. 室内给水系统吹洗不合格

为防止室内给水系统吹洗不合格，应严格执行规范，在系统水压试验后或交付使用前，必须单独进行管路系统的冲洗试验，达到检验规定；并按冲洗试验表内规定如实填写，归档备查。

2. 给水系统未按要求进行冲洗和消毒

由于给水系统冲洗不彻底，管道安装过程中的填料、泥沙等杂物将存于管内，导致通水时水中含有杂质，在使用时用水点滤网堵塞，出水水量、水压降低；消毒不认真将导致管网出水水质不能满足生活饮用水标准要求等。

为防止给水系统不按要求进行冲洗和消毒，给水管道系统在施工完毕后与交付使用之前，需进行系统冲洗以及饮用水进行消毒处理，以确保给水管道的使用功能。这是清除滞留或进入管道内的灰尘、杂质、污物，避免供水后造成管道堵塞或给水质污染所采取的必要措施。冲洗管道要求如下。

(1)给水管道系统试压合格后，应分段用水对管道进行清洗。冲洗用水应为清洁水。

(2)冲洗时，以系统内最大设计流量或不小于 1.5m/s 的流速进行。

(3)水冲洗应连续进行。当设计无规定时，则以出口水色和透明度与入口目测的水色和透明度一致为合格。

(4)管道冲洗合格后，应填写《管道系统冲洗记录》(表 2-18)。冲洗完毕后应将水放尽。

表 2-18　管道系统冲洗记录

工程名称							
管线系统名称			年　月　日				
冲洗日期			年　月　日				
管线编号	材　质	冲　　洗					
		介　质	压　力	流　速	冲洗次数	鉴　定	
冲洗情况说明和结论							
施工人员或班组长：							
施工单位：_____　部门负责人：_____　技术负责人：_____　质量检查员：_____							
建设单位：_____　部门负责人：_____　质量检查员：_____							

(5)生活饮用水管道在使用前应用每升水中含 20～30mg 游离氯的水灌满管道进行消毒。含氯水在管中应留置 24h 以上。消毒完后，再用饮用水冲洗，并经卫生部门取样检验符合国家生活饮用水标准后，方可使用。

检验方法：检查有关部门提供的检测报告。

2.2　室内给水设备安装

2.2.1　常见施工工艺

1. 水箱安装

(1)水箱配管。

1)进水管。当水箱直接由管网进水时，进水管上应装设不少于两个浮球阀或液压水位控制阀，为了检修的需要，在每个阀前设置阀门。进水管距水箱上缘应有 150～200mm 距离。当水箱利用水泵压力进水，并采用水箱液位自动控制水泵启闭时，在进水管出口处可不设浮球阀或液压水位控制阀。进水管管径按水泵流量或室内设计秒流量计算决定。

2)出水管。管口下缘应高出水箱底 50～100mm，以防污物流入配水管网。出水管与进水管可以分别和水箱连接，也可以合用一条管道，合用时出水管上设有止回阀。

3)溢水管。溢水管的管口应高于水箱设计最高水位 20mm，以控制水箱的最高水位。其管径应比进水管的管径大 1～2 号。为使水箱中的水不受污染。溢水管一般不宜与污水管道直接连接。如需与排污管连接，应以漏斗形式接入。溢水管上不必安装阀门。

4)排水管。排水管是作为放空水箱及排出水箱之污水用的。排水管应由箱底的最低处接出，通常连接在溢水管上；管径一般为 50mm。排水管上需装设阀门。

5)信号管。信号管通常在水箱的最高水位处引出，然后通到有值班人员的水泵房内的污水盆或地沟处，管上不装阀门，管径一般为 32～40mm。该管属于高水位的信号，表明水箱满水。有条件的可采用电信号装置，实现自动液位控制。

6)泄出管。有的水箱设置托盘、泄水管，以排泄箱壁凝结水。泄水管可接在溢流管上，管径 32～40mm。在托盘上管口要设栅网，泄水管上不得设置阀门。

(2)水箱安装。水箱的安装高度与建筑物高度、配水管道长度、管径及设计流量有关。水箱的安装高度应满足建筑物内最不利配水点所需的流出水头，并经管道的水力计算确定。根据构造上要求，水箱底距顶层板面的高度最小不得小于 0.4m。

1)管道连接。

①进水管上一般装设不少于两个浮球阀，只有在水泵压力管直接接入水箱，不与其他管道相接，并且水泵的启闭由水箱的水位自动控制时，才允许不设置浮球阀。

每个浮球阀直径最好不大于 50mm，其引水管上均应设阀门一个。

②当水箱进水管和出水管接在同一条管道上时，出水管上应设有止回阀，并在配水管上也设阀门(图 2-17)。而当进水管和出水管分别与水箱连接时，在出水管上只需设阀门而不需设止回阀(图 2-18)。

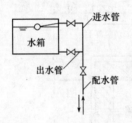 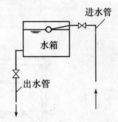

图 2-17 进出水管连接设置   图 2-18 进出水管单独设置

有的水箱设置在托盘上。托盘一般用木板制作(50～65mm 厚)，外包镀锌铁皮，并刷防锈漆两道，周边高 60～100mm，边长(或直径)比水箱大 100～200mm。箱底距盘上表面，盘底距楼板面各不得小于 200mm。

2)水箱间布置。水箱间净高不得低于 2.2m，设置水箱用的承重结构应为非燃烧材料。水箱间应有良好的采光、通风，有防蚊蝇的纱窗。室内温度不低于 5℃。水箱布置的间距要求见表 2-19。

表 2-19 水箱之间及水箱与建筑物结构之间的最小距离　　　　　　　　　　m

水箱形式	水箱至墙面距离		水箱之间净距	水箱顶至建筑结构最低点间距离
	有阀侧	无阀侧		
圆 形	0.8	0.5	0.7	0.6
矩 形	1.0	0.7	0.7	0.6

(3)水表安装。水表的安装地点应选择在查看管理方便、不受冻、不受污染和不易损坏

的地方，分户水表一般安装在室内给水横管上，住宅建筑总水表安装在室外水表井中，南方多雨地区亦可在地上安装。图 2-19 为水表安装示意图，水表外壳上箭头方向应与水流方向一致。

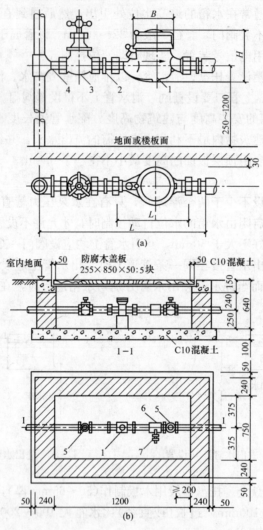

图 2-19 水表安装图
(a)室内地上水表安装；(b)室内水表井安装
1—水表；2—补芯；3—铜阀；4—短管；5—阀门；6—三通；7—水龙头

2. 水泵安装

(1)机组安装。离心泵机组分带底座和不带底座两种形式。一般小型离心泵出厂时均与电动机装配在同一铸铁底座上；口径较大的泵出厂时不带底座，水泵和动力机直接安装在基础上。

1)带底座水泵安装。安装带底座的小型水泵时，先在基础面和底座面上划出水泵中心线，然后将底座吊装在基础上，套上地脚螺栓和螺母，调整底座位置，使底座上的中心线和基础上的中心线一致。然后，用水平仪在底座加工面上检查是否水平。不水平时，可在底座下承垫垫铁找平。

垫铁的平面尺寸一般为 60mm×80mm～100mm×150mm，厚度为 1～20mm。垫铁一般放置在底座的四个角下面，每处叠加的数量不宜多于 3 块。垫铁找平后，拧紧设备地脚螺栓上的螺母，并对底座水平度再进行一次复核。底座装好后，把水泵吊放在底座上，并对水泵的轴线、进出水口中心线和水泵的水平度进行检查和调整。

如果底座上已装有水泵和电机时，可以不卸下水泵和电动机而直接进行安装，其安装方法与无共用底座水泵的安装方法相同。

2)无共用底座水泵的安装。安装顺序是先安装水泵，待其位置与进出水管的位置找正后，再安装电动机。吊装水泵可采用三脚架。起吊时一定要注意，钢丝绳不能系在泵体上，也不能系在轴承架上，更不能系在轴上，只能系在吊装环上。水泵就位后应进行找正。

3)电动机安装。安装电动机时以水泵为基准，将电动机轴中心调整到与水泵的轴中心线在同一条直线上。通常是靠测量水泵与电动机连接处两个联轴器的相对位置来完成，即把两个联轴器调整到既同心又相互平行。调整时，两联轴器间的轴向间隙，应符合下列要求：

①小型水泵(吸入口径在 300mm 以下)间隙为 2～4mm。

②中型水泵(吸入口径 350～500mm)间隙为 4～6mm。

③大型水泵(吸入口径在 600mm 以上)间隙为 4～8mm。

两联轴器的轴向间隙，可用塞尺在联轴器间的上下左右四点测得；塞尺片最薄为 0.03～0.05mm。各处间隙相等，表示两联轴器平行。测定径向间隙时，可把直角尺一边靠在联轴器上，并沿轮缘圆周移动。如直角尺各点都和两个轮缘的表面靠紧，则表示联轴器同心。

电动机找正后，拧紧地脚螺栓和联轴器的连接螺栓，水泵机组即安装完毕。

4)水泵在安装过程中，应同时填写"水泵安装记录"。

(2)水泵配管。

1)在水泵二次灌浆混凝土强度达到 75% 以后，水泵经过精校后，可进行配管安装。

2)配管时，管道与泵体连接不得强行组合连接，且管道重量不能附加在泵体上。

3)水泵吸水管安装不当时，对水泵的效率及功率影响很大，轻者会影响水泵流量，严重时会造成水泵不上水，致使水泵不能正常工作，因此，对水平吸水管有以下几点要求。

①水泵的吸水管如变径，应采用偏心大小头，并使平面朝上，带斜度的一段朝下(以防止产生"气囊")。

②为防止吸水管中积存空气而影响水泵运转，吸水管的安装应具有沿水流方向连续上升的坡度接至水泵入口，坡度不应小于 0.005。

③吸水管靠近水泵进水口处，应有一段长 2～3 倍管道直径的直管段，避免直接安装弯头，否则水泵进水口处流速分布不均匀，使流量减少。

④吸水管应设有支撑件。

⑤吸水管段要短，配管及弯头要少，力求减少管道压力损失。

⑥水泵底阀与水底距离，一般不小于底阀或吸水喇叭口的外径；水泵出水管安装止回阀和阀门，止回阀应安装在靠近水泵一侧。

(3)泵的清洗和检查。

1)试车前，检查泵体内有无杂物；盘动转子应灵活无阻滞现象，无异常响声，如有异常应拆卸泵壳检查，在排除故障后装复。

2)清洗和润滑轴承使用的润滑油脂的牌号应符合设备文件规定；有充填润滑油剂要求的部位按设备文件规定进行预润滑。

3)泵体出厂时已装配调试完毕部分不得随意拆卸，若确需拆卸时，应经现场技术负责人研究确定后进行。拆卸和装复应按设备文件规定进行，并做好原始记录。

4)机械密封须清洗干净后装复。软填料密封不可压得过紧，待运转时再调整，但必须加够填料。

(4)试运转。

1)试运转前的检查。

①驱动装置已经过单独试运转，其转向应与泵的转向一致。

②各紧固件连接部位的紧固情况，不得松动。

③润滑状况良好，润滑油或油脂已按规定加入。

④附属设备及管路是否冲洗干净，管路应保持畅通。

⑤安全保护装置是否齐备、可靠。

⑥盘车灵活，声音正常。

⑦吸入管道应清洗干净，无杂物。

2)无负荷试运转。

①全开启入口阀门，全关闭出口阀门。

②排净吸入管内的空气(用真空泵或注水)，吸入管充满水。

③开启泵的传动装置，运转 1～3min 后停车，不能在出口阀全闭的状态下长时间运转。

3)无负荷试运转应达到下列要求。

①运转中无不正常的声响。

②各紧固部分无松动现象。

③轴承无明显的温升。

4)负荷试运转。负荷试运转应由建设单位派人操作，安装单位参加，在无负荷试运转合格后进行。负荷试运转的合格要求是：

①设备运转正常，系统的压力、流量、温度和其他要求符合设备文件的规定。

②泵运转无杂音。

③泵体无泄漏。

④各紧固部位无松动。

⑤滚动轴承温度不高于 75℃，滑动轴承温度不高于 70℃。

⑥轴封填料温度正常，软填料宜有少量泄漏(每分钟不超过 10～20 滴)，机械密封的泄漏量不宜超过 10cm³/h(约为每分钟 3 滴)。

⑦泵的原动机的功率或电动机的电流不超过额定值。

⑧安全保护装置灵敏可靠。

⑨设备运转振幅符合设备技术文件规定或规范标准。

5)试运转结束后(在设计负荷下连续运转不应小于 2h)，应做好下列工作。

①关闭出、入口阀门和附属系统阀门。

②放尽泵内积液。

③长期停运的泵，采取保护措施。

④将试车过程中的记录整理好填入"水泵试运转记录"表中。

3. 水表安装

水表结点是由水表及其前后的阀门和泄水装置等组成，如图 2-20 所示。为了检修和拆换水表，水表前后必须设阀门，以便检修时切断前后管段。在检测水表精度以及检修室内管路时，还要放空系统的水，因此需在水表后装泄水阀或泄水丝堵三通。对于设有消火栓或不允许间断供水，且只有一条引入管时，应设水表旁通管，其管径与引入管相同，如图 2-21 所示，以便水表检修或一旦发生火灾时用，但平时关闭，需加以铅封。

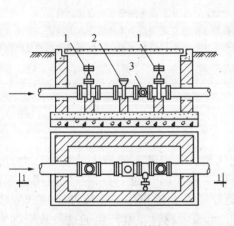

图 2-20　水表结点
1—阀门；2—水表；3—泄水三通

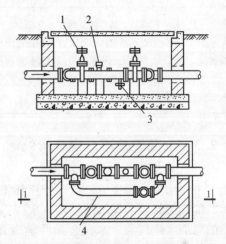

图 2-21　带旁通管水表结点
1—阀门；2—水表；3—泄水口；4—旁通管

水表结点应设在便于查看和维护检修，不受震动和碰撞的地方。可装于室外管井内或室内的适当地点。在炎热地区，要防止暴晒；在寒冷地区为防止冻结必须有保温措施。水表应水平安装，方向不能装反，螺翼式水表与其前面的阀门间应有 8～10 倍水表直径的直线管段，其他水表的前后应有不少于 0.3m 的直线长度。

水表的安装地点应选择在查看管理方便、不受冻、不受污染和不易损坏的地方，分户水表一般安装在室内给水横管上，住宅建筑总水表安装在室外水表井中，南方多雨地区亦可在地上安装。

2.2.2　室内给水设备安装施工技巧

室内给水设备安装时，就位找正方法见表 2-20。

表 2-20　室内给水设备安装就位找正方法

类　别	方　法
中心线找正	水泵中心线找正的目的是使水泵摆放的位置正确，不歪斜。找正时，用墨线在基础表面弹出水泵的纵横中心线，然后在水泵的进水口中心和轴的中心分别用线坠吊垂线，移动水泵，使线锤尖和基础表面的纵横中心线相交

续表

类 别	方 法
水平找正	水平找正可用水准仪或 0.1~0.3mm/m 精度的水平尺测量。小型水泵一般用水平尺测量。操作时，把水平尺放在水泵轴上测其轴向水平，调整水泵的轴向位置，使水平尺气泡居中，误差不应超过 0.1mm/m，然后把水平尺平行靠在水泵进出水口法兰的垂直面上，测其径向水平。 大型水泵找水平可用水准仪或吊垂线法进行测量。吊垂线法是将垂线从水泵进出口吊下，如用钢板尺测出法兰面距垂线的距离上下相等，即为水平；若不相等，说明水泵不水平，应进行调整，直到上下相等为止
标高找正	标高找正的目的是检查水泵轴中心线的高程是否与设计要求的安装高程相符，以保证水泵能在允许的吸水高度内工作。标高找正可用水准仪测量；小型水泵也可用钢板尺直接测量。 水泵找正找平后，方可向地脚螺栓孔和基础与水泵底座之间的空隙内灌注水泥沙浆。待水泥沙浆凝固后再拧紧地脚螺栓，并对水泵的位置和水平进行复查，以免水泵在二次灌浆或拧紧地脚螺栓过程中发生移动

2.2.3 水泵安装不合理分析处理

1. 水泵吸水管上异径管安装错误

由于未使用偏心异径管，吸水管顶部将形成气泡。气泡随水流带入叶轮中压力升高的区域时，气泡突然被四周水压压破，水流因惯性以高速冲向气泡中心，在气泡闭合区内产生强烈的局部水锤现象。水泵金属叶轮表面承受着局部水锤作用，金属叶轮就产生疲劳，其表面开始呈蜂窝状，继而叶片出现裂缝和剥落。水泵叶轮进口端产生的这种效应称为"气蚀"。

为防止水泵吸水管上异径管安装错误造成质量缺陷，水泵吸水管异径管安装时，应在吸水管上安装偏心异径管或在吸水管上安装放气阀(吸水管坡向水池方向)，以保证管路无气囊和漏气现象。

2. 水泵软接头安装后产生静态变形

软接头静态变形不能起到正常的伸缩作用，使得水泵振动较大；两法兰盘不平行成喇叭状或不同心，将造成软接头受力不均；水压大时，单边受力，软接头甚至会爆裂，造成水淹事故。

为防止水泵软接头安装后产生静态变形，装软接头时应先将软接头两法兰盘按自然状态固定好，使之成为一个刚性的整体。沿水流方向当软接头与水泵其他管件连接固定好后再将固定措施拆除。

3. 水泵接合器设置不规范

水泵接合器是消防灭火时由消防车向室内消防给水系统加压供水的重要装置。如安装设置不规范，会在消防灭火时，对室内消防给水系统补水产生困难，因此，可能导致灭火失败。

为防止上述问题的产生，水泵接合器设置时应注意以下几点。

(1)设计时应与建筑专业配合，合理确定水泵接合器的数量和位置，并满足规范要求；北方冰冻地区应有防冻保护措施。

(2)严格按设计和规范施工，在对水泵接合器标识时，应将消火栓系统、喷淋系统及两系统的高、中、低区分别进行有效标识。

4. 水泵不能吸水或不能达到应有扬程

水泵不能吸水或不能达到应有扬程是水泵底阀漏水或堵塞；吸水管有裂缝或沙眼，吸水管道连接不紧密；盘根严重漏气；水泵安装过高，吸水管过长；吸水管坡度方向不对；吸水管大小头制作、安装错误等原因造成的。

为防止水泵不能吸水或不能达到应有扬程，应注意以下几点。

(1)若条件许可，尽量采用自灌式给水，这样既可节省安底阀，减少故障，又可实现水泵自动控制。

(2)吸水管应精心安装，吸水管的管材须严格把关，仔细检查，不能把有裂纹和沙眼的次品管作为吸水管。吸水管若为丝接，丝口应有锥度，填料饱满，连接紧密；吸水管若为法兰连接，为保证接头严密紧固法兰螺栓应对角交替进行。

(3)压紧或更换盘根。

(4)水泵的吸水高度应视当地的海拔高度而定。如果水泵安装过高，将会产生"气蚀"，使水泵不能正常工作。

(5)吸水管坡度及吸水管大小头制作安装方法如图 2-22、图 2-23 所示。

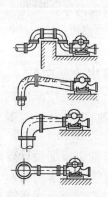
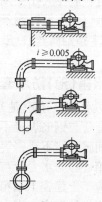

图 2-22　吸水管错误安装方法　　　　　图 2-23　吸水管正确安装方法

5. 水泵减振及防噪声措施不好

导致水泵产生振动及噪声是水泵地脚螺栓松动或基础不稳固；泵轴与电机轴不同心；水泵叶轮不平衡；水泵出水管支吊架偏少、偏小，固定不牢靠，或未按设计采用弹性吊架；水泵底座无防振措施等几方面原因造成的。

为防止水泵振动及噪声，应按下列措施进行操作。

(1)设计施工过程中应严格按照要求实施，水泵机组安装时应均匀紧固地脚螺栓，或增设减振装置。

(2)对于现场组装的水泵机组，应先安装固定水泵再装电机，安装电机时以水泵为基准。安装时应将电动机轴中心调整到与水泵轴中心在同一条直线上。通常是以测量水泵与电机连接处两个联轴器的相对位置为准，即把两个联轴器调整到既同心，又相互平行，两个联轴器间的轴向间隙要求：

1)小型水泵(吸入口径在 300mm 以下)间隙为 2～4mm。

2)中型水泵(吸入口径在 350～500mm)间隙为 4～6mm。

3)大型水泵(吸入口径在 600mm 以上)间隙为 4～8mm。

(3)对于叶轮不平衡时，应更换该叶轮；管道进、出水管上应按设计及规范要求作支吊架(或弹性吊架),制作安装要求参考标准图集。

(4)按设计在水泵进出水管上设置橡胶软接头。

6. 水泵停泵时产生"水锤"

泵房内产生水锤是水泵出口止回阀的突然关闭,或对缓闭式止回阀没有进行有效的调试等原因造成的。

为避免水泵停泵时产生水锤,应注意以下两点:

(1)按设计在水泵的出水管上设置水锤消除装置。

(2)在水泵的出水管上设置缓闭式止回阀、消声止回阀或多功能水力控制阀,并在水泵试运行时按产品要求调整缓闭式止回阀的各配件。

2.2.4 人孔、通气管、溢流管无防虫网、人孔盖无锁分析处理

由于溢流管上无阀门,人孔、通气管、溢流管与水箱(池)直接相通,如不设置防虫网,昆虫甚至小动物可爬入水箱(池)内,影响水质。

为防止出现上述问题产生质量缺陷,施工时人孔盖与孔座应吻合和紧密,并用富有弹性的无毒发泡材料嵌在人孔盖及盖座之间的接缝处。暴露在外的人孔盖应加锁。通气管口和溢流管的喇叭口处应设置铜丝网罩或其他耐腐材料做的网罩,网孔为14～18目(25.4mm长度上有14～18条金属丝);溢流管出口离箱(池)外地面高度200～300mm,出口上宜装轻质拍门或网罩。

2.2.5 水箱(池)防水套管与箱(池)壁之间渗水分析处理

水箱(池)防水套管与箱(池)壁之间渗水主要是防水套管未按标准图制作;防水套管安装歪斜;防水套管与钢筋焊接不牢;防水套管与水箱(池)壁结合处混凝土浇筑不密实;防水套管与管道间隙封堵不严密等原因造成的。

为防止水箱(池)防水套管与箱(池)壁之间渗水,套管应根据设计要求及相应标准图集加工制作,并应于土建施工水箱(池)时配合安装防水套管,要求将防水套管与钢筋搭接牢固,并与混凝土浇筑密实。当水箱(池)防水套管与结构的钢板止水带在同一位置时,可将止水环与钢板止水带焊接在一起。对于刚性防水套管,套管与管道的环形间隙中间部位填嵌油麻,两端用水泥填塞捻打密实。水箱施工完毕后,应按要求做好闭水实验,在规定的时间内不渗漏为合格。

2.3 室内消火栓系统安装

2.3.1 常见施工工艺

1. 水表安装

水表应安装在查看方便、不受暴晒、不受污染和不易损坏的地方;引入管上的水表装在室外水表井、地下室或专用的房间内。水表装到管道上以前,为避免水表造成堵塞应先除去管道中的污物(用水冲洗)。水表应水平安装,并使水表外壳上的箭头方向与水流方向一致,切勿装反;水表前后应装设阀门;对于不允许停水或没有消防管道的建筑,还应设旁道管,此时水表后侧要装止回阀;旁通管上的阀门应设有铅封。水表前面应装有大于水表口径10倍的直管段,水表前面的阀门在水表使用时打开,以确保水表计量准确。家庭独用小水表,明装于每户进水总管上,水表前应有阀门,水表外壳距墙面不得大于30mm,水

表中心距另一墙面(端面)的距离为 450～500mm，安装高度为 600～1200mm，水表前后直管段长度大于 300mm 时，其超出管段应用弯头引靠到墙面，沿墙面敷设；管中心距离墙面 20～25mm。

一般工业企业及民用建筑的室内、室外水表，在水压≤1MPa、温度不超过 40℃，且不含杂质的饮用水或清洁水的条件下，可按国标图 S145 进行安装。

2. 箱式消火栓安装

(1)消火栓通常安装在消防箱内，有时也装在消防箱外边。消火栓安装高度为栓口中心距地面 1.2m，允许偏差 20mm；栓口出水方向朝外，与设置消防箱的墙面相互垂直或成 45°角。消火栓在箱内时，消火栓中心距消防箱侧面为 140mm，距箱后内表面为 100mm，允许偏差 5mm。

(2)在一般建筑物内，消火栓及消防给水管道均采用明装。室内消防给水立管从下到上一种规格不变，安装时只需注意消火栓箱及其附件的安装位置以及与管道之间的相互关系。消防立管的底部距地面 500mm 处应设置球形阀，阀门经常处于全开启状态，阀门上应有明显的启动标志。

(3)消火栓应安装在建筑物内明显处以及取用方便的地方。在多层建筑物内，消火栓布置在耐火的楼梯间内；在公共建筑物内，消火栓布置在每层的楼梯处、走廊或大厅的出入口处；生产厂房内的消火栓，则布置在人员经常出入的地方。

(4)消火栓一般安装在砖墙上，分明装、暗装及半明装三种形式。若采用暗装或半明装时，需在土建砌砖时，留好消火栓洞，留洞尺寸(mm)为：暗装 700(宽)×800(高)×280(深)，半暗装 700×800×120。两者离心均为 1080mm。也可事先钉一个比消火箱尺寸稍大些的木盒，按设计要求的位置、标高，预先埋在墙体内，待安装消火栓箱时，把木盒拆除，镶入铁箱，再根据高度及位置尺寸找平找正，使箱边沿与抹灰墙面取平，再用水泥沙浆塞满箱的四周空隙，将箱稳固。若采用明装，需事先在砖墙上栽好螺丝，然后按螺丝的位置，在铁箱背部钻孔，再将箱子就位，加垫带螺母拧紧固定。

(5)水龙带与消火栓及水枪接头连接时，采用 16 号铜线缠 2～3 道，每道不少于 2～3 圈，绑扎好后，将水龙带及水枪挂在箱内支架上。

(6)安装室内消火栓时，必须取出箱内的水龙带、水枪等全部配件。箱体安装好后再复原。进水管的公称直径不小于 50mm，消火栓应安装平整牢固，各零件应齐全可靠。

3. 喷头安装

(1)喷头应在出水管安装好后，并且待建筑内装修完成以后进行安装。

(2)管道安装时应有一定的坡度，充水系统应小于 0.002；充气系统和分支管不应小于 0.004。管道变径时，应尽量避免用内外接头(补芯)，而采用异径管(大小头)。

安装自动喷水管装置，为防止管道工作时产生晃动，不妨碍喷头喷水效果，应以支吊架进行固定。如设计无要求时，可按下列要求敷设。

1)吊架与喷头的距离不应小于 300mm，距末端喷头的距离不大于 750mm。

2)吊架应设在相邻喷头间的管段上，相邻喷头间距不大于 3.6m，可装设一个；小于 1.8m，允许隔段设置。

(3)为发挥自动喷水管网的灭火效果，应限制管道最大负荷对喷水头的数量。分在支管上最多允许 6 个喷水头。

在一般火灾和严重火灾情况下，消防管道不同管径所能负荷的喷水头最大数量见表 2-21。

表 2-21 消防管道负荷喷水头数最大值

一 般 火 灾		严 重 火 灾	
管径/mm	最多喷头数	管径/mm	最多喷头数
20	1	25	1
25	2	32	2
32	3	40	5
40	5	50	8
50	10	70	15
70	20(15)	80	27
80	40(30)	100	55
100	100	125	120
125	160	150	200
150	275		
200	400		

注：括号内数字表示当喷水头或分布支管间距大于 3.66m 时的喷头数。

水幕喷水头在顶棚下或墙边的安装间距根据设计图纸布置要求布置，如设计无要求时，根据火灾危险程度、建筑结构耐火等级及每个喷头保护面积决定；喷头距顶棚不应小于 8cm，但也不应大于 0.4m，距墙面、梁面的水平距离不大于 0.6m，喷水头距库房内货堆顶面距离不小于 0.9m；在生产厂房内应布置在生产设备的上方，如果设备并列或重叠造成隐蔽空间宽度大于 1m 时，该处应设置喷水头。

(4)水幕喷头可以向上或向下安装。窗口水幕喷头一般布置在窗口下 50mm 处，中间层和底层窗口水幕喷头距窗口玻璃面的距离：窗宽 0.9m 为 580mm；窗宽 1.2m 为 670mm；窗宽 1.5m 为 750mm；窗宽 1.8m 为 830mm。布置水幕头时，要防止因障碍物而造成的空白点，应使水幕喷到应该保护的部位。

(5)自动喷洒和水幕消防系统的管道连接，湿式系统应采用螺纹连接；干式或干、湿式混合系统者应采用焊接。螺纹连接管道的变径应采用异径管、变径弯头、变径三通和补芯等管件，不得连用两个异径管来变径。

(6)各种喷淋头安装，应在管道系统完成试压、冲洗后进行。

4. 阀门安装

安装前应仔细检查，核对阀门的型号、规格是否符合设计要求。根据阀门的型号和出厂说明书，检查它们是否可以在所要求的条件下应用，并且按设计和规范规定进行试压。检查填料及压盖螺栓，必须有足够的节余量，并要检查阀杆是否转动灵活，有无卡涩现象和歪斜情况；法兰和螺栓连接的阀门应加以关闭。不合格的阀门不准安装。

阀门在安装时应根据管道介质流向确定其安装方向。安装一般的截止阀时，应使介质自阀盘下面流向上面，俗称"低进高出"。安装闸阀、旋塞时，允许介质从任意一端流入流出。安装止回阀时，必须特别注意介质的流向(阀体上有箭头表示)，才能保证阀盘能自由开启。对于升降式止回阀，应保证阀盘中心线与水平面互相垂直。对旋启式止回阀，应保证其摇板的旋转枢轴装成水平。安装杠杆式安全阀和减压阀时，必须使阀盘中心线与水平面相互垂直，发现斜倾时应予以校正。安装法兰式阀门时，应保证两法兰端面相互平行和同心。尤其是安装铸铁等材质较脆的阀门时，应避免因强力连接或受力不均引起的损坏；拧螺栓应对称或十字交叉进行。螺纹式阀门应保证螺纹完整无缺，并按不同介质要求涂以密封填料物，拧紧时，必须用扳手咬牢拧入管子一端的六棱体上，以保证阀体不致拧变形或损坏。

6. 消火栓试射试验

室内消火栓安装完成后，应取屋顶层（或水箱间内）试验消火栓和首层取两处消火栓做试射试验，其水枪充实水栓高度达到设计要求时为合格。

2.3.2 消火栓系统安装施工技巧

（1）为防止消火栓安装完毕后，箱门关闭不上或不严，安装消火栓箱体时应保证其水平及垂直度。

（2）消火栓栓阀安装前要先将管道冲洗并将阀座杂物清除，以防止消火栓栓阀关闭不严。

（3）消火栓箱安装前要先根据现场情况确定箱门开启方向，以防止安装后箱门开启角度不够或使用时操作不便。

2.3.3 消水栓安装不符合规定，影响启闭使用分析处理

消水栓安装不符合规定，是安装人员缺乏消火栓灭火常识，未按施工规范及"室内消火栓安装"图集施工；消火栓箱尺寸小于规定值，栓口无法朝外，栓阀启闭困难等原因造成的。

为防止消火栓栓口不朝外，在箱内安装位置和标高不符合规定，影响使用或不起作用消火栓安装时应注意以下几点：

（1）消火栓安装，首先要以栓阀位置和标高定出消火栓支管甩口位置，经核定消火栓栓口（注意不是栓阀中心）距地面高度为1.1m，然后稳固消火栓箱。

（2）箱体找正稳固后再把栓阀安装好，栓口应朝外或朝下。

（3）栓阀侧装在箱内时应安装在箱门开启的一侧，箱门开启应灵活。

（4）消火栓箱体安装在轻体隔墙上应有加固措施。

（5）消火栓箱安装可分为暗装式、半暗装式和明装式三种，如图2-24所示。

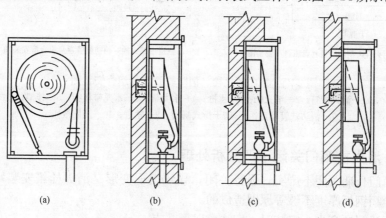

(a)   (b)   (c)   (d)

图2-24 消火栓箱安装图

(a)立面图；(b)暗装侧面图；(c)半明装侧面图；(d)明装侧面图

2.3.4 消火栓箱内配置不齐全，影响消防灭火分析处理

消火栓箱内配置不齐全，是施工人员对消防施工验收规范、规定和安装标准不熟悉；施工不认真，未按国家标准图集加工消火栓箱和配置消防器材等原因造成的。

为防止上述问题产生，施工时应特别注意以下几点：

(1)消火栓箱内配件安装。

1)箱体内的配件安装，应在交工前进行。

2)消防水龙带应采用内衬胶麻带或锦纶带，折好放在挂架上，或卷实或盘紧放在箱内；消防水枪要竖放在箱体内侧，自救式水枪和软管应盘卷在卷盘上。

3)消防水龙带与水枪和快速接头的连接，一般用 14 号钢丝绑扎两道，每道不少于 2 圈；使用卡箍时，在里侧加一道钢丝。

4)设有电控按钮时，应注意与电气专业配合施工。

5)室内消火栓、消防软管卷盘组合安装如图 2-25 所示。

(2)消火栓箱标识。消火栓安装完毕，应消除箱内的杂物，箱体内外局部刷漆有损坏的要补刷，暗装在墙内的消火栓箱体周围不应出现空鼓现象，管道穿过箱体处的空隙应用水泥沙浆或密封膏封严。箱门上应标出"消火栓"三个红色大字。

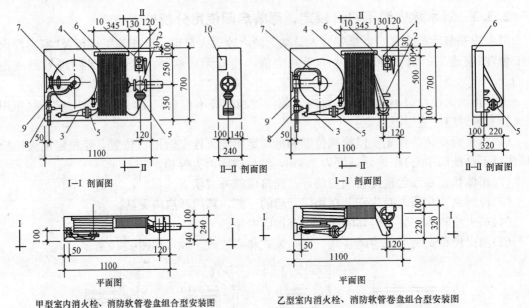

图 2-25 室内消火栓、消防软管卷盘组合安装图

1—消火栓箱；2—消火栓；3—水枪；4—水龙带；5—水龙带接扣；6—挂架；

7—消防软管卷盘；8—暗干楔式闸阀；9—软管；10—消防按钮

2.3.5 消火栓箱门关闭不严分析处理

消火栓箱门长期关闭不严实，强行关闭，导致门框变形是消火栓箱安装堵缝后，箱体变形；消火栓箱钢板厚度不够等原因造成的。

为避免上述问题产生，安装时，应注意以下几点：

(1)消火栓箱安装时，为防止箱体变形，箱内应设支撑。

(2)消火栓箱钢板厚度按要求应该是 1.2mm 的冷轧钢板加工制作。

(3)当箱体厚度为 200mm 时,消火栓应使用旋转式的,否则关不上箱门。

2.3.6　消防管网上阀门选型及安装不合理分析处理

消防系统采用没有明显启闭标志的阀门或消防水泵吸水管上采用没有可靠锁定装置的蝶阀会导致消防管网出现质量问题。

为防止出现上述质量问题,安装时应严格按照下列要求。

(1)安装前应仔细检查,核对阀门的型号、规格是否符合设计要求。根据阀门的型号和出厂说明书,检查它们是否可以在所要求的条件下应用,并且按设计和规范规定进行试压。检查填料及压盖螺栓,必须有足够的节余量,并要检查阀杆是否转动灵活,有无卡涩现象和歪斜情况;法兰和螺栓连接的阀门应加以关闭。不合格的阀门不准安装。

(2)阀门在安装时应根据管道介质流向确定其安装方向。安装一般的截止阀时,应使介质自阀盘下面流向上面,俗称"低进高出"。安装闸阀、旋塞时,允许介质从任意一端流入流出。安装止回阀时,必须特别注意介质的流向(阀体上有箭头表示),才能保证阀盘能自由开启。对于升降式止回阀,应保证阀盘中心线与水平面互相垂直。对旋启式止回阀,应保证其摇板的旋转枢轴装成水平。安装杠杆式安全阀和减压阀时,必须使阀盘中心线与水平面相互垂直,发现斜倾时应予以校正。安装法兰式阀门时,应保证两法兰端面相互平行和同心。尤其是安装铸铁等材质较脆的阀门时,应避免因强力连接或受力不均引起的损坏;拧螺栓应对称或十字交叉进行。螺纹式阀门应保证螺纹完整无缺,并按不同介质要求涂以密封填料物,拧紧时,必须用扳手咬牢拧入管子一端的六棱体上,以保证阀体不致拧变形或损坏。

2.3.7　铁质门的消火栓箱安装门锁分析处理

火灾发生后,由于铁质门的消火栓箱安装门锁,而不能立即启用消火栓、报警和启动消防水泵,会加大火灾损失。

为防止以上问题产生,铁质门的消火栓箱不得加装门锁。

2.3.8　消火栓箱旁或在箱体上不设报警按钮及专用电话分析处理

由于消火栓箱旁或在箱体上不设报警按钮及专用电话,以致不能有效取得联系,影响火灾初期的报警速度。

为防止产生此类问题,消火栓箱旁边或在消火栓箱体上应按设计要求装置报警按钮及消防专用电话。

2.3.9　消火栓出水不正常分析处理

消火栓使用时的出水压力过大或过小,不能满足使用要求是由于消防管道的减压装置未设或不起作用;或屋顶消防增压泵未启动等原因造成的。

处理这种问题的有效措施是:首层出水压力过大时,减压阀未调试或栓口未设减压接口。屋顶栓口压力过小为消防增压泵未启动。要求是首层栓口出水动压不超过 0.05MPa,屋顶栓口出水动压不小于 0.01MPa。

第3章 室内排水系统安装

3.1 排水管道及配件安装

3.1.1 常见施工工艺

1. 室内金属排水管道安装

(1)管道预制。

1)排水立管预制：按照建筑设计层高、各层地面做法、厚度，及设计要求，确定排水立管检查口及排水支管甩口标高中心线，绘制加工预制草图，通常立管检查口中心距建筑地面1.1m，排水支管甩口应保证支管坡度，使支管最末端承口距离楼板不小于100mm，使用合格的管材进行下料，应将预制好的管段做好编号，并码放在平坦的场地，管段下面要用方木垫实，且尽量增加立管的预制管段长度。

2)排水横支管预制：按照每个卫生器具的排水管中心到立管甩口及到排水横支管的垂直距离绘制大样图，然后根据实量尺寸结合大样图排列、配管。

(2)排水干管托、吊架安装。

1)排水干管在设备层安装，先按设计图纸的要求将每根排水干管管道中心线弹到顶板上，然后安装托、吊架。

2)排水管道支、吊架间距：横管不大于2m；立管不大于3m。楼层高度小于等于4m时，立管可安装一个固定件。

3)高层排水立管与干管连接处应加设托架，并在首层安装立管卡子，高层建筑立管托架可隔层设置落地托架。

4)支吊架应考虑受力情况，一般加设在三通、弯头或放在承口后，然后根据设计及施工规范要求的间距加设支、吊架。

(3)立管安装。

1)根据施工图校对预留管洞尺寸有无差错，如系预制混凝土楼板则需剔凿楼板洞，应按位置画好标记，对准标记剔凿。如需断筋，必须征得土建单位有关人员同意，按规定要求处理。

2)立管检查口设置按设计要求。如排水支管设在吊顶内，应在每层立管上均装检查口，以便做闭水试验。

3)立管支架在核查预留洞孔无误后，用吊线坠及水平尺找出各支架位置尺寸，统一编号进行加工，同时在安装支架位置进行编号以便支架安装时，能按编号进行就位，支架安装完毕后进行下道工序。

4)安装立管须两人上下配合，一人在上一层楼板上，由管洞内投下一个绳头，下面一人将预制好的立管上半部拴牢，上拉下托将立管下部插口插入下层管承口内。

5)立管插入承口后,下层的人把甩口及立管检查口方向找正,上层的人用木楔将管在楼板洞处临时卡牢,打麻、吊直、捻灰。复查立管垂直度,将立管临时固定卡牢。

6)立管安装完毕后,配合土建用不低于楼板强度的混凝土将洞灌满堵实,并拆除临时固定。高层建筑或管井内,应按照设计要求设置固定支架,同时检查支架及管卡是否全部安装完毕并固定。

7)高层建筑管道立管应严格按设计装设补偿装置。

8)高层建筑采用辅助透气管,可采用辅助透气异型管件。

(4)支立管安装。

1)安装支立管前,应先按卫生器具和排水设备附件的种类及规格型号,检查预留孔洞的位置尺寸是否符合图纸和规范要求;如不符合,则应进行清洗和扩孔,直至符合要求。先在地面上按正确尺寸画出大于管径的十字线,修好孔洞后,可按此十字线中心尺寸配制支立管。若上层墙面和下层墙面在同一平面内时,可直接按标准图尺寸配制支立管。若上下墙面不在一平面或无法确定时,则应进行实际测量,按实际尺寸进行配制。

2)在配制支立管时,要和土建密切配合,并按卫生器具的种类增加或减少一定数量的尺寸。如地漏应低于地面5～10mm,坐式大便器落水口处的铸铁管应高出地面10mm等。

3)在吊装立管时,可在管件的承口位置绑上铁丝吊在楼板上作为临时吊卡,调整好坡度和垂直度后,捻口将其固定于横托管上,最后将楼板孔洞和墙洞用砖塞牢,并填入水泥沙浆固定,使补洞的水泥沙浆表面低于建筑表面10mm左右,以利建筑最后完成表面装饰。

(5)横管安装。

1)先将安装横管尺寸测量记录好,按正确尺寸和安装的难易程度在地面进行预制,然后将吊卡装在楼板上,并按横管的长度和规范要求的坡度调整好吊卡高度,再开始吊管。吊横托管时,要将横管上的三通口或弯头的方向及坡度调好后,再将吊卡收紧,然后打麻和捻口将其固定于立管上,并应随手将所有管口堵好。

2)横管与立管的连接和横管与横管的连接,应采用45°三通或四通和90°斜三通或斜四通,不得采用90°正三通或四通连接。吊卡的间距不得大于2m,且必须装在承口部位。

2. 室内非金属排水管道安装

(1)预制加工。

1)按照图纸要求并结合实际情况,测量尺寸,绘制加工草图。

2)按照实测小样图和结合各连接管件的尺寸量好管道长度,采用细齿锯、砂轮机进行配管和断管。断口要平齐,用铣刀或刮刀除掉断口内外飞刺,外棱铣出15°～30°角,完成后应将残屑清除干净。

3)支管及管件较多的部位应先行预制加工,码放整齐,并注意成品保护。

(2)干管安装。首先根据设计图纸要求的坐标标高预留槽洞或预埋套管。埋入地下时,按设计坐标、标高、坡向、坡度开挖槽沟并夯实。采用托吊管安装时应按设计坐标、标高、坡向做好托、吊架。施工条件具备时,将预制加工好的管段,按编号运至安装部位进行安装。各管段粘连时也必须按粘接工艺依次进行。全部粘连后,管道要直,坡度均匀,各预留口位置准确。安装立管需装伸缩节,伸缩节上沿距地坪或蹲便台70～100mm。干管安装完后应做闭水试验,出口用充气橡胶堵封闭,达到不渗漏,水位不下降为合格。地下埋设管道应先用细砂回填至管上皮100mm,上覆过筛土,夯实时勿碰损管道。托吊管粘牢后再按水流方向找坡度。最后将预留口封严和堵洞。

(3)立管安装。首先按设计坐标要求，将洞口预留或后剔，洞口尺寸不得过大，更不可损伤受力钢筋。安装前清理场地，根据需要支搭操作平台。将已预制好的立管运到安装部位。首先清理已预留的伸缩节，将锁母拧下，取出 U 形橡胶圈，清理杂物。复查上层洞口是否合适。立管插入端应先划好插入长度标记，然后涂上肥皂液，套上锁母及 U 形橡胶圈。安装时先将立管上端伸入上一层洞口内，垂直用力插入至标记为止(一般预留胀缩量为20～30mm)。合适后即用自制 U 形钢制抱卡紧固于伸缩节上沿。然后找正找直，并测量顶板距三通口中心是否符合要求。无误后即可堵洞，并将上层预留伸缩节封严。

(4)支管安装。首先剔出吊卡孔洞或复查预埋件是否合适。清理场地，按需要支搭操作平台。将预制好的支管按编号运至场地。清除各粘接部位的污物及水分。将支管水平初步吊起，涂抹粘接部位的污物及水分。将支管水平初步吊起，涂抹黏结剂，用力推入预留管口。根据管段长度调整好坡度。合适后固定卡架，封闭各预留管口和堵洞。

(5)闭水试验。排水管道安装后，按规定要求必须进行闭水试验。凡属隐蔽暗装管道必须按分项工序进行。卫生洁具及设备安装后，必须进行通水试验。且应在油漆粉刷最后一道工序前进行。

3. 排水用附件安装

室内排水用附件主要有存水弯、检查口、清扫口、检查井、地漏、通气管等。

(1)存水弯。存水弯是设置在卫生洁具排水管上和生产污废水受水器的泄水口下方的排水附件(座便器除外)。在弯曲段内存有 60～70mm 深的水，称作水封。其作用是利用一定高度的静水压力来抵抗排水管内气压变化，隔绝和防止排水管道内所产生的难闻有害气体和可燃气体及小虫等通过卫生器具进入室内而污染环境。存水弯有带清通丝堵和不带清通丝堵的两种，按外形不同，还可分为 P 形和 S 形两种。水封高度与管内气压变化、水蒸发率、水量损失、水中杂质的含量及比重有关，不能太大也不能太小。若水封高度太大，污水中固体杂质容易沉积在存水弯底部，堵塞管道；水封高度太小，管内气体容易克服水封的静水压力进入室内，污染环境。

(2)检查井。检查口是一个带盖板的开口短管，拆开盖板即可进行疏通工作。检查口设在排水立管上及较长的水平管段上，可双向清通。其设置规定为立管上除建筑最高层及最底层必须设置外，可每隔两层设置一个，平顶建筑可用伸顶通气管顶口代替最高层检查口。当立管上有乙字管时，在乙字管的上部应设检查口。若为两层建筑，可在底层设置。检查口的设置高度一般距地面 1m，并应高出该层卫生洁具上边缘 0.15m，与墙面成 45°夹角。

(3)清扫口。当悬吊在楼板下面的污水横管上有两个及两个以上的大便器或 3 个及 3 个以上的卫生洁具时，应在横管的起端设清扫口，清扫口顶面宜与地面相平，也可采用带螺栓盖板的弯头、带堵头的三通配件作清扫口。清扫口仅单向清通。为了便于拆装和清通操作，横管始端的清扫口与管道相垂直的墙面距离，不得小于 0.15m；采用管堵代替清扫口时，与墙面的净距不得小于 0.4m。在水流转角小于 135°的污水横管上，应设清扫口或检查口。直线管段较长的污水横管，在一定长度内也应设置清扫口或检查口。排水管道上设置清扫口时，若管径小于 100mm，其口径尺寸与管道同径；管径等于或大于 100mm 时，其口径尺寸应为 100mm。

(4)检查口。为了便于启用埋地横管上的检查口，在检查口处应设置检查井，其直径不得小于 0.7m。对于不散发有害气体或大量蒸气的工业废水的排水管道,在管道转弯、变径处、坡度改变处和连接支管处,可在建筑物内设检查井。在直线管段上,排除生产废水时,检查井的距离不宜小于 30m;排除生产污水时,检查井的距离不宜大于 20m。对于生活污水排水管道,在室内不宜设检查井。

(5)地漏。地漏主要设置在厕所、浴室、盥洗室、卫生间及其他需要从地面排水的房间内,用以排除地面积水。地漏一般用铸铁或塑料制成,在排水口处盖有箅子,用来阻止杂物进入排水管道,有带水封和不带水封两种,布置在不透水地面的最低处,箅子顶面应比地面低 5~10mm,水封深度不得小于 50mm,其周围地面应有不小于 0.01 的坡度坡向地漏。

(6)通气管。通气管是指最高层卫生器具以上至伸出屋顶的一段立管。通气管作用是使室内外排水管道中的各种有害气体排到大气中,保证污水流动通畅,防止卫生器具的水封受到破坏。要求生活污水管道和散发有害气体的生产污水管道,均应设通气管。

通气管必须伸出屋面,其高度不得小于 0.3m,但应大于最大积雪厚度。在通气管出口4m 以内有门窗时,通气管应高出窗顶 0.6m 或引向无门窗的一侧;在经常有人停留的屋面上,通气管应高出屋面 2m。通气管不得与建筑物的通风道、烟道连接,不可设在建筑物的屋檐檐口、阳台或雨篷下。如果立管接纳卫生器具的数量不多时,可将几根通气管接入一根通气管并引出屋顶,以减少立管穿过屋面的数量。通气管出屋面的做法如图 3-1 所示。

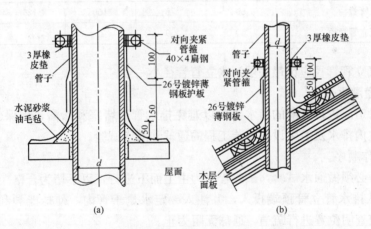

图 3-1　通气管穿过屋面作法
(a)平屋顶;(b)坡屋面

在冬季室外温度高于 −15℃ 的地区,可设铅丝球;低于 −15℃ 的地区应设通气帽,避免结冰时堵塞通气管口。

对于底层建筑的生活污水系统,在卫生器具不多,横支管不长的情况下,可将排水立管向上延伸出屋面的部分作为通气管,如图 3-2 所示。

对于卫生器具在四个以上,且距立管大于 12m 或同一横支管连接六个及六个以上大便器时,应设辅助通气管,如图 3-3 所示。辅助通气管是为平衡排水管内的空气压力而由排水横管上接出的管段。

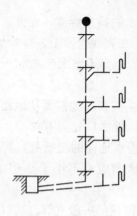

图 3-2　通气立管

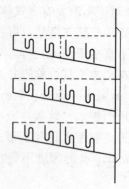

图 3-3　辅助通气管

辅助通气管的管径规定如下：

1)辅助通气管管径应根据污水支管管径确定，当污水支管管径为 50mm、75mm 和 100mm 时，可分别采用 25mm、32mm 和 40mm 的辅助通气管。

2)辅助通气立管管径应按表 3-1 规定采用。

表 3-1　辅助通气立管管径　　　　　　　　　　　　　mm

污水立管管径	50	75	100	125	150
辅助通气立管管径	40	50	75	75	100

3)专用通气立管管径应比最底层污水立管管径小一号。

4. 排水管道灌水试验

室内排水管道应进行试漏的灌水试验以避免排水管道堵塞和渗漏，确保建筑物的使用功能，适用于室内排水及卫生设备安装工程的通球和灌水试验。

(1)通球操作顺序。

1)通球前，必须做通水试验，试验程序为由上而下进行，以不堵为合格。

2)胶球应从排水管立管顶端投入，并注入一定水量于管内，使球能顺利流出为合格。通球如遇堵塞应查明位置进行疏通，通球无阻为止。

3)通球完毕，做好"通球试验记录"。

(2)灌水试漏操作顺序。

1)准备工作。将胶管、胶囊等按图 3-4 所示组合后，并对工具进行试漏检查，将胶囊置于水盆内，水盆装满水，边充气，边检查胶囊、胶管接口处是否漏气。

2)灌水高度及水面位置的控制：

①大小便冲洗槽、水泥拖布池、水泥盥洗池灌水量不少于槽(池)深的 1/2。

②水泥洗涤池不少于池深的 2/3。

③坐、蹲式大便器的水箱、大便槽冲洗水箱灌水量放至控制水位。

④盥洗面盆、洗涤盆、浴盆灌水量放水至溢水处。

⑤蹲式大便器灌水量到水面高于大便器边沿 5mm 处。

⑥地漏灌水至水面离地表面 5mm 以上。

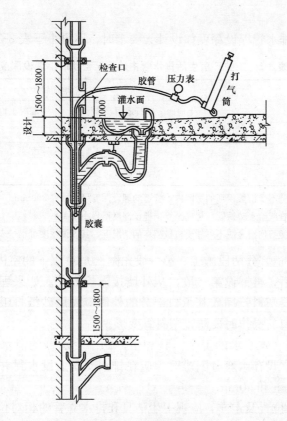

图 3-4　室内排水管灌水试验
注：灌水高度高于大便器上沿 5mm，观察 30min，无渗漏为合格

3)打开检查口，先用卷尺在管外大致测量由检查口至被检查水平管的距离加斜三通以下 50cm 左右，记住这个总长，量出胶囊到胶管的相应长度，并在胶管上作好记号，以控制胶囊进入管内的位置。

4)将胶囊由检查口慢慢送入，至放到所测长度，然后向胶囊充气并观察压力表示值上升到 0.07MPa 为止，最高不超过 0.12MPa。

5)由检查口注水于管道中，边注水边观察卫生设备水位，直到符合规定要求水位为止，检验后，即可放水。为使胶囊便于放气，必须将气门芯拔下，要防止拉出时管内毛刺划破胶囊。胶囊泄气后，水会很快排出，这时应观察水位面，如发现水位下降缓慢时，说明该管内有垃圾、杂物，应及时清理干净。

6)对排水管及卫生设备各部分进行外观检查后，如有接口(注意管道及卫生设备盛水处的沙眼)渗漏，可作出记号，随后返修处理。

7)最后进行高位水箱装水试验，30min 后，各接口等无渗漏为合格。

8)分层按系统作好灌水试验记录。

3.1.2　排水管道及配料安装技巧

1. 管道安装要求

(1)按设计图纸上管道的位置确定标高并放线，经复核无误后，将管沟开挖至设计深度。

工业厂房内生活排水管埋设深度如设计无要求时，不得小于表 3-2 中的规定。

表 3-2 工业厂房生活排水管由地面至管顶最小埋设深度 m

管 材	地面种类	
	土地面、碎石地面、砖地面	混凝土地面、水泥地面、菱苦土地面
铸铁管、钢管	0.7	0.7
钢筋混凝土管	0.7	0.5
陶土管、石棉水泥管	1.0	0.6

注：1. 厂房生活间和其他不受机械损坏的房间内，管道的埋设深度可酌减到 300mm。

2. 在铁轨下铺设钢管或给水铸铁管，轨底至管顶埋设深度不得小于 1m。

3. 在管道有防止机械损伤措施或不可能受机械损坏的情况下，其埋设深度可小于表中及注 2 规定数值。

(2) 埋地铺设的管道宜分两段施工。第一段先做±0.00 以下的室内部分，至伸出外墙为止。待土建施工结束后，再铺设第二段，从外墙接入检查井。如果埋地管为铸铁管，地面以上为塑料管时，底层塑料管插入其承口部分的外侧应先用砂纸打毛。插入后用麻丝填嵌均匀，以石棉水泥捻口。操作时要防止塑料管变形。

(3) 凡有隔绝难闻气体要求的卫生洁具和生产污水受水器的泄水口下方的器具排水管上，均需设置存水弯。设存水弯有困难时，应在排水支管上设水封井或水封盒，其水封深度应分别不小于 100mm 和 50mm。

(4) 排水横支管的位置及走向，应视卫生洁具和排水立管的相对位置而定，可以沿墙敷设在地板上，也可用间距为 1~1.5m 的吊环悬吊在楼板下。排水横管支架的最大间距见表 3-3。

表 3-3 排水横管支架的最大间距

公称直径 DN/mm		50	75	100
支架最大间距/m	塑料管	0.6	0.8	1.0
	铸铁管	≤2		

排水横支管不宜过长，一般不得超过 10m，以防因管道过长而造成虹吸作用对卫生洁具水封的破坏；同时，要尽量少转弯，尤其是连接大便器的横支管，宜直线地与立管连接，以减少阻塞及清扫口的数量。排水立管仅设伸顶通气管时，最底排水横支管与立管连接处距排水立管管底的垂直距离，应符合表 3-4 的要求。排水支管连接在排出管或排水横干管上时，连接点距立管底部的水平距离，不宜小于 3.0m。

表 3-4 最底横支管与立管连接处至立管底部的垂直距离

立管连接卫生器具的层数	垂直距离/m
≤4	0.45
5~6	0.75
7~19	3.00
≥20	6.00

(5)按各受水口位置及管道走向进行测量，绘制实测小样图并详细注明尺寸。

(6)埋地管道的管沟，应底面平整，无突出的尖硬物；对塑料管一般可做 100～150mm 砂垫层，垫层宽度应不小于管径的 2.5 倍，坡度与管道坡度相同。

(7)清除管道及管件承口、插口的污物，铸铁管有沥青防腐层者要用气焊设备(或喷灯)将防腐层烤掉。

(8)在管沟内安装的要按图纸和管材、管件的尺寸，先将承插口、三通、阀门等位置确定，并挖好操作坑；如管线较长，可逐段定位。

(9)排水管安装，一般为承插管道接口，即以麻丝(用线麻在 5% 的 30 号石油沥青、95% 的汽油溶剂中浸泡后风干而成)填充，用水泥或石棉水泥打口(捻口)，不得用一般水泥沙浆抹口。

(10)地面上的管道安装，按管道系统和卫生设备的设计位置，结合设备排水口的尺寸与排水管管口施工要求，在墙柱和楼地面上划出管道中心线，并确定排水管道预留管口坐标，作出标记。

(11)按管道走向及各管段的中心线标记进行测量，绘制实测小样图，详细注明尺寸。管道距墙柱尺寸为：立管承口外侧与饰面的距离应控制在 20～50mm 之间。

(12)按实测小样图选定合格的管材和管件，进行配管和断管。预制的管段配制完成后，应按小样图核对节点间尺寸及管件接口朝向。

(13)为减少管道堵塞的机会，排水立管宜靠近杂质最多、最脏和排水量最大的卫生洁具设置，并尽量使各层对应的卫生洁具中的污水借同一立管排出。排水立管一般不允许转弯，当上下层位置错开时，宜用乙字管或两个 45°弯头连接；错开位置较大时，也可有一段不太长的水平管段。

立管管壁与墙、柱等表面应有 35～50mm 的安装净距。立管穿楼板时，应加段套管，对于现浇楼板应预留孔洞或镶入套管，其孔洞尺寸较管径大 50～100mm。

立管的固定常采用管卡，管卡的间距不得超过 3m，但每层必须设一个管卡，宜设于立管接头处。排水立管上应设检查口，其间距不宜大于 10m 以便于管道清通；若采用机械疏通时，立管检查口的间距可达 15m。

(14)选定的支承件和固定支架的形式应符合设计要求。吊钩或卡箍应固定在承重结构上。

1)铸铁管的固定间距：横管不得大于 2m，立管不得大于 3m；层高小于或等于 4m，立管可安设一个固定件，立管底部的弯管处应设支墩。

2)塑料管支承件的间距：立管外径为 50mm 的不应大于 1.5m；外径为 75mm 及以上的不应大于 2m。横管不应大于表 3-5 中的规定。

表 3-5　塑料横管支承件的间距　　　　　　　　　　　　mm

外　径	40	50	75	110	160
间　距	400	500	750	1100	1600

(15)将材料和预制管段运至安装地点，按预留管口位置及管道中心线，依次安装管道和伸缩节(塑料管)，并连接各管口。管道安装一般自下向上分层进行，先安装立管，后横管，连续施工。

(16)排水横干管要尽量少转弯，横干管与排出管之间、排出管与其同一检查井内的室外排水管之间的水流方向的夹角不得小于 90°，以确保水流畅通；当跌落差大于 0.3m 时，可以不受此限制。排出管与室外排水管连接时，其管顶标高不得低于室外排水管管顶标高，以利于排水。

(17)排出管及排水横干管在穿越建筑物承重墙或基础时，要预留孔洞，其管顶上部的净空高度不得小于房屋的沉降量，并且不小于 0.15m。排出管穿过地下室外墙或地下构筑物的墙壁外，应采取防水措施。高层建筑的排出管，应采取有效的防沉降措施。

2. 灌水试验时胶囊使用操作技巧

(1)胶囊存放时间长时，应擦上滑石粉，置于阴凉干燥处保存。

(2)为防充气打破胶囊切勿放到三通或四通口处使用。

(3)胶囊在管子内要躲开接口处。当托水高度在 3m 以内，如发现封堵不严漏水不严重时，可放气调整胶囊所在位置。

(4)检漏完毕，应将气放尽取出胶囊。

(5)胶管与胶囊接口应用镀锌铁丝扎紧，为防止放气、放水时，胶囊与胶管脱开，冲走胶囊。

(6)当胶囊在管内时，压力控制在 0.1MPa(极限值为 0.12MPa)。

(7)当胶囊托水高度达 4m 以上，可采用串联胶囊。

3. 金属排水管道及配件安装技巧

(1)管道及配件安装应注意以下事项：

1)管道安装前先核对土建墙体厚度、外墙是否有内保温以及建筑地面标高和地面做法，以防止立管离墙过远或过近，支管甩口标高不对。

2)为避免管道倾斜或漏水，捻口时应将麻打实，捻口灰必须均匀打满承口环形缝。

3)管件或管材内壁有毛刺或污物，为防止管道通水不畅、堵塞，安装前应清理干净。

4)为防止管道根部漏水管道穿防水楼板应加防水套管，并用油麻和沥青嵌缝油膏将套管填实。

(2)安全操作技巧、环保措施。

1)安全操作技巧。

①修整孔洞时下层应有人看护并将上层预留孔洞封盖好。

②在卫生间和地沟内刷漆时应注意通风。

③高层建筑在管井内高空作业时，应搭设脚手架。

2)环保措施。

①修整孔洞及施工垃圾不得随意抛洒，应随时装袋运至指定地点集中外运。

②为防止造成污染，灌水、试水时不得随意排放。

4. 非金属排水管道及配件安装技巧

(1)排水管道及配件成品保护。

1)管材和管件在运输、装卸、储存和搬动过程中，应排列整齐，要轻拿、轻放，不得乱堆放，不得暴晒。

2)在塑料管承插口的粘接过程中不得用手锤敲打。

3)管道安装完成后,为防管道污染损坏,应加强保护。

4)不得利用塑料管道作为脚手架的支点或安全带的拉点、吊顶的吊点。为避免管道变形,不允许明火烘烤塑料管。

(2)排水管道及配件应注意以下事项:

1)管道安装时应掌握好管子插入承口的深度,下料尺寸合适,以免接口破裂,导致漏水。

2)为防止地漏出地面过高或过低,地漏安装时应按施工线找好地面标高,确定坡度。

3)管道安装前根据地面作法,找准标高,以防止卫生洁具的排水管预留口距地偏高或偏低。

(3)安全操作技巧、环保措施。

1)安全操作技巧。

①胶粘剂及清洁剂等易燃物品的存放处必须远离火源、热源和电源,严禁明火,存放处应安全可靠,阴凉干燥,场内通风良好。

②粘接管道时,操作人员应站在上风向,并应佩戴防护用具,以确保操作场地通风良好。

2)环保措施。

①灌水、试水时要有组织排放,不得任意排放,造成废水污染。

②作业现场要做到活完场清,杂物垃圾要及时清运。

③胶粘剂等下脚料不能随便丢弃。

3.1.3　排水检查井流水槽改进

排水检查井流水槽低于排水管部分实为化粪池,池内自清流水消失,造成杂物淤积,堵塞管道。为解决这个问题,在排水井的施工过程中,应采取以管代槽的方法,效果较为理想,操作方法为:管段遇井时应连续敷设。井内排水管高出底面 $D/3$(D 为排水管直径),若遇地下水时,在多面相交的凹处钻一孔,把渗入井内的水引入管内;疏通管道时,将外露的管壁打开,疏通后加盖保护。

用管代槽的优点是可减少施工的工时,并减少管道工常掏井的麻烦。

3.1.4　排水管道材料选用不当产生的质量问题分析处理

1. 管材与管件不是配套产品

管材与管件色泽不一致;管材外径或管件内径不标准。其原因主要是由于材料采购时未注意色泽是否一致;材料堆放的场地不一样(在室内、外)导致管材颜色变化不一样;未按规范或设计图纸,擅自选用替代产品等。

为防止管材与管件不配套产生上述质量问题,设计时应要求排水塑料管管材、管件厂家配套;施工采购时应确保采购同一厂家产品,同时应于采购前对管材、管件进行比较,选择色泽无差异(或差异较小)、管材管件配套、管件齐全、质量可靠的厂家供货。管材、管件等材料应有出厂合格证,管材应标有规格、生产厂的厂名和执行的标准号,在管件上应有明显的商标和规格。包装上应标有批号、数量、生产日期和检验代号。管材、管件材质、规格必须符合设计要求,内外壁应光洁平整,无气泡、裂口、裂纹、脱皮,且色泽基本一致。加强现场验收环节,承包方应在材料进场时先自验,并填报材料进场申报表及使用报审表。监理工程师严格把关，对不合格产品一律不予进场和使用。

2. 管件使用不当影响污染或臭气的正常排放

管件使用不当的主要原因是：干线管道垂直相交连接使用 T 形三通；立管与排出管连接使用弯曲半径较小的 90°弯头；检查口或清扫口设置数量不够，位置不当，朝向不当等。

为避免产生上述质量问题，管件使用时应注意以下几点：

(1)卫生器具排水管与排水横支管可用 90°斜三通连接。

(2)横管与横管(或立管)的连接，宜采用 45°或 90°斜三(四)通，不得采用正三(四)通。

(3)排水立管不得不偏置时，宜采用乙字管或两个 45°弯头。

(4)立管与排出管的连接，宜采用两个 45°弯头或弯曲半径不小于 4 倍管径的 90°弯头。

(5)排出管与室外排水管道连接时，前者管顶标高应大于后者；连接处的水流转角不小于 90°，若有大于 0.3m 的落差可不受角度的限制。

(6)无通气立管时，最低排水横支管高度应按表 3-6 规定取。

表 3-6　最低排水横支管高度

图　　示	立管高(层数)	h
	≤4	450mm
	5~6	750mm
	7~19	1 层
	≥20	2 层

(7)最低排水横支管直接连接在排水横干管(或排出管)上时，应符合图 3-5 的规定。

(8)排水横管应尽量作直线连接，少拐弯。

(9)排水立管应设在靠近杂质最多、最脏及排水量最大的排水点处。

(10)排出管宜以最短距离通至建筑物外部。

(11)应按规范规定在立管上每两个楼层设置一个检查口，并且在最低层和有卫生器具的最高层必须设置检查口。检查口的高度由地面至检查口中心一般为 1m，朝向应便于检修。

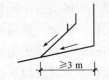

图 3-5　最低排水横支管直接与排水横干管(或排出管)连接

连接两个及两个以上大便器或 3 个及 3 个以上卫生器具的污水横管应设置清扫口。当污水管在楼板下悬吊敷设，可将清扫口设在上一层地面上。污水管起点的清扫口与管道相垂直的墙面距离不小于 200mm，若污水管起点设置堵头代替清扫口，与墙面距离不小于 400mm。

3.1.5　排水管道坡度引起的质量问题分析处理

1. 排水横管无坡度、倒坡或坡度偏小

施工时不认真，排水管道坡度不符合设计或规范的要求，排水管道里靠重力流动，因此管道坡度是保证排水顺畅的关键。如果管道倒坡时，则污水不能顺利排出室外，甚至会倒溢到室内，同时管内空气排除不掉造成气塞，也会影响污水顺利排到室外。

为满足管道充满度和流速的要求，排水管应有一定的坡度，工业废水管道和生活排水管道的标准坡度和最小坡度，应按表 3-7 确定。生活排水管道宜采用通用坡度。管道的最大坡度不得大于 0.15，但长度小于 1.5m 的管段可不受此限制。

表 3-7　排水管道的标准坡度和最小坡度

管径/mm	工业废水（最小坡度）		生活污水	
	生产废水	生产污水	标准坡度	最小坡度
50	0.020	0.030	0.035	0.025
75	0.015	0.020	0.025	0.015
100	0.008	0.012	0.020	0.012
125	0.006	0.010	0.015	0.010
150	0.005	0.006	0.010	0.007
200	0.004	0.004	0.008	0.005

2. 排水不畅、堵塞

排水系统投入使用后，排水管道及卫生用具排水不畅，甚至有堵塞现象是使用的排水管及零件安装前没有进行清膛，特别是铸铁件没有彻底清除内壁残附的砂子；施工中甩口不及时，封堵或保护不当，土建施工时的杂物，特别是水磨石的泥浆进入管内，沉淀后堵塞管道；管道安装时坡度不均匀，甚至局部倒坡；支架间距过大，过墙不规矩，管子有"塌腰"现象；管道接口零件选用不当，造成管道局部阻力过大；不按规定进行通水试验或试验不符合要求等原因造成的。

为使排水畅通，不致堵塞，应注意以下几点：

(1)为防止杂物掉进管膛应及时堵死封严管道的甩口。

(2)卫生器具安装前认真检查原甩口，并掏出管内杂物。

(3)管道安装时认真疏通管膛，除去杂物。

(4)生活排水管道标准坡度应符合规范规定。无设计规定时，管道坡度不应小于 1%。

(5)保持管道安装坡度均匀，不得有倒坡。

(6)合理使用零件。地下埋设铸铁管道应使用 TY 和 Y 形三通，不宜使用 T 形三通；水平横管避免使用四通；为便于流水通畅，排水出墙管及平面清扫口需用两个 45°弯头连接。

(7)立管检查口和平面清扫口的安装位置应便于维修操作。

(8)施工期间，为减少杂物进入管道内，卫生器具的返水弯丝堵最好缓装，如图 3-6 所示。

(9)最低排水横支管与立管连接处至排出管管底的垂直距离(图 3-7)不宜小于表 3-8 规定。

(10)交工前，排水管道应作通球试验，卫生器具应作通水检查。

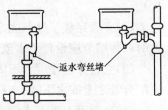

图 3-6　缓装返水弯丝堵

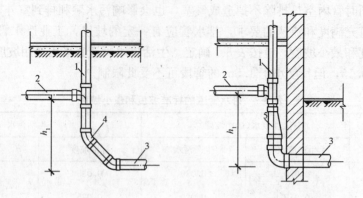

图 3-7 最低横支管与立管连接处至排出管管底的垂直距离

1—立管；2—横支管；3—排出管；4—45°弯头；5—偏心异径管

表 3-8 最低横支管与立管连接处至立管管底的垂直距离

项次	立管连接卫生器具的层数	垂直距离/m	项次	立管连接卫生器具的层数	垂直距离/m
1	≤4	0.45	4	13～19	3.00
2	5～6	0.75	5	≥20	6.00
3	7～12	1.2			

注：当与排出管连接的立管底部放大 1 号管径或横干管比与之连接的立管大 1 号管径时，可将表中垂直距离缩小一档。

3.1.6 排水管道设置不当产生的质量问题分析处理

1. PVC 排水管无伸缩节或伸缩节间距偏大

排水塑料管未设置伸缩节或排水塑料管伸缩节间距超过 4m，导致管道变形、接口脱漏。

解决这种质量问题的具体做法如下：根据管道伸缩量严格按规范设置伸缩节。伸缩节设置位置应靠近水流汇合配件，并可按下列情况确定：

(1)立管穿越楼层处为固定支承且排水支管在楼板下接入时，伸缩节应设置于水流汇合管件之下[图 3-8（a）、(c)]。

(2)立管穿楼层处与固定支承且排水支管在楼板之上接入时，伸缩节应设置于水流汇合管件之上[图 3-8(b)]。

(3)立管穿越楼层为不固定支承时，伸缩节应设置于水流汇合管之上或之下[图 3-8(e)、(f)]。

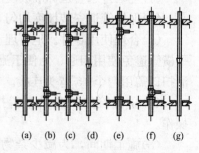

(a) (b) (c) (d) (e) (f) (g)

图 3-8 伸缩节设置位置

(4)立管无上排水支管接入时，伸缩节可按设计间距置于楼层任何部位[图 3-8(d)、(g)]。

2. 排水管道甩口不准

由于在施工主管时甩口不准，造成继续接管时，管道坐标或标高产生位移是在管道层或在地下埋设管道时，管道固定不牢；在施工时对整体安装考虑不周，或对卫生器具的尺寸了解不够；土建施工时碰撞，造成位移；墙体与地面施工偏差过大，造成安装时与原甩口尺寸偏差过大等原因造成的。

为解决排水管道甩口不准的问题，应注意以下几点：

(1)排水管道不得穿过沉降缝、抗震缝、烟道和风道。

(2)排水管道应避免穿过伸缩缝，若必须穿过时，应采取相应技术措施，不使管道直接承受拉伸与挤压。

(3)排水管道穿过承重墙或基础处应预留洞口，洞口尺寸见表 3-9。

表 3-9 排水管道穿过承重墙或基础处预留洞口尺寸

管 径/d	50~75	>100
洞口尺寸(高×宽)	300×300	$(d+300)×(d+200)$

(4)在一般厂房内部，排水管最小埋深应符合表 3-10 的要求，以免管道受机械损坏，在铁轨下应采用钢管或给水铸铁管，且最小埋深不小于 1.0m。

表 3-10 排水管最小埋深

管 材	地面至管顶距离/m	
	素土夯实、缸砖、木砖等地面	水泥、混凝土、沥青混凝土等地面
排水铸铁管	0.7	0.4
混凝土管	0.7	0.5
带釉陶土管	1.0	0.6
硬聚氯乙烯管		

(5)排水管的最小管径见表 3-11。

表 3-11 排水管的最小管径

管道名称	最小管径/mm	说 明
小便槽、3 个以上小便器排水管	不小于 DN75	小便污水易使管壁结垢，使管道内径变小
医院洗涤间的洗涤盆和污水盆排水管	不小于 DN75	常有纱布、纸类杂物堵塞
公共浴室排水管	不小于 DN100	长毛发等杂物堵塞
有立管接入的横管	不小于该立管的 DN 公称直径	考虑从立管带入的杂物最大尺寸
生活污水立管	不小于 DN50 又不小于接入的最大横管 DN	考虑从横管带入的最大杂物尺寸和通气需要
公共食堂厨房污水管	比计算值至少大 1 号，但干管不小于 DN100，支管不小于 DN75	因含泥沙、菜屑、油脂较多(必要时设置隔油具或隔油井)

(6)管道安装后，底部要垫实，固定要稳固。

3.1.7 检查口、清扫口设置不当产生的质量问题分析处理

1. 排水立管检查口设置不符合要求

其原因主要是排水管未按规范要求安装检查口或检查口间距太大。

为防止上述质量问题产生，在排水管上设置检查口应符合下列规定。

(1)立管上设置检查口，应在地(楼)面以上 1.0m，并应高于该层卫生器具上边缘 0.15m。

(2)埋地横管上设置检查口时，检查口应设在砖砌的井内。

(3)地下室立管上设置检查口时，检查口应设置在立管底部之上。

(4)立管上检查口检查盖应面向便于检查清扫的方位；横干管上的检查口应垂直向上。

检查口、清扫口的设置见表 3-12 及图 3-9。

表 3-12　污水横管上检查口或清扫口的最大间距

管　径 DN/mm	生产废水	生活污水及与之类似的生产污水	含有较多悬浮物和沉淀物的生产污水	清扫设备种类
	最大间距/m			
≤75	15	12	10	检查口
≤75	10	8	6	清扫口
100～150	15	10	8	清扫口
100～150	20	15	12	检查口
200	25	20	15	检查口

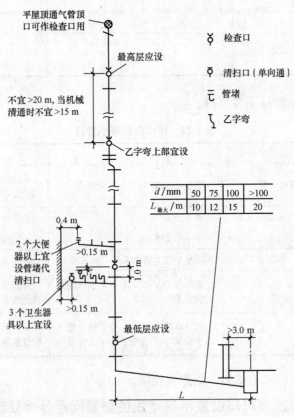

图 3-9　检查口与清扫口设置

排水横管的直线管段上检查口或清扫口之间的最大距离，应符合表 3-13 的规定。

表 3-13　排水横管的直线管段上检查口或清扫口之间的最大距离

管道管径/m	清扫设备种类	距离/m	
		生活废水	生活污水
50～75	检查口	15	12
	清扫口	10	8
100～150	检查口	20	15
	清扫口	15	10
200	检查口	25	20

2. 排水横管无清扫口

连接两个及两个以上大便器或 3 个及 3 个以上卫生器具的污水横管上无清扫口；超过一定距离污水横干管端头无清扫口；或管道扣弯处无清扫口的主要原因是未按规范设置清扫口，当管道堵塞时将不便于管道的清通。

为防止上述问题的产生，在排水管道上设置清扫口时应符合以下规定。

(1)在排水横管上设清扫口，宜将清扫口设置在楼板或地坪上，且与地面相平。排水横管起点的清扫口与其端部相垂直的墙面的距离不小于 0.15m。

(2)排水管起点设置堵头代替清扫口时，堵头与墙面应有不小于 0.4m 的距离。

注：可利用带清扫口弯头配件代替清扫口。

(3)在管径小于 100mm 的排水管道上设置清扫口，其尺寸应与管道同径；管径等于或大于 100mm 的排水管道上设置清扫口，应采用 100mm 直径清扫口。

(4)铸铁排水管道设置的清扫口，其材质应为铜质；硬聚氯乙烯管道上设置的清扫口应与管道同质。

(5)排水横管连接清扫口的连接管管件应与清扫口同径，并采用 45°斜三通和 45°弯头或由两个 45°弯头组合的管件。清扫口的安装形式见表 3-14。

表 3-14　清扫口的安装形式与尺寸

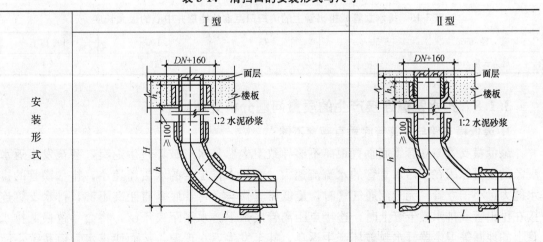

续表

管径 D	h_2	$H\geqslant$	h	l	管径 D	h_2	$H\geqslant$	h	l
50	60	450	248	223	50	60	400	195	175
75	65	480	283	244	75	65	470	273	220
100	70	510	314	264	100	70	520	323	264
125	75	540	337	266	125	75	570	369	297
150	75	570	371	311	150	75	610	413	335

尺寸/mm（第一列左侧标注）

安装形式

Ⅲ型	Ⅳ型

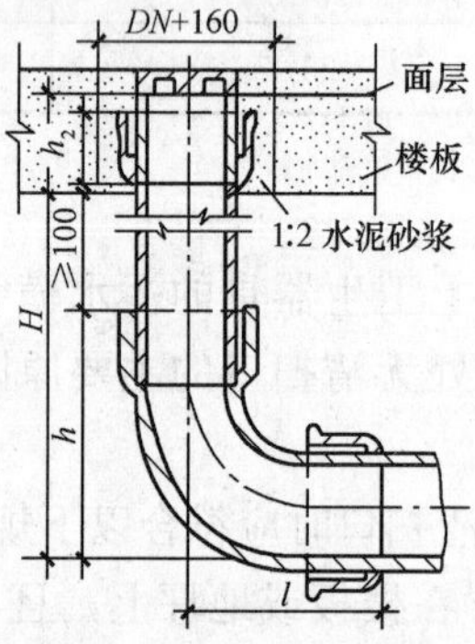

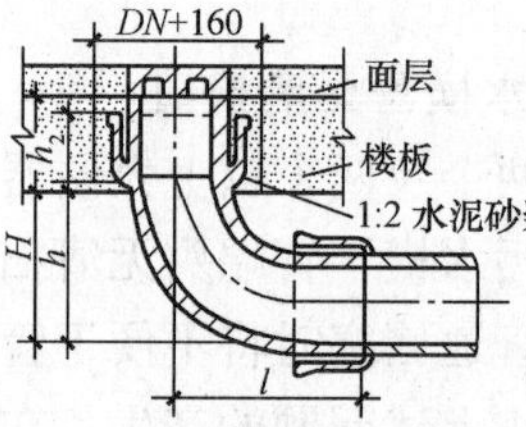

管径 D	h_2	$H\geqslant$	h	l	管径 D	h_2	$H\geqslant$	h	l
50	60	390	190	175	50	60	210	190	175
75	65	420	220	187	75	65	245	220	187
100	70	450	250	210	100	70	280	250	210
125	75	480	280	222	125	75	305	280	222
150	75	500	305	235	150	75	330	305	235

尺寸/mm（第一列左侧标注）

（6）当排水立管底部或排出管上的清扫口至室外检查井中心的最大长度大于表 3-15 的数值时，应在排出管上设清扫口。

表 3-15　排水立管或排出管上的清扫口至室外检查井中心的最大长度

管　径/mm	50	75	100	100 以上
最大长度/m	10	12	15	20

3.1.8　排水管道连接产生的质量问题分析处理

1. 最低横支管与立管管底垂直距离不够

最低横支管与立管管底垂直距离不够导致卫生器具水封破坏产生返臭，甚至发生返水现象的主要原因在于污水立管的水流流速大，而污水排出管的水流流速小，排水横管的排水能力远小于立管。无专用通气管时，最低横支管与立管管底垂直距离不够，排水支管连接在排出管或排水横干管上时，连接点距离管底部下游水平距离不够，将会导致最低排水管上的地漏等卫生器具水封破坏产生返臭，甚至发生返水现象，从而使排水管道系统不能实现其使用功能。

为防止上述问题的产生应注意以下几点。

(1)底层排水横管的预制及安装,应以所连接的卫生器具安装中心线,以及已安装好的排出管斜三通及 45°弯头承口内侧为量尺基准,确定各组成管段的管段长度,经比量法下料、打口预制,如图 3-10 所示。

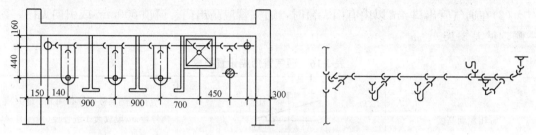

图 3-10　排水横管、支管安装

(2)横管与横管不得采用正三通或正四通连接,应采用 90°斜三通或 90°斜四通连接,横管与立管连接也应如此。

2. 地下埋设管道漏水

地下埋设管道漏水的原因:排水管道渗漏处的地面、墙角缝隙部位返潮,埋设在地下室顶板与一层地面内的排水管道渗漏处附近(地下室顶板下部)还会看到渗水现象主要是由于施工程序不对,入窨井或管沟的管段埋设过早,土建施工时会损坏该管段;管道支墩位置不合适,在回填土夯实时,管道因局部受力过大而破坏,或接口处活动而产生缝隙;预制铸铁管段时,接口养护不认真,搬动过早,致使接口活动,产生缝隙;PVC-U 管下部有尖硬物或浅层覆土后即用机械夯打,造成管道损坏;冬期施工时,铸铁管道接口保温养护不好,管道水泥接口受冻损坏;冬期施工时,没有认真排除管道内的积水,造成管道或管件冻裂;管道安装完成后未认真进行闭水试验,未能及时发现管道和管件的裂缝和沙眼以及接口处的渗漏等。

防止埋设管道漏水的措施主要有以下几点。

(1)埋地管段宜分段施工,第一段先做正负零以下室内部分,至伸出外墙为止;待土建施工结束后,再铺设第二段,即把伸出外墙处的管段接入窨井或管沟。

(2)管道支墩要牢靠,位置要合适,支墩基础过深时应分层回填土,回填时严防直接撞压管道。

(3)铸铁管段预制时,要认真做好接口养护,防止水泥接口活动。

(4)PVC-U 管下部的管沟底面应平整,无突出的尖硬物,并应作 10～15cm 的细砂或细土垫层。管道上部 10cm 应用细砂或细土覆盖,然后分层回填,人工夯实。

(5)冬期施工前应注意排除管道内的积水,防止管道内结冰。

(6)严格按照施工规范进行管道闭水试验,认真检查是否有渗漏现象。如果发现问题,应及时处理。

3.1.9　排水通气管安装不合格分析处理

排水通气管安装不合格可能会使管道中散发出的臭气和有害气体不能及时排到大气中

去；并增加对管道的腐蚀及破坏卫生器具，其主要原因是透气管缩径，影响与室外大气的沟通和压缩透气气温，向室内返臭气污染空气环境；用塑料管材做通气管，会导致位于室外的塑料管老化断裂，影响其使用寿命。

为防止上述问题的产生，应按下列要求进行。

(1)通气管应高出屋面 300mm，但必须大于最大积雪厚度。

(2)在通气管出口 4m 以内有门、窗时，通气管应高出门、窗顶 600mm 或引向无门、窗一侧，见表 3-16。

表 3-16　通气管顶端设置要求

出屋面高度		应自隔热层板面计必须大于最大积雪厚度 ab 段放大 1 级管径(最冷月平均气温低于 -13℃时)
邻近建筑有门窗		
常有人逗留的屋面		应考虑防雷措施
穿墙伸出		管顶口弯下、穿墙处应有防水措施
邻近有空调系统的新风进风口		
建筑物排出部分下		如檐口、阳台、雨篷等处易积聚气体难以散发

(3)在经常有人停留的平屋顶上，通气管应高出屋面 2m，并应根据防雷要求设置防雷装置。

(4)屋顶有隔热层应从隔热层板面算起。

(5)通气管顶端应安装透气帽。

(6)通气管穿屋面应有防水措施，如图 3-11 所示。

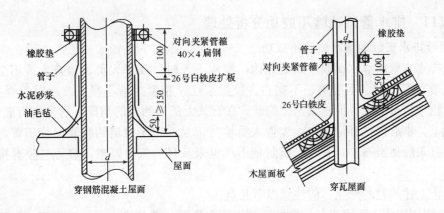

图 3-11 通气管穿屋面安装图

(7)通气管用铸铁管、石棉水泥管等，其连接方式如图 3-12 所示。

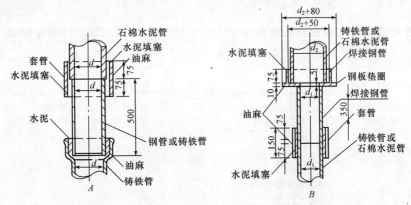

图 3-12 石棉水泥管与钢管或铸铁管的连接

3.1.10 透气帽安装错误分析处理

因为地漏的钟罩下空隙很小，如果将地漏安装在通气管口上，由于地漏钟罩下空隙的通气能力很有限，不能满足排水管道的通气要求，致使排水管道排水不畅。甚至，下雨雪时地漏的水封被雨雪灌满，通气管会完全失去通气能力。

为防止出现上述问题透气管顶管透气帽安装应按图 3-13 进行。

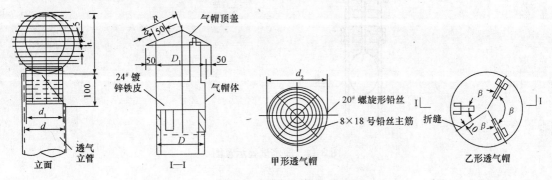

图 3-13 透气帽安装图

3.1.11 排水管道试验不成功分析处理

1. 隐蔽排水支管的灌水试验不成功

隐蔽排水支管的灌水试验不成的原因：灌水不及时，灌水人员、检查人员不全，灌水试验记录填写不及时、不准确、不完整。胶囊卡住，胶囊封堵不严，放水时胶囊被冲走。未按施工程序进行或未等灌水就匆忙隐蔽；在有关人员未到齐的情况下匆忙进行灌水试验；当时不记录，事后追忆补记或未由专业人员填写记录；用于封堵的胶囊保管不善，存放时间过长，且未涂擦滑石粉；发现胶囊封堵不严也未及时放气，调整；胶管与胶囊接口未扎紧等。

为防止上述问题的产生，应注意以下几点：

(1)应严格按施工程序进行，坚持不灌水不得隐蔽，严禁进入下一道工序。对于楼层内隐蔽排水支管的灌水试验流程如下：

放气囊封闭下游段→向管道内灌水至地漏上口→检查管道接口是否渗漏→认定试验结果。

(2)在灌水试验时，应参加检查的有关人员不能参加时，不得进行灌水试验，灌水试验示意图如图 3-14 所示。

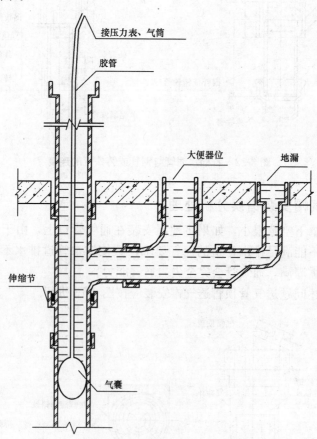

图 3-14　灌水试验示意图

灌水试验记录表应由专人填写。

(3)放气囊封闭下游段。底层管道做灌水试验时，可将通向室外的排出管管口，用大于或等于管径的橡胶囊封堵，放入管里充气堵严；二层做灌水试验时，可将未充气胶囊从立管管口(在三楼操作，有检查口的楼层可从本层检查口放入)放到所测长度，向胶囊内充气并观察压力，表示值上升至 0.07MPa 为止，最高不超过 0.12MPa；三层做灌水试验时，可在四楼操作。以此类推，逐层试验；顶层做灌水试验时，可从顶层检查口放入胶囊，在本层操作。

(4)管道内灌水至地漏上口。

(5)检查试验段各管口是否渗漏。

2. 排水主立管及水平干管通球试验失败

排水主立管及水平干管通球试验失败主要体现在通球率未达到100％或通球试验不及时，检查人员不全，记录填写不及时、不准确、不完整。这是试验相关人员未到齐的情况下匆忙进行通球试验；排水立管及水平干管管道做通球试验时，通球球径未达到不小于排水管管径的 2/3 的要求，通球率未达到100％；试验结束后，未及时填写记录，事后追忆补记或未由专业人员填写等原因造成的。

为防止上述问题的产生，应注意以下几点：

(1)施工时应先做出通球试验方案，通球试验宜采取分段试验，分段时应考虑管径、放球口、出球口等因素，试验的分段情况如图 3-15 所示。

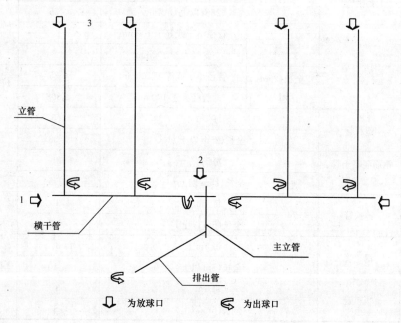

图 3-15　通球试验分段试验示意图

(2)将直径不小于被试验管道管径 2/3 的塑胶球体从放球口放入，在出球口接出。以自下而上的原则进行试验，做完下面一段后，及时封堵管口(以免杂物进入)，再进行上一段的试验。如图 3-15 所示中 1～3 的顺序。

(3)检查方法主要是观察检查。如果球体能顺利排出，即为合格，否则为不合格。不合格者，应检查管内是否有杂物，管道坡度是否准确，清通或更正坡度后再行通球，直至合格为止。

(4)通球合格后，施工单位整理好记录，有关人员签字后备案存档。

3.1.12 排水管道安装允许偏差引起的质量问题分析处理

1. 排水立管垂直度达不到规范要求

导致排水立管安装歪斜、或排水管接口处上下管道不在同一垂直线上的使排水管道安装达不到观感质量要求；管道接口不顺直将影响排水效果；管道在温度变化时会纵向伸缩，如管道接口处安装不顺直，管道伸缩时会产生径向应力，多次往复将会导致管道接口处裂开，出现漏水。

为使排水立管垂直度达到规范要求，安装排水管时，应先吊线，根据管节长度安装管卡，再进行管道安装，以保证其垂直度。室内排水和雨水管道安装允许偏差和检验见表 3-17。

表 3-17 室内排水和雨水管道安装的允许偏差和检验方法

项次	项　　　目			允许偏差/mm	检验方法
1	坐　　标			15	
2	标　　高			±15	
3	横管纵横方向弯曲	铸铁管	每1m	≤1	用水准仪（水平尺）、直尺、拉线和尺量检查
			全长(25m以上)	≤25	
		钢　管	每1m 管径小于或等于100mm	1	
			每1m 管径大于100mm	1.5	
			全长(25m以上) 管径小于或等于100mm	≤25	
			全长(25m以上) 管径大于100mm	≤308	
		塑料管	每1m	1.5	
			全长(25m以上)	≤38	
		钢筋混凝土管、混凝土管	每1m	3	
			全长(25m以上)	≤75	
4	立管垂直度	铸铁管	每1m	3	吊线和尺量检查
			全长(5m以上)	≤15	
		钢　管	每1m	3	
			全长(5m以上)	≤10	
		塑料管	每1m	3	
			全长(5m以上)	≤15	

2. PVC-U 管变形、脱落

在温差变化较大的地方，PVC-U 管安装完成一段时间后，发生直管弯曲、变形及脱落。其主要原因是 PVC-U 管的线膨胀系数较大，为钢管的 5~7 倍。采用承插粘接的 PVC-U 管，如果未按规范要求安装伸缩器，或伸缩器安装不合规定，在温差变化较大时，PVC-U 管的热胀冷缩得不到补偿，就会发生弯曲、变形甚至脱落。

为防止 PVC-U 管变形、脱落，在温差变化较大的地方选用胶圈连接的 PVC-U 管。使用承插粘接的 PVC-U 管，立管每层或每 4m 安装一个伸缩器，横管直管段超过 2m 时应设伸缩器。安装伸缩器时，管段插入伸缩器处应预留间隙。夏季安装，间隙为 5～15mm；冬季安装，间隙为 10～20mm。伸缩器应固定在楼处与地面相平或墙壁支架上。

3.1.13 PVC-U 管穿板处漏水分析处理

易生产积水的房间积水通过 PVC-U 管穿板处渗漏。这是由于房间未设置地漏；地坪找坡时未坡向地漏；PVC-U 管管壁光滑，补管洞时未按程序，又未采取相应的技术措施，使管外壁与楼板结合不紧密等原因造成的。

为防止 PVC-U 管穿板处漏产生上述问题：

(1)在易产生积水的房间，如厨房、厕所等，应设置地漏。

(2)地坪应严格找坡，坡向地漏，坡度以 1% 为宜。

(3)PVC-U 管穿板处如固定，应按图 3-16 施工，在管外壁粘接与管道同材质的止水环，补洞捣灌细石混凝土分两次进行，细心捣实。与细石混凝土接触的管外壁可刷胶粘剂再涂抹细砂。

(4)PVC-U 管穿板处如不固定，则按图 3-17 施工，即设置钢套管，套管底部平板底，上端高出板面 2cm，管周围油麻嵌实，套管上口沥青油膏嵌缝。

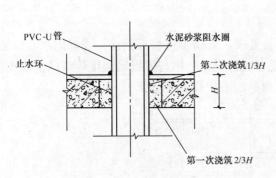 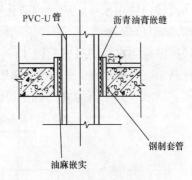

图 3-16 PVC-U 管穿板处加固　　　　图 3-17 PVC-U 管穿板处不固定

3.1.14 承插式排水铸铁管接口缺陷分析处理

承插式排水铸铁管水泥或石棉水泥接口不按程序操作，打灰前不加麻，水泥或石棉水泥掉入管中，形成堵管隐患。或立管和支管接口抹稀灰，或根本忘记对该处接口进行处理，通水时才发现漏水严重，都会造成接口不合格。

为避免上述问题的产生必须严格按照操作程序进行操作，排水铸铁管的水泥或石棉水泥承插接口应先填麻，再打水泥或石棉水泥。麻起密封作用，使接口不漏水；水泥或石棉水泥的作用是压紧麻，同时也有一定的防渗透能力。麻用麻錾填入，头两层为油麻，最后一层为白麻(因白麻和水泥的亲和性较好)，填麻时用麻錾、手锤打实，打实后的麻层深度为承口环形间隙深度的 1/4 到 1/3 为宜。填麻完成后再分层填入水泥或石棉水泥，用麻錾和手锤层层打实，捻口须密实、饱满，环缝间隙均匀，填料凹入承口边缘不大于 5mm，最后用湿草绳或草袋对承口进行养护，养护时间的长短根据季节而定。冬期施工时，认真采取保温防冻措施。另外，操作工人应有上岗证，不得以普通工代替技工，加强自检、互检并建立必要的质量奖惩制度。

3.2 雨水管道及配件安装

3.2.1 常见施工工艺

1. 雨水斗安装

（1）雨水斗制作安装。

1）画线：依照图纸尺寸、材料品种、规格进行放样画线，经复核与图纸无误，进行裁剪；为节约材料宜合理进行套裁，先画大料，后画小料，画料形状和尺寸应准确，用料品种、规格无误。

2）画线后，先裁剪出一套样板，裁剪尺寸准确，裁口垂直平正。

3）成形：将裁好的块料采用电焊对口焊接，焊接之后经校正符合要求。

4）刷防锈层：加工制作好的雨水斗应刷防锈层。

①铸铁雨水口应刷防锈漆，先除掉焊缝熔渣，用钢丝刷刷掉锈斑，均匀刷防锈漆一道。

②镀锌白铁雨水斗，应涂刷磷化底漆。

（2）水落口构造。

1）挑檐板雨水斗。挑檐板雨水斗，按设计要求，先剔出挑檐板钢筋，找好雨水斗位置，核对标高，装卧雨水斗，用 $\phi6$ 钢筋架固，支好底托模板，用与挑檐同强度等级的混凝土浇筑密实，雨水口上平不能突出找平层面，其构造如图 3-18 所示。

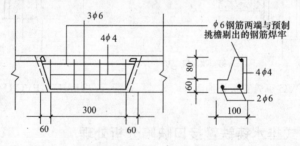

图 3-18 挑檐水落口处做法

2）女儿墙雨水斗口。根据设计位置及要求，在施工结构时，预留出水落口孔洞，水落口的雨水斗安装前应弹出雨水斗的中心线，找好标高，将雨水斗用水泥沙浆卧稳，用细石混凝土嵌固，填塞严密，外侧为砌筑清水墙时，应按砌筑排砖贴砌与外墙缝子一致，其构造如图 3-19 所示。

3）内排直式雨水斗口。宜采用铸铁，埋设标高应考虑水落口防水层增加的附加层、柔性密封、保护面层及排水坡度，水落口周围直径 500mm 范围内坡度不应小于 5%，并应用防水涂料或密封材料涂封，其厚度不应小于 2mm，如图 3-20 所示。

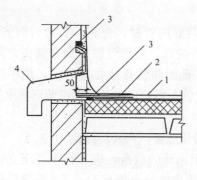
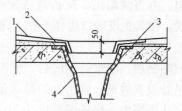

图 3-19 横式水落口　　　　　　　　图 3-20 直式水落口
1—防水层；2—附加层；　　　　　　1—防水层；2—附加层；
3—密封材料；4—水落口　　　　　　3—密封材料；4—水落口杯

(3)雨水斗安装。安装雨水斗时，是将其安放在事先预留的孔洞内。屋面防水层应伸入环形筒下，雨水斗四周防水油毡弯折应平缓；为防止由于屋面水流冲击以及连接管自重的作用而削弱或破坏雨水斗与天沟沟体连接处的强度，造成接缝处漏水，雨水斗下的短管应牢固固定在屋面承重结构上。雨水斗安装如图 3-21 所示。

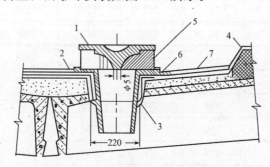

图 3-21 雨水斗安装
1—雨水斗顶盖；2—压檐防水层；3—水斗底座；
4—防水层；5—雨水斗格栅；6—漏斗；7—天沟

2. 雨水管安装

(1)悬吊式雨水管安装。当室内地下有大量的设备基础和各种管线，或生产工艺不允许设置埋地雨水横管时，需设悬吊管。悬吊管常固定在厂房的桁架上，可接纳一个或几个(不超过四个)雨水斗的流量，再经立管输送至室外排水管网。悬吊管应避免从不允许有滴水的生产设备的上方通过。

1)雨水管制作。雨水管管材多用镀锌白铁管，铸铁管、硬塑料管。镀锌白铁管一般为施工单位用镀锌白铁制作；铸铁、硬塑料管为购置工业品。

①画线。镀锌白铁雨水管，根据设计指定的圆形直径，一般用 26 号白铁，咬口成形制作，也有方形断面的雨水管，加工方法相同。加工时，用钢针划出标点，大小头周长差5~6mm，根据标点划出裁板线，大小头互为颠倒，依次画线，经校核无误，先裁出样板，

成形两节试装。

②咬口成形。雨水管（圆形）一般为平咬口，裁好的管材，先将一长边口对齐方钢角，推至先划好的咬口线，用方木向下轻打，形成折弯咬口，然后将铁皮翻身调头，将另一边的咬口敲出，并将两端正、反折弯依次敲成90°，此时将铁皮放在圆管上，用手压成圆弧形，成圆状，使其正反咬口边相交贴，用拍板在圆管上将咬口敲紧，即成圆形雨水管，小头剪成小三角口做标记。

③涂刷防锈层。雨水管制成后，应里外涂刷磷化底漆，内外应涂刷均匀。

2)悬吊管设置数量。悬吊管的排水量与连接雨水斗的数量，应和雨水斗至立管的距离有关。在多斗系统中，当降雨强度为100mm/h，管中水流充满度为0.8，管壁粗糙度 n 为0.013时，悬吊管的最大允许汇水面积见表3-18。

表 3-18 多斗悬吊管最大允许汇水面积　　m²

坡　度＼管径 d/mm	75	100	150	200	250	300
0.008	75	163	430	1034	1872	3046
0.009	80	172	509	1097	1986	3231
0.010	84	182	536	1156	2093	3406
0.012	92	199	587	1266	2293	3731
0.014	100	215	634	1368	2477	4030
0.016	107	230	678	1462	2648	4308
0.018	113	244	719	1551	2800	4569
0.020	119	257	758	1635	2960	4816
0.022	125	270	795	1715	3105	5052
0.024	131	281	831	1791	3243	5276
0.026	136	293	865	1864	3375	5492
0.028	141	304	897	1935	3503	5699
0.030	146	315	929	2002	3626	5899

注：表中数值是按降雨强度 $h=100$mm/h 计算的。

如降雨强度与此不同，则应按下式换算成 100mm/h 后再查表 3-18。

换算系数 $K=\dfrac{h}{100}=0.01h$

换算后的面积(m²)为：$F_{100}=F_h\times0.01h=0.01F_h\cdot h$

3)悬吊管安装。悬吊管一般采用铸铁管石棉水泥接口，但在管道可能受到震动的地方，或跨度过大的厂房，应采用焊接钢管焊接接口。安装时，先按施工图的位置、标高及坡度安装好支吊架，坡度一般取 0.003 并坡向立管。悬吊管如管径小于或等于 150mm、长度超过 15m 时，应设检查口；如管径为 200mm、长度超过 20m 时，也应设检查口；悬吊管检查口间距不得大于表 3-19 的规定。

表 3-19　悬吊管检查口间距

悬吊管直径/mm	检查口间距/m
≤150	≤15
≥200	≤20

（2）雨水立管安装。雨水立管的作用是承接从悬吊管或直接从雨水斗流来的水，并将其输送至地下排水管网中。雨水立管一般沿墙壁或柱布置，其管径不能小于与其相连接的悬吊管管径，也不宜大于 300mm。每隔 2m 设夹箍固定。不同高、低跨的悬吊管，应单独设置立管。但当立管排泄的雨水总量即设计泄流量，不超过表 3-20 中同管径立管最大设计泄流量时，不同高度悬吊管的雨、雪水也可排入同一根立管。立管距地面 1m 处应设检查口，以便清通。雨水管下半部因排水时处于正压状态，因此，不应接入排水支管。立管管材同悬吊管。

表 3-20　雨水立管最大设计泄流量

管　径/mm	最大设计泄流量/(L/s)
100	19
150	42
200	75

注：雨水设计泄流量 q_y(L/s)的计算公式为：$q_y = k \dfrac{F q_5}{10000}$ 式中 F 为汇水面积，应按屋面的水平投影面积计算。窗井、贴近高层建筑外墙的地下汽车库出入口坡道、高层建筑裙房还应附加高层侧墙面积的 1/2 折算成的屋面汇水面积，单位为 m²；q_5 为当地降雨历时为 5min 的降雨强度，单位为 L/(s·ha)；k 为屋面宣泄能力的系数，当设计重现期为 1 年时，屋面坡度<2.5%，$k=1$；屋面坡度≥2.5%，$k=1.5\sim2.0$。

在雨水立管上宜设置检查口，检查口中心距地面高度一般为 1m。以便于对管道进行清扫检查。

立管一般采有铸铁管石棉水泥接口与悬吊管一样，在可能受到振动的地方要采用钢管焊接接口。

3. 地下雨水管安装

地下雨水管道接纳各立管流来的雨水，并将其排至室外雨水管道中去。厂房内地下雨水管道大都采用暗管式，其管径不得小于与其连接的雨水立管管径，且不小于 200mm，也不得大于 600mm，因管径太大时，埋深增大且与弯支管连接困难。埋地管应有不小于 0.003 的坡度，坡向同水流方向。

埋地雨水管道一般采用混凝土管或钢筋混凝土管，亦可采用带釉陶土管或石棉水泥管等。在车间内，当敷设暗管受到限制或采用明沟有利于生产工艺时，则地下雨水管道也可采用有盖板的明沟排水。

埋地横管将室内雨水管道汇集的雨、雪水，排至室外雨水管渠。其排水能力远小于立管，所以最小管径不宜小于 200mm。埋地管的最小坡度和最大计算充满度分别见表3-21和表 3-22。在敞开式系统中，埋地管宜采用非金属管材，如混凝土管、钢筋混凝土管、缸瓦管、石棉水泥管等。在密闭式系统中，埋地管宜采用承压铸铁管。

表 3-21　室内雨水管道最小坡度

项　　次	管径/mm	最小坡度(‰)
1	50	20
2	75	15
3	100	8
4	125	6
5	150	5
6	200～400	4

表 3-22　埋地雨水管道的最大计算充满度

管道名称	管径/mm	最大计算充满度
密闭系统的埋地管		1.0
敞开系统的埋地管	≤300	0.5
	350～450	0.65
	≥500	0.80

4. 水落管试验

内排水雨水管道安装完毕应做灌水试验，灌水高度必须达到每一立管上的雨水斗。

(1)埋地的排水管道，严禁铺设在冻土和未经处理的松土上。为防止管道下沉，松土应逐层夯实后再铺设管道。地基状况应填写在隐蔽工程记录中。

(2)暗装或埋地的排水管道，在隐蔽前必须做灌水试验，其灌水高度必须不低于底层地面高度。试验时，灌水 15min 后，再灌满延续 5min，液面不下降为合格。试验合格后做好灌水试验记录，而后方可进行回填土。

(3)雨水管道安装后，应做灌水试验，灌水高度必须到每根立管最上部的雨水斗。

3.2.2　雨水管道及配件安装技巧

1. 雨水斗安装要求

(1)雨水斗水平高差不应大于 5mm。设置在阳台的雨水斗，上口距阳台板底应为180～400mm。

(2)雨水管伸入雨水斗上口深度 30～40mm，且雨水管口距雨水斗内壁不小于 20mm。

(3)雨水斗排水口与雨水管连接处，雨水管上端面应留有 6～10mm 的伸缩余量。

(4)雨水斗的连接应固定在屋面承重结构上。雨水斗边缘与屋面相连处应严密不漏。连接管管径当设计无要求时，不得小于 100mm。

(5)雨水斗安装完毕，随雨水管露明表面刷设计要求的面漆。

2. 室内金属雨水管道及配件安装技巧

(1)金属雨水管道及配件成品保护。

1)管道安装完成后，为防止杂物进入，造成管道堵塞，应将所有管口封闭严密。

2)不得利用管道作为脚手架的支点或安全带的拉点、吊顶的吊点。

3)为防止污染管道油漆粉刷前应将管道进行保护。

(2)雨水管道及配件安装应注意的事项。

1)为防止雨水斗安装过高过低，安装时应根据设计图纸找准标高线。

2)为防止穿楼板处渗水，立管穿楼板处应做洞口封堵处理。

3)应根据不同土质和冻结深度埋设管道，使埋地管道符合有关规范的规定。

(3)安全操作技巧及环保措施。

1)安全操作技巧。

①修整孔洞时下层应有人看护并将上层预留孔洞封盖好。

②卫生间和地沟内刷漆时应注意通风。

③高层建筑在管井内高空作业时，应搭设脚手架。

2)环保措施。修整孔洞及施工垃圾不得随意抛洒，应随时装袋运至指定地点集中外运。

3. 室内非金属雨水管道及配件安装技巧

(1)非金属雨水管道及配件成品保护。

1)管道安装时，应将管口临时封闭严密，防止杂物进入，造成管道堵塞。

2)为避免污染管道，安装完的管道应加强保护。

3)严禁利用塑料管道作为脚手架的支点或安全带的拉点、吊顶的吊点。为防管道变形，不允许明火烘烤塑料管。

(2)注意事项。

1)管道粘接后外溢胶粘剂应及时除掉，以免接口处外观不清洁。

2)为防止安装过高或过低应严格按设计图纸和标高安装雨水斗。

3)安装时应分清流向，以免雨水管道坡度过小或倒坡。

(3)安全操作技巧、环保措施。

1)安全操作技巧。

①胶粘剂和清洁剂不用时应封盖严实，随用随开，严禁非操作人员使用。

②管道粘接场所禁止明火。

③管道粘接时应通风良好，操作人员应站在上风侧，并配备防护用具。

2)环保措施。

①施工现场要做到活完场清，施工垃圾杂物及时清运。

②灌水试验后的泄水要排入附近的排水设施内，不得随意排放。

3.2.3　雨水管道灌水试验分析处理

雨水管满管流时，雨水直接由接口渗出流入房间内，这主要是由于雨水管道安装在室内但未做灌水试验；安装在室内的雨水管管材不能满足灌水试验的要求；室内雨水管道灌水试验时水面下降超过规定值；雨水管道个别接口渗水等原因造成的。

为防止产生上述问题安装在室内的雨水管按规范进行灌水试验，灌水试验流程如下：封堵雨水立管底部或排出管管口→向管道内灌水至雨水斗处→检查管道接口是否渗漏→认定试验结果。

安装在室内的雨水管道安装后应做灌水试验，灌水高度必须到每根立管上部的雨水斗。雨水管道灌水试验高度，应从上部雨水漏斗至立管底部排出口计，灌满水 15min 后，水位下降，再灌满持续 5min，液面不下降，不渗漏为合格。

各种雨水管道的最小管径和横管的最小设计坡度宜按表 3-23 确定。

表 3-23　雨水管道的最小管径和横管的最小设计坡度

管　　别	最小管径/mm	横管最小设计坡度	
		铸铁管、钢管	塑料管
建筑外墙雨水落水管	75(75)	—	—
雨水排水立管	100(110)	—	—
重力流排水悬吊管、埋地管	75(75)	0.01	0.005
压力流屋面排水悬吊管	50(50)	0.00	0.00
小区建筑物周围雨水接户管	200(225)	0.005	0.003
小区道路下干管、支管	300(315)	0.003	0.0015

注：表中铸铁管管径为公称直径，括号内数据为塑料管外径。

3.2.4　雨水斗设置不合格分析处理

侧排雨水在外墙接入雨水立管处无雨水斗，不利于气水分离而排水不畅；进水断面面积小易堵塞。这是屋面侧排雨水直接排入管道；屋面雨水斗未按标准制作、设置；采用地漏代替雨水斗等原因造成的。

为避免上述雨水斗设置不合理问题，安装雨水斗时，将其安放在事先预留的孔洞内。屋面防水层应伸入环形筒下，雨水斗四周防水油毡弯折应平缓；雨水斗下的短管应牢固固定在屋面承重结构上，以防止由于屋面水流冲击以及连接管自重的作用而削弱或破坏雨水斗与天沟沟体连接处的强度，造成接缝处漏水。国产 65 型雨水斗是由顶盖、底座、环形桶及长 0.325m 直径为 100mm 的短管组成。

第4章 室内热水供应系统安装

4.1 管道及配件安装

4.1.1 常见施工工艺

1. 预埋件预埋

（1）放线、标记。

1）在钢筋绑扎前，根据图纸要求的规格、位置、标高预留槽洞或预埋套管、铁件。若设计无规定，可先在钢筋下方的模板上按已知轴线及标高量度并画出十字标记。两条十字标记拉线的交点即为预留孔洞、下木盒、套管及铁件的中心。

2）在砖墙上预留孔洞或预留管槽时，应根据管的位置和标高及轴线量出准确位置，以免出错。

（2）下预埋件。

1）在混凝土墙或梁、板上安装模具必须按照标注的十字线安装。待支完模板后，在模板上锯出孔洞，将模具或套管钉牢或用铁丝绑靠在周围的钢筋上，并找平、找正。

2）在基础墙上预埋套管时，按标高、位置在砌砖或砌石时镶入，找平、找正，用砂浆稳固。

3）在混凝土或砖石基础中预埋防水套管时，两端应露出墙面一定长度，但不得小于 30mm。

4）混凝土捣制构件预埋管道支架时，应按图纸要求找准位置、标高。在支模时，将预埋件找平后固定在模板上。

5）在楼板上预埋吊环，事先预制好预埋件。按图纸要求在模板上找好位置、尺寸，画出管路与墙相平行的直线。按规定间距确定吊架预埋件的个数及具体位置。

2. 套管制作与安装

（1）套管制作。

1）室内热水管道穿过楼板、梁、墙体、基础等处必须设置套管。套管应采用钢套管。

2）穿过地下室或地下构筑物外墙处应采用刚性防水套管。翼环及刚套管加工完成后必须做防腐处理。刚性防水套管安装时，必须随同混凝土施工一次性浇固于墙（壁）内。套管内的填料应在最后充填，填料必须紧密捣实。

3）凡受震动或有沉降伸缩处的进出水管的过墙（壁）套管应选用柔性防水套管。套管部分必须都浇固于混凝土墙内。

4）套管管径比穿墙板的干管、立管管径大 1～2 号，一般套管内径不得超过管外径 6mm。

5）过墙套管长度＝墙厚＋墙两面抹灰厚度；过楼板套管长度＝楼板厚度＋底板抹灰厚度＋地面抹灰厚度＋20mm（卫生间、厨房 50mm）；穿基础套管长度＝基础厚度＋30mm＋

30mm(两端各伸 30mm)。

6)钢套管两端平齐,打掉毛刺,管内外除锈防腐。

(2)套管安装。套管应随同干管、立管、支管一起安装,将预制好的套管套在管道上,放在指定位置。过楼板的套管在套管上焊一横钢筋棍,担在预留孔的地面上,防止脱落。待干管、立管安装完找正后再调整好间隙加以固定,进行封固。楼板、隔墙和墙内的穿管孔隙在安完管道后按相关工艺支模进行填塞封堵。铜管过墙及穿楼板应加钢套管,套管内填加绝缘物。

3. 支架安装

(1)支架定位。

1)安装支架时,首先应根据设计要求,定出各支架的轴线位置,再按管道的标高(起点或末端标高)用水准仪测出各支架轴线位置上的等高线,然后根据两支架间的距离和设计坡度,算出两支架间的高度差。

2)根据支架间的高差,可标定各支架安装的实际高度,埋入支架。

3)对于坡度不太严格、管道又不太长时,可先定出管线起点和终点标高,然后在两点间拉一直线,用眼从线的一端目测,如拉线无挠度,则可根据此直线,定出各支架的标高。

4)若土建施工时已预留孔洞、预埋铁件,也应拉线放坡检查其标高、位置及数量是否符合要求。

(2)支架安装间距确定。支架安装间距确定可参考表 4-1~表 4-5。

表 4-1　钢管管道支架的最大间距

公称直径/mm		15	20	25	32	40	50	70	80	100	125	150	200	250	300
支架的最大间距/m	保温管	2	2.5	2.5	2.5	3	3	4	4	4.5	6	7	7	8	8.5
	不保温管	2.5	3	3.5	4	4.5	5	6	6	6.5	7	8	9.5	11	12

表 4-2　PP-R 热水管支、吊架最大间距

公称外径/mm	20	25	2	40	50	63	75	90	110
横管/m	0.30	0.40	0.50	0.65	0.70	0.80	1.00	1.10	1.20
立管/m	0.60	0.70	0.80	0.90	1.10	1.20	1.40	1.60	1.80

注:冷、热水管共用支、吊架时,按热水管的间距确定,直埋式管道的管卡间距,冷、热水管均可采用 1.00~1.50m。

表 4-3　铝塑复合管最大支撑间距　　　　　　　　　　　　mm

公称外径 D_e	立管间距	水平管	公称外径 D_e	立管间距	水平管
12	500	400	32	1100	800
14	600	400	40	1300	1000
16	700	500	50	1600	1200
18	800	500	63	1800	1400
20	900	600	75	2000	1600
25	1000	700			

注:在三通等管件处和管道弯曲部位,应增设固定件。固定支承件采用钢制件,设在管件、管道附近。管道系统分流处在干管部位设固定支承。支承管道管卡箍、卡件与管道紧固部位不得损伤管壁。

表 4-4　钢塑复合管管道最大支撑间距

管径/mm	最大支撑间距/m	管径/mm	最大支撑间距/m
65～100	3.5	250～315	5.0
125～200	4.2		

表 4-5　铜管的支架间距

公称直径/mm	临界支架间距/m	允许支架间距/m	标准支架间距/m
15	1.88	1.60	1.0
20	2.29	2.00	1.0
25	2.51	2.20	1.5
32	2.69	2.40	1.5
40	2.92	2.60	1.5
50	3.44	2.90	2.0
65	3.60	3.20	2.5
80	3.94	3.50	2.5
100	4.52	4.00	3.0

(3)支架安装。

1)埋入式支架：在土建施工时，一次埋入或预留孔洞；支架埋入深度不少于 120mm 或按照设计及有关标准图确定。

2)焊接式支架：在钢筋混凝土构件上预埋钢板，然后将支架焊接在上面。

3)射钉和膨胀螺栓安装支架：

①在没有预留孔洞和预埋钢板的砖墙或混凝土墙上，用射钉枪将射钉射入墙内，然后用螺母将支架固定在射钉上，此法用于安装负荷不大的支架。

②用膨胀螺栓安装支架，先在墙上按支架螺孔的位置钻孔，然后将套管套在螺栓上，带上螺母一起打入孔内，用扳手拧紧螺母，使螺栓的锥形尾部把开口管尾部胀开，使支架固定于墙上。

4)包柱式支架：沿柱子敷设管道可采用包柱式支架。放线后，用长杆螺栓将支架角钢固定即可。

5)立管卡：这种管卡用于室内小口径管道安装。作管道的支托，立管卡埋入深度不应小于 100mm。

热水供应立管管卡安装，层高小于或等于 5m，每层须安装一个；层高大于 5m，每层不得小于两个。

管卡安装高度，距地面为 1.5～1.8m，两个以上管卡可匀称安装。

4. 室内地下热水管道安装

(1)定位。依据土建给定的轴线及标高线，结合立管坐标，确定地下热水管道的位置。根据已确定的管道坐标与标高，从引入管开始沿管道走向，用米尺量出引入管至干管及各立管间的管段尺寸，并在草图上做好标注。

(2)热水管道安装。

1）对选用的管材、管件做相应的质量检查，合格后清除管内污物。管道上的阀门，当管径小于或等于 50mm 时，宜采用截止阀；大于 50mm 时，宜采用闸阀。

2）根据各管段长度及排列顺序，预制地下热水管道。预制时注意量准尺寸，调准各管件方向。

3）引入管直接和埋地管连接时应保证必要的埋深。塑料管的埋深不能小于 300mm。其室外部分埋深由土的冰冻深度及地面荷载情况决定，一般埋深应在冰冻线以下 20cm。且管顶覆土厚度不小于 0.7～1.0m。

4）引入管穿越基础孔洞时，应按规定预留好基础沉降量（≥100mm），并用黏土将孔洞空隙填实，外抹 M5 水泥沙浆封严。塑料管在穿基础时应设置金属套管。套管与基础预留孔上方净空高度不小于 100mm。

5）地下热水管道宜有 0.002～0.005 的坡度，坡向引入管入口处。引入管应装有泄水阀门，一般泄水阀门设置在阀门井或水表井内。

6）管段预制后，待复核支、托架间距、标高、坡度、塞浆强度均满足要求时，用绳索或机具将其放入沟内或地沟内的支架上，核对管径、管件及其朝向、坐标、标高、坡度无误后，由引入管开始至各分岔立管阀门止，连接各接口。

7）在地沟内敷设时，依据草图标注，装好支、托架。

8）立管甩头时，应注意立管外皮距墙装饰面的间距。

5. 热水立管安装

（1）量尺、下料。确定各层立管上所带的各横支管位置。根据图纸和有关规定，按土建给定的各层标高线来确定各横支管位置与中心线，并将中心线标高画在靠近立管的墙面上。用木尺杆或米尺由上至下，逐一量准各层立管所带各横支管中心线标高尺寸，然后记录在木尺杆或草图上直至一层甩头处阀门。按量记的各层立管尺寸下料。

（2）预制安装。预制时尽量将每层立管所带的管件、配件在操作台上安装。在预制管段时要严格找准方向。在立管调直后可进行主管安装。安装前应先清除立管甩头处阀门的临时封堵物，并清净阀门丝扣内和预制管腔内的污物泥沙等。按立管编号，从一层阀门处往上，逐层安装给水立管。并从 90° 的两个方向用线坠吊直给水立管，用铁钎子临时固定在墙上。

（3）装立管卡具、封堵楼板眼。按管道支架制作安装工艺装好立管卡具。对穿越热水立管周围的楼板孔隙可用水冲洗湿润孔洞四周，吊模板，再用不小于楼板混凝土强度等级的细石混凝土灌严、捣实，待卡具及堵眼混凝土达到强度后拆模。在下层楼板封堵完后可按上述方法进行上一层立管安装。如遇墙体变薄或上下层墙体错位，造成立管距墙太远时，可采用冷弯灯叉弯或用弯头调整立管位置，再逐层安装至最高层给水横支管位置处。

6. 热水支管安装

（1）量尺、下料。

1）由每个立管各甩头处管件起，至各横支管所带卫生器具和各类用水设备进水口位置上，量出横支管两个管段间的尺寸，记录在草图上。

2）按设计要求选择适宜管材及管件，并清除管腔内污杂物。

3）根据实际测量的尺寸下料。

（2）预制安装。

1)根据横支管设计排列情况及规范规定，确定管道支吊托架的位置与数量。

2)按设计要求或规范规定的坡度、坡向及管中心与墙面距离，由立管甩头处管件口底皮挂横支管的管底皮位置线。再依据位置线标高和支吊托架的结构形式，凿打出支吊托架的墙眼。一般墙眼深度不小于 120mm。应用水平尺或线坠等，按管道底皮位置线将已预制好的支吊托架涂刷防锈漆后，将支架栽牢、找平、找正。

3)按横支管的排列顺序，预制出各横支管的各管段，同时找准横支管上各甩头管件的位置与朝向。

4)待预制管段预制完及所栽支、吊托架的所塞砂浆达到强度后，可将预制管段依次放在支、吊托架上，连接、调直好接口，并找正各甩头管件口的朝向，紧固卡具，固定管道，将敞口处做好临时封堵。

5)用水泥沙浆封堵穿墙管道周围的孔洞，注意不要突出抹灰面。

(3)短支管安装。

1)安装各类用水设备的短支管时，应从热水横支管甩头管件口中心吊一线坠，再根据用水设备进水口需要的标高量取短管尺寸，并记录在草图上。

2)根据量尺记录选管下料，接至各类用水设备进水口处。

3)栽好必需的管道卡具，封堵临时敞口处。

7. 管道水压试验

热水供应系统安装完毕，管道保温之前应进行水压试验。试验压力应符合设计要求。当设计未注明时，热水供应系统水压试验压力应为系统顶点的工作压力加 0.1MPa，同时在系统顶点的试验压力不小于 0.3MPa。

检验方法：钢管或复合管道系统试验压力下 10min 内压力降不大于 0.02MPa，然后降至工作压力检查，压力应不降，且不渗不漏；塑料管道系统在试验压力下稳压 1h，压力降不得超过 0.05MPa，然后在工作压力 1.15 倍状态下稳压 2h，压力降不得超过 0.03MPa，连接处不得渗漏。

8. 管道防病

(1)表面清理。对未刷过底漆的，应先做表面清理。金属管道表面，常有泥灰、浮锈、氧化物、油脂等杂物，影响防腐层同金属表面的结合，因此在刷油前必须去掉这些污物。除采用 7108 稳化型带锈底漆允许有 $80\mu m$ 以下的锈层外，一般都要露出金属本色。

(2)涂漆。涂漆一般采用刷漆、喷漆、浸漆、浇漆等方法。管道工程大多采用刷漆和喷漆方法。人工涂漆要求涂刷均匀，用力往复涂刷，不应有"花脸"和局部堆积现象。机械喷涂时，漆流要与喷漆面垂直，喷嘴与喷漆面距离为 400mm 左右，喷嘴的移动应当均匀平稳，速度为每分钟 10～18m，压缩空气压力为 0.2～0.4MPa。

涂漆时的环境温度不得低于 5℃，否则应采取适当的防冻措施；遇雨、雾、露、霜，及大风天气时，不宜在室外涂漆施工。

涂漆的结构和层数按设计规定，涂漆层数在两层或两层以上时，要待前一层干燥后再涂下一层，每层厚度应均匀。

有些管道在出厂时已按设计要求作过防腐处理，当安装施工完并试压后，要对连接部位进行补涂，防止遗漏。

(3)管道着色。管道涂漆除为了防腐外，还有装饰和辨认的作用。特别是工厂厂区和车间内,各类工业管道很多,为了便于操作者管理和辨认,在不同介质的管道表面或保温层表面,涂上不同颜色的油漆和色环。

4.1.2 管道及配件安装技巧

(1)管道的穿墙及楼板处均应按要求加套管及固定支架。安装伸缩器前按规定做好预拉伸,待管道固定卡件安装完毕后,除去预拉伸的支撑物,调整好坡度,翻身处高点要有放风、低点有泄水装置。

(2)热水立管和装有 3 个或 3 个以上配水点的支管始端,以及阀门后面按水流方向均应设置可装拆的连接件。热水立管每层需设管卡,高度距地面 1.5～1.8m。

(3)热水支管安装前核定各用水器具热水预留口高度、位置。当冷热水管或冷、热水龙头并行安装时,应符合下列要求:

1)上下平行安装,热水管在冷水管上方安装。

2)左右平行安装时,热水管在冷水管的左侧安装。

3)在卫生器具上安装冷热水龙头,热水龙头安装在左侧。

4)冷热水管上下、左右间距设计未要求时,宜为 100～120mm。

4.1.3 热水系统循环管道布置不合理分析处理

热水供水不足或管网末端水温达不到要求的是由于未采用机械循环或管网末端布置成同程式供水,形成短路循环等原因造成的。解决这种问题的有效做法是采取正确的供应方式。

(1)局部热水供应方式。图 4-1(a)是利用炉灶炉膛余热加热水的供应方式。它适用于单户或单个房间需用热水的建筑。

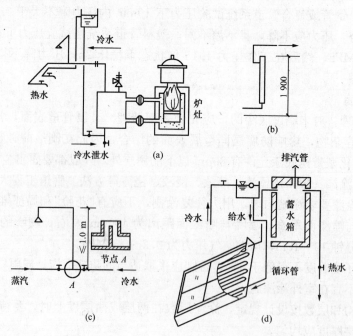

图 4-1 局部热水供应方式

(a)炉灶加热;(b)小型单管快速加热;(c)汽—水直接混合加热;(d)管式太阳能热水装置

图 4-1(b)、(c)为小型单管快速加热和汽水直接混合的加热方式。小型单管快速加热用的蒸汽可利用高压蒸汽,也可利用低压蒸汽。采用高压蒸汽时,蒸汽的表压不宜超过0.25MPa,混合加热一定要使用低于 0.07MPa 的低压锅炉。

图 4-1(d)为管式太阳能热水器的热水供应方式。它利用太阳照向地球表面的辐射热,将保温箱内盘管或排管中的冷水加热后,送到贮水箱或贮水罐以供使用。这是一种节约燃料且不污染环境的热水供应方式,但在冬季日照时间短或阴雨天气时效果较差,需要备有其他热源和设备使水加热。

(2)集中热水供应方式。图 4-2(a)为干管下行上给全循环供水方式,由两大循环系统组成。锅炉、水加热器、凝结水箱、水泵及热媒管道等构成第一循环系统,其作用是制备热水;第二循环系统主要由上部贮水箱、冷水管、热水管、循环管及水泵等构成,其作用是输配热水。锅炉生产的蒸汽,经蒸汽管进入容积式水加热器的盘管,把热量传给冷水后变为冷凝水,经疏水器与凝结水管流入凝结水池,然后用凝结水泵送入锅炉加热,继续产生蒸汽。冷水自给水箱经冷水管从下部进入水加热器,热水从上部流出,经敷设在系统下部的热水干管和立管、支管分送到各用水点。为了能经常保证所要求的热水温度,设置了循环干管和立管,以水泵为循环动力,使热水经常循环流动,不致因管道散热而降低水温。该系统适用于热水用水量大、要求较高的建筑。

如果把热水输配干管敷设在系统上部,就是上行下给式系统,此时循环立管是由每根热水立管下部延伸而成,如图 4-2(b)所示。这种方式,一般适用在五层以上,并且对热水温度的稳定性要求较高的建筑。

图 4-2(c)为干管下行上给半循环管网方式,适用于对水温的稳定性要求不高的五层以下建筑物。

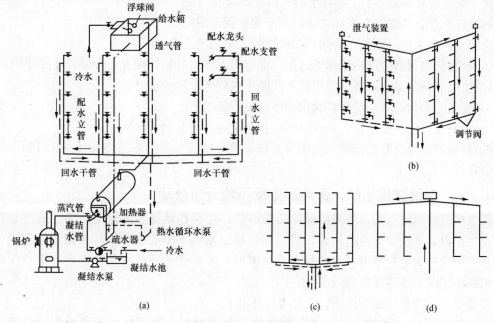

图 4-2　集中热水供应方式

(a)下行上给式全循环管网;(b)上行下给式全循环管网;(c)下行上给式半循环管网;(d)上行下给式管网

图 4-2(d)为不设循环管道的上行下给管网方式，适用于浴室、生产车间等建筑物内。

（3）区域热水供应方式。区域性热水供应方式，除热源形式不同外，其他内容均与集中热水供应方式无异。室内热水供应系统与室外热力网路的连接方式同供暖系统与室外热网的连接方式。

在选用热水供应方式时需要考虑建筑物类型、卫生器具的种类和数量、热水用水定额、热源情况、冷水供给方式等因素，应选择几种可行性方案进行技术、经济比较后确定。

4.1.4　高层热水供应系统冷、热水不平衡分析处理

系统热水温度不均衡或浴室内的淋浴器、浴盆及洗脸盆的混合龙头需不停地调节的原因是热水与冷水系统竖向分区不一致，不能保证冷热水系统内的压力平衡。

为使高层热水供应系统冷、热水达到平衡效果，高层建筑热水系统同冷水系统一样应采用竖向分区供水（图4-3），而且两者的分区数和范围相同，以使两个系统的任一用水点的冷热水压力能相互平衡，便于使用。由于高层建筑使用热水的要求较高，而且管路又长，因此宜设置循环系统。循环系统可以采用自然循环或机械循环。

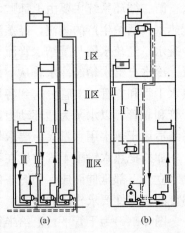

图 4-3　高层建筑热水集中供应方式

4.1.5　保温隔热层保温性能缺陷分析处理

保冷结构夏季外表面有结露返潮现象，热管道冬季表面过热，是保温材料密度太大，含有过多较大颗粒或过多粉末。松散材料含水分过多；或由于保温层防潮层破坏，雨水或潮气浸入；保温结构薄厚不均，甚至小于规定厚度；保温材料填充不实，存在空洞；拼接型板状或块状材料接口不严；防潮层有损坏或接口不严等原因造成的。

为防止产生上述问题导致的问题，应进行以下几项工作：

（1）松散保温材料应严格按标准选用、保管和发用，并抽样检查，合格者才能使用。

（2）使用的散状保温材料，使用前必须晒干或烘干，除去水分。

（3）施工时必须严格按设计或规定的厚度进行施工。

（4）松散材料应填充密实，块状材料应预制成扇形块并捆扎牢固。

（5）油毡或其他材料的防潮层应缠紧并应搭接，搭接宽度为 30～50mm；缝口朝下，并用热沥青封口。

4.1.6　保温结构松散，保温层厚度不均分析处理

管道保温层厚度不均，外壳粗糙，凹凸不平，用手扣动保温层松动，甚至脱落是在施工管壳、瓦块和缠绕式保温结构时，管道和保温层粘接不牢或镀锌铁丝绑扎方法不当，绑扎不紧；用涂抹式或松散型材料进行立管保温时，未加支承环或支承环固定不牢；保温层外壳粗糙，厚薄不均等原因造成的。

为避免上述质量问题的产生，应注意以下几点：

（1）采用管壳、瓦块和聚苯乙烯硬塑料泡沫板保温时，须用热沥青或胶泥等与管道粘牢，同层的接缝要错开，内外层厚度要均匀，外层的纵向接缝设置在管道两侧。热保温管壳缝隙应小于 5mm，冷保温小于 2mm，其间隙应用胶泥或软质保温材料填塞紧密，并每隔

200～250mm用直径1.0～1.2mm的镀锌铁丝绑扎两圈，严禁螺旋状捆扎。

(2)用玻璃棉毡、沥青矿渣棉毡缠包式保温时，应按管径大小或按管道周长剪成200～300mm的条带，以螺旋状包缠在已涂好防锈漆的管道上，边缠、边压、边抽紧，并将保温厚度修正均匀，绑扎方法同管壳结构。

(3)松散型和涂抹式保温材料在立管上保温时，必须在立管卡上部200mm处焊接或卡牢同保温层厚度相等的支撑托板，使保温层结构牢固，保温厚度一致；如保温结构松散或厚度超过允许偏差(负值)时，应拆下重做。

4.1.7　管道瓦块保温不良分析处理

管道瓦块保温不良包括瓦块绑扎不牢，瓦块脱落，罩面不光滑，厚度不够，保温隔热效果下降。这是因为瓦块材料配合也不当，强度不够，保温隔热效果下降；绑扎瓦块时，瓦块的放置方法不对，使用铁丝过细，间距不合适等。

为防止上述问题产生，施工中应注意以下几点：

(1)管道的保温厚度应符合设计规定，允许厚度偏差为5%～10%。

(2)安装保温瓦块时，应将瓦块内侧抹5～10mm的石棉灰泥，作为填充料。瓦块的纵缝搭接应错开，横缝应朝上下。

(3)预制瓦块根据直径大小选用18号～20号镀锌钢丝进行绑扎、固定，绑扎接头不宜过长，并将接头插入瓦块内。预制瓦块绑扎完后，应用石棉灰泥将缝隙处填充，勾缝抹平。

(4)在固定支架、法兰、阀门及活接头两边留出100mm的间隙不做保温，并抹成60°～90°斜坡。

(5)外抹石棉水泥保护壳(其配比石棉灰∶水泥=3∶7)时，应按设计规定厚度抹平压光，设计无规定时，其厚度为10～15mm。

(6)采用硬质保温瓦时，在直线管段上每隔5～7m应留一条膨胀缝，膨胀缝的间隙为5mm。在弯管处也应留出膨胀缝，管径≤300mm应留一条，膨胀缝的间隙为20～30mm。弯管处留膨胀缝的位置如图4-4所示。膨胀缝须用柔性保温材料(石棉绳或玻璃棉)填充。

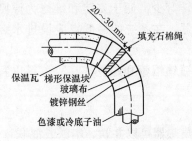

图4-4　弯管处留膨胀缝的位置示意图

保温瓦的接缝应该错开，多层保温瓦应盖缝绑扎，并用石棉水泥勾缝。

绑扎保温瓦时，必须用镀锌铁丝，在每节保温瓦上应绑扎两道。当管径为25～100mm时，用18号铁丝；管径为125～200mm时，用16号铁丝。

(7)在高压蒸汽及高压热水管道的拐弯处或胀缩拐角处，均应留出20mm的伸缩缝，并填充石棉绳。

(8)瓦块的罩面层材料应采用合理的配合比，认真进行罩面层的施工操作。

4.2　室内热水辅助设备安装

4.2.1　常见施工工艺

1. 太阳能热水器的安装

(1)集热器的布置与安装。

1)集热器的安装方位:在北半球,集热器的最佳布置方位是朝正南,如客观条件不允许时,可以在偏东或偏西15°范围内安装。

2)集热器安装倾角(与地面夹角):池式、袋式(薄膜式)集热器只能水平设置。其他形式的集热器,最佳设置夹角应根据热水器使用季节和当地的地理纬度来确定。当春夏秋三季度使用时,集热器夹角等于当地纬度;仅在夏季使用时,集热器夹角可比当地纬度少10°左右;全年使用或仅在冬季使用时,集热器夹角可比纬度多10°左右。如北京地区的纬度为39°,则集热器的最佳夹角为:春秋季均为39°,仅夏季使用为29°,全年使用为49°。

3)热水器的设置应避开其他建筑物的阴影。为了减少热损失,热水器的位置应避开风口,同时也应避免设在烟囱或其他产生烟尘设施的下风口,以防止烟尘污染透明罩(或玻璃),影响透光。

4)制作吸热钢板槽时,其圆度应准确,间距一致。安装集热排管时,应用卡箍和铅丝紧固在钢板凹槽内。

5)集热器玻璃,宜采用3~5mm厚的含铁量少的钢化玻璃,安装宜顺水流方向搭接或框式连接。

6)集热器布置在屋面,距屋面檐口距离应在1.5m以上,集热器之间应留有0.2~0.5m的间距,以便维修和管理。

(2)管道布置与安装。

1)管道布置应以管线短,转弯少,便于安装和维修为原则。水平敷设的管道,应有不小于0.005的坡度,坡向集热器。在系统的最低点应设排水装置,以便检修时排放系统内存水。

2)循环管道的管材宜采用镀锌钢管和螺纹连接。填料也宜采用聚四氟乙烯生料带。管道要固定在支架上面。

3)管路上不宜设置阀门。

4)在设置几台集热器时,集热器可以并联、串联或混联,但要保证循环流量均匀分布,为防止短路和滞流,循环管路要对称安装,各回路的循环水头损失平衡。

5)集热器与循环总管连接时,为便于检修拆卸,宜采用活接头连接。循环水管的出水管上应设置阀门,以便控制水量和水温。

6)管道全部安装完毕,应进行通水试验,试验压力为其工作压力的1.5倍,以不泄漏为合格。试验后的管道要进行保温。

(3)水箱布置与安装。

1)循环水箱和补给水箱一般布置在建筑物的屋面上。如果是强制循环式系统也可以布置在低于集热器的场所。当屋面结构是空心楼板时,就不能直接在屋面上装设水箱。水箱可布置在集热器的一侧或中间，不管布置在什么位置，都要考虑水箱所产生的阴影不要投在集热器上，以免影响集热器的集热效果。

2)水箱应牢固地安装在钢筋混凝土或钢支架上，循环水箱底应高出集热器中心线，以确保系统的正常循环。循环水箱与补给水箱之间的连接管道上应装设止回阀，防止循环水箱的热水在补给水箱浮球阀发生故障时，倒流入补给水箱内，补给水箱的进水管上应有阀门的装置。循环水箱和补给水箱的溢水管和泄水管可分别连接，连接后的管道直径要比原管径大 1～2 号，溢水管和泄水管可经隔断水箱排入排水管道，也可直接排入屋面天沟内。

3)有条件时循环水箱要保温防护。

太阳能热水器可装设在屋顶上(图 4-5)，也可在阳台和墙面上装设(图 4-6)。

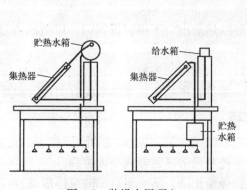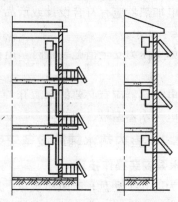

图 4-5　装设在屋顶上　　　　　图 4-6　装设在阳台和墙面上

2. 水泵安装

(1)整体出厂的水泵在保修期内，其内部零件不宜拆卸，如确需拆卸时应按设备技术文件的规定进行。

(2)立式泵：有刚性连接安装和柔性连接安装两种方式，每种又各有两种不同的安装组合。

1)刚性连接安装。

①直接安装：将泵直接安装在水泥基础上。

②配连接板安装：将泵装在连接板上，再一起安装在基础上。

2)柔性连接安装。

①配连接板加隔振器安装：将泵装在连接板上，连接板与隔振器用螺栓连接在一起，隔振器用膨胀螺栓固定在水泥基础上。

②配连接板加隔振垫安装：将泵装在连接板上，连接板用螺栓固定在基础上，连接板与基础中间放隔振垫，适用于功率小于 7.5kW 电动机的水泵。

(3)卧式泵可以直接安装在水泥基础上，也可以采用隔振器安装。安装方法同立式泵。

(4)角式泵安装方式同立式泵。

3. 热交换器安装

(1)热交换器开箱检验应按设备技术文件清单清点零部件，并对热交换器规格、型号与设计要求进行核对。进场热交换器按设计压力的 1.25 倍进行 10min 的水压试验，然后降至设计压力下保持 30min，观察在此期间内无渗漏后，方可投入安装。

(2)热交换器可直接放在机房混凝土地坪上或放在混凝土基础上，并采用地脚螺栓固定。

(3)热交换器安装时要考虑一、二次水的接管方向，以及操作、维修方便。热交换器连接管路的最低点应装泄水阀。管路试压冲洗后，方可与热交换器连接，连接前确认管路与热交换器上流体标识牌一致。

(4)在靠近热交换器的进出口管路上均应安装温度计和压力表。

4. 电热水器安装

(1)电热水器必须按设计或产品要求有安全可靠的接地措施。

(2)电加热器应有符合设计或产品要求的过热安全保护措施，以防止热水温度过高和出现出水烘干现象。

(3)如无压力安全措施装置时，电加热器的热水出口不得装设阀门，以防压力过高发生事故。

(4)电加热器应有必要的电源开关指示灯、水温指示等装置。

(5)电热水器型号、规格极多，安装时必须符合产品安装说明书的有关规定和要求。

4.2.2 室内热水辅助设备安装技巧

1. 水泵安装操作技巧

(1)为防止手动盘车有阻滞现象，应严格控制泵的联轴器同心度位移。

(2)水泵安装时，应将地脚螺栓拧紧或加弹簧垫圈，防止泵启动时泵体颤动。

(3)考虑泵与管道之间的软接头变形，管道应设独立支架。

2. 热水器安装操作技巧

(1)应垂直安装，如系木板墙应加隔防火板，安装高度以观察孔稍高于人眼高度为宜。

(2)燃气管嘴至热水器管接头用内径为 9mm 的胶管连接时，管道长度不宜超过 2.5m。

(3)非强排式的燃气热水器，严禁安装在浴室、厕所内，必须安装在空气流通的厨房内。

(4)燃气热水器品种很多，安装时应严格按照产品安装说明书要求进行。

4.2.3 管道热胀冷缩补偿措施不当分析处理

管道热胀冷缩补偿措施不当导致管道运行时变形严重，滑出支架，是固定支架和活动支架不加区分，有时用 U 形螺栓将管子全部轧牢，使管子不能自由伸缩；或利用弯管作自然补偿时，未按照管子伸长情况设置固定支架，使管子不能按设计要求的方向伸缩等原因造成的。

为避免上述质量问题的产生，在施工中应注意以下事项。

(1)补偿器预拉伸。安装补偿器应按设计要求做预拉。套管补偿器预拉伸长度可按表 4-6 的规定执行。方形补偿器预拉伸长度可为其伸长量的一半。安装铜质波形补偿器时，其直管长度不小于 100mm。

表 4-6 套管补偿器预拉伸长度　　　　　　　　　　　　　　　　　　mm

补偿器规格	15	20	25	32	40	50	65	80	100	125	150
预拉伸长	20	20	30	30	40	40	56	59	59	59	63

（2）波纹管补偿器安装。

1）补偿器进场时应进行检查验收，核对其类型、规格、型号、额定工作压力是否符合设计要求，应有产品出厂合格证；同时检查外观质量，包装有无损坏，外露的波纹管表面有无碰伤。应注意在安装前不得拆卸补偿器上的拉杆，不得随意拧动拉杆螺母。

2）装有波纹补偿器的管道支架不能按常规布置，应按设计要求或生产厂家的安装说明书的规定布置：一般在轴向型波纹管补偿器的一侧应有可靠固定支架；另一侧应有 2 个导向支架，第 1 个导向支架离补偿器边应等于 4 倍管径，第 2 个导向支架离第一个导向支架的距离应等于 14 倍管径，再远处才可按常规布置滑动架（图 5-7），管底应加滑托。固定支架的做法应符合设计或指定的国家标准图的要求。

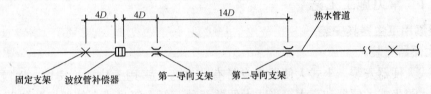

图 5-7　管道支架布置（D 为管道直径）

3）轴向波纹管补偿器的安装，应按补偿器的实际长度并考虑配套法兰的位置或焊接位置，在安装补偿器的管道位置上画下料线，依线切割管子，做好临时支撑后进行补偿器的焊接连接或法兰连接。在焊接连接或法兰连接时必须注意找平找正，使补偿器中心与管道中心同轴，不得偏斜安装。

4）待热水管道系统水压试验合格后，通热水运行前，要把波纹管补偿器的拉杆螺母卸去，以便补偿器能发挥补偿作用。

第5章 卫生器具安装

5.1 常见卫生器具安装

5.1.1 常见施工工艺

1. 便溺用卫生器具安装

（1）大便器安装。

1）坐式大便器安装。坐式大便器本身带有存水弯，多用于住宅、宾馆、医院。坐式大便器分低水箱坐式大便器和高水箱坐式大便器两种。低水箱坐式大便器安装如图5-1所示。高水箱坐式大便器安装如图5-2所示。

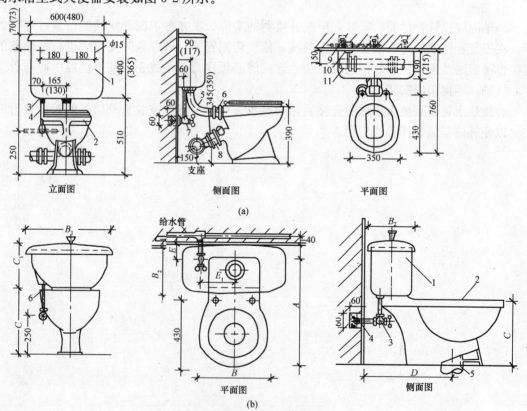

图 5-1 低水箱坐式大便器安装

（a）低水箱坐式大便器安装图

1—低水箱；2—坐式大便器；3—浮球阀配件；4—水箱进水管；5—冲洗管及配件；
6—胶皮碗；7—角型截止阀；8—三通；9—给水管；10—三通；11—排水管

（b）带水箱坐式大便器安装图

1—低水箱；2—坐式大便器；3—角式截止阀；4—三通；5—排水管；6—水箱进水管

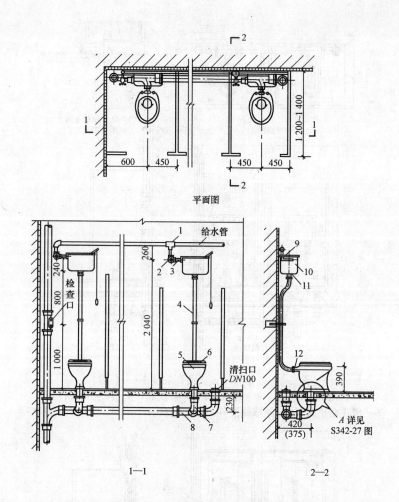

图 5-2　高水箱坐式大便器安装图

1—三通；2—角式截止阀；3—浮球阀配件；4—冲洗管；5—坐式大便器；
6—盖板；7—弯头；8—三通；9—弯头；10—高水箱；11—冲洗管配件；12—胶皮碗

2)蹲式大便器。蹲式大便器常用于住宅、公共建筑卫生间及公共厕所内。蹲式大便器本身不带水封，需要另外装置铸铁或陶瓷存水弯。铸铁存水弯分为 S 形和 P 形，S 形存水弯一般用于低层，P 形存水弯用于楼间层。大便器一般都安装在地面以上的平台上以便于装置存水弯。高水箱冲洗管与大便器连接处，扎紧皮碗时一定用 14# 铜丝，禁用铁丝，以防生锈渗漏，并且此处应留出小坑，填充砂子，上面装上铁盖，便于以后更换或检修。大便器的排水接口应用油灰将里口抹平挤实，接口处应用白灰麻刀及砂子混合物填充，保证接口的严密性，以防渗漏。蹲式大便器有低水箱蹲式大便器及高水箱蹲式大便器，其安装分别如图 5-3 及图 5-4 所示。

3)大便槽。大便槽是一个狭长开口的槽，一般用于建筑标准不高的公共建筑或公共厕所，一般采用自动水箱定时冲洗，冲洗管下端与槽底有 30°～45°夹角，以增强冲洗力。排出管径及存水弯一般采用 150mm。大便槽水管及水箱安装如图 5-5 所示。

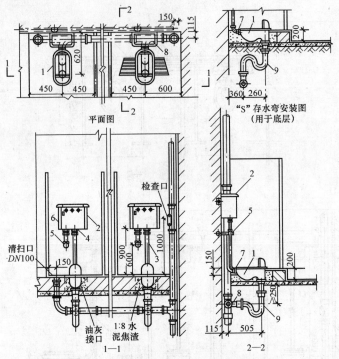

图 5-3　低水箱蹲式大便器安装图(一台阶)

1—蹲式大便器；2—低水箱；3—冲洗管；4—冲洗管配件；
5—角式截止阀；6—浮球阀配件；7—胶皮碗；8—90°三通；9—存水弯

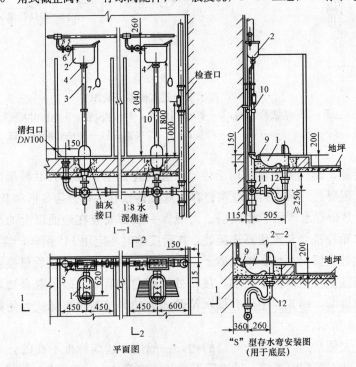

图 5-4　高水箱蹲式大便器安装图(一台阶)

1—蹲式大便器；2—高水箱；3—冲洗管；4—冲洗管配件；5—角式截止阀；6—浮球阀配件；
7—拉链；8—弯头；9—胶皮碗；10—单管立式支架；11—90°三通；12—存水弯

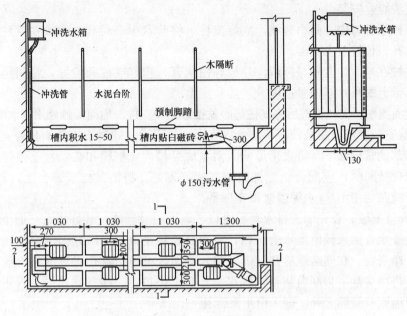

图 5-5　大便槽装置

(2)小便器安装。

1)挂式小便器安装。根据排水口位置画一条垂线，由地面向上量出规定的高度画一水平线，按照小便器尺寸在横线上做好标识，然后画出上、下孔眼的位置。在孔眼位置栽入支架，托起小便器挂在螺栓上。把胶垫、垫圈套入螺栓，将螺母拧至松紧适度，将小便器与墙面的缝隙嵌入白水泥膏补齐、抹光。

2)立式小便器安装。根据排水口位置和小便器尺寸做好标识，栽入支架。将下水管周围清理干净，取下临时管堵，抹好油灰，在立式小便器下铺垫水泥、白灰膏的混合物(比例为 1:5)。将立式小便器找平、找正后稳装。立式小便器与墙面、地面缝隙嵌入白水泥浆抹平、抹光。

3)小便槽安装。小便槽为用瓷砖沿墙砌筑的浅槽，建造简单，占地小，成本低，可供多人使用，被广泛用于工业企业、公共建筑、集体宿舍的男厕所中。

小便槽可用普通阀门控制多孔冲洗管进行冲洗，应尽量采用自动冲洗水箱冲洗。多孔冲洗管安装于距地面 1.1m 高度处。多孔冲洗管管径≥15mm，管壁上开有 2mm 小孔，孔间距为 10~12mm，安装时应注意使一排小孔与墙面成 45°角。

2. 盥洗、沐浴用卫生器具安装

(1)洗脸盆安装。

1)挂式洗脸盆安装。

①燕尾支架安装：根据排水管中心在墙上画出竖线，由地面向上量出规定的高度，画出水平线，按照盆宽在水平线上做好标识，栽入支架。将脸盆置于支架上找平、找正后将架钩钩在盆下固定孔内，拧紧盆架的固定螺栓，并找平找正。

②铸铁架洗脸盆安装：按上述方法找好十字线，栽入支架，将活动架的固定螺栓松开，拉出活动架将架钩钩在盆下固定孔内，拧紧盆架的固定螺栓，找平找正。

2)柱式洗脸盆安装。

①按照排水管口中心画出竖线，立好支柱，将脸盆中心对准竖线放在立柱上，找平后在脸盆固定孔眼位置栽入支架。

②将支柱在地面位置做好标识，并放好白灰膏，稳好支柱和脸盆，将固定螺栓加橡胶垫、垫圈，带上螺母拧至松紧适度。

③脸盆面找平，支柱找直后将支柱与脸盆接触处及支柱与地面接触处用白水泥勾缝抹光。

(2)浴盆安装。浴盆稳装前应将浴盆内表面擦拭干净，同时检查瓷面是否完好。带腿的浴盆先将脚部的螺栓卸下，将拔销母插入浴盆底卧槽内，把腿扣在浴盆上带好螺母拧紧找平。浴盆如砌砖腿时，应配合土建把砖腿按标高砌好。将浴盆稳于砖台上，找平、找正。浴盆与砖腿缝隙处用1：3水泥沙浆填充抹平。

(3)净身盆安装。首先清理排水预留管口，取下临时管堵，装好排水三通下口铜管。然后将净身盆排水管插入预留排水管口内，将净身盆稳平找正，做好固定螺栓孔眼和底座的标识，移开净身盆。在固定螺栓孔标识处栽入支架，将净身盆孔眼对准螺栓放好，与原标识吻合后再将净身盆下垫好白灰膏，排水铜管套上护口盘。净身盆找平、找正后稳牢。净身盆底座与地面有缝隙之处，嵌入白水泥膏补齐、抹平。

3. 洗涤用卫生器具安装

(1)洗涤盆安装。洗涤盆一般安装在厨房或公共食堂内，供洗涤碗碟、蔬菜等食物用。以安装形式分有墙架式、柱脚式，又有单格、双格之分等。洗涤盆可设置冷热水龙头或混合水龙头，排水口在盆底的一端，口上有十字栏栅，备有橡胶塞头。安装在医院手术室、化验室等处的洗涤盆因工作需要常设置肘式开关或脚踏开关。

(2)污水盆安装。污水盆一般安装在厕所或盥洗室内，供打扫卫生及洗涤拖布和倒污水之用，通常用水磨石或水泥沙浆抹面的钢筋混凝土制作，上边装有给水管、底部中心装有排水栓及排水管，其配管形式如图5-6所示。

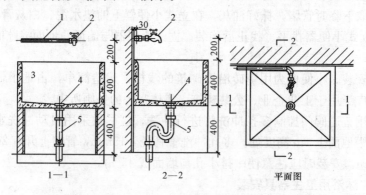

图 5-6　污水盆安装图

1—给水管；2—龙头；3—污水池；4—排水栓；5—存水弯

(3)化验盆安装。化验盆一般安装在工厂、科研机关、学校化验室中，通常为陶瓷制品，盆内已有水封，排水管上不需要装存水弯，也不需要盆架，用木螺栓固定在化验台上。按照使用要求，化验盆可装置单联、双联、三联的鹅颈龙头。化验盆内出口配有橡胶塞头，化验盆安装如图5-7所示。

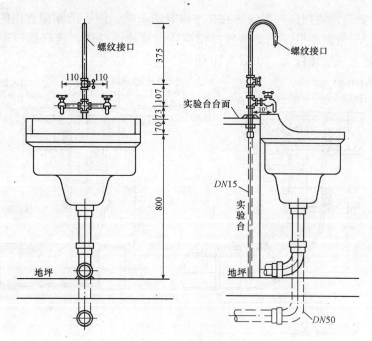

图 5-7 化验盆安装图

4. 专用卫生器具安装

(1)地漏安装。地漏安装在室内地面上，用来排除地面积水，用铸铁或塑料制成。为防止杂物落入管网，应在排水口上盖有箅子。地漏安装在地面的最低处，其箅子顶比设置地面低 5mm，便于排水，室内地面应有不小于 0.01 的坡度，坡向地漏，其构造及安装如图 5-8 及图 5-9 所示。

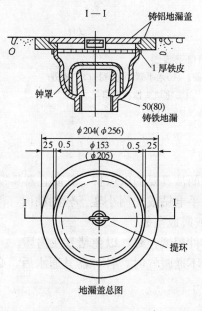

图 5-8 地漏的构造

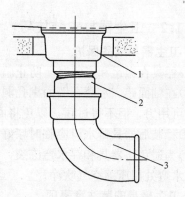

图 5-9 地漏的安装图
1—地漏；2—钢管；3—铸铁管

(2)清扫口安装。清扫口一般安装在排水横管的末端，便于清除横管内的污物。清扫口在安装时盖子应与地面相平，先将清扫口扣在铸铁管的承口里，进行捻口密封。然后装于管子末端或引到上一层楼板上，如图5-10所示。

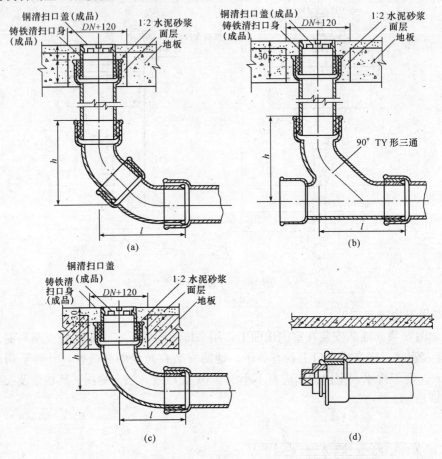

图 5-10　清扫口安装图

(a)把清扫口引到地面上或上一层楼板面；(b)水平管中途清扫口安装图；
(c)地下室清扫口引到地面上；(d)将堵头捻在承口里

5.1.2　卫生器具安装技巧

1. 卫生器具成品保护

(1)器具在搬运和安装时要防止磕碰，装完的洁具要加以保护，并防止器具损坏。

(2)在釉面砖、水磨石墙面剔孔洞时，宜用手电钻或先用小錾子轻剔釉面，待剔至砖底层处方可用力，但不得过猛，以免将面层剔碎或震成空鼓。

(3)稳装后器具排水口应临时堵好，镀铬零件用纸包好，以免堵塞或损坏。

(4)为避免将器具和存水弯冻裂，冬期室内不通暖气时，各种器具通水后，必须将水放净，存水弯处用压缩空气吹净。

2. 卫生器具安装注意事项

(1)由于画线不对中，座便器稳装不正或先稳背水箱，后稳座便器工序颠倒，造成座便器与背水箱中心没对正，弯管歪扭，应重新画线，调整工序，正确安装。

(2)应使用白灰膏代替白灰粉,以免造成卫生器具胀裂。

(3)为防造成蹲便器不平,左右倾斜应牢固平稳垫砖。

(4)在甩口时应注意标高、尺寸,以免造成立式小便器距墙缝隙太大。

3. 安全操作技巧环保措施

(1)安全操作技巧。使用电动工具时,应核对电源电压,遵守电器工具安全操作规程。为防止造成人身伤害,器具在搬运及安装中要轻拿轻放。

(2)环保措施。

1)所有附件、下脚料应集中堆放,装袋清运到指定地点。

2)用于各种实验的临时排水应排入专门的排水沟。

5.1.3　洗手池安装的改进

白色陶瓷洗手池被人们普遍选用,在安装时容易出现一些问题。为便于更好地满足其使用要求,下面介绍一种简易的安装方法。

普通做法存在支架承载能力达不到要求,支架安装困难,不必要的开支过大等问题。为了有效解决以上问题,可采用一套既节约资金、工时,又便于操作的安装方法,具体如下。

(1)预先制作支架。选用Φ16 钢筋或相应粗细的镀锌钢管,长度为 460mm,在距其一端 10~15mm 处,焊制一根φ6 钢筋头,高度为 10~15mm,并做好防锈工作。

(2)确定固定孔位置。按照洗手池两侧安装孔的间距及洗手池的设计要求高度,在墙面上水平确定两个固定点,并用冲击钻在固定点钻出直径为 16~20mm 的固定孔。

(3)安装。将预先制作好的洗手池支架没有焊钢筋头的一端插入固定孔内,插入深度为 150mm;将焊有钢筋头的另一端使钢筋头朝上摆正,然后塞入 1:3 干硬性水泥沙浆,并用力塞实;待水泥干硬后,将洗手池底部的安装孔与钢筋头对齐垂直放下,使钢筋头插入安装孔内,整个安装完毕。

实践证明,这套安装方法不仅简便易行、节省开支,而且坚固耐用,经济效益良好。

5.1.4　卫生器具安装缺陷分析处理

1. 卫生器具安装不牢固

卫生器具安装不牢固导致使用时松动不稳,甚至引起管道连接零件损坏或漏水,影响正常使用。其主要是土建墙体施工时,没有预埋木砖;安装卫生器具所使用的稳固螺栓规格不合适,或拧栽不牢固;卫生器具与墙面接触不够严实等原因造成的。

为防止出现上述问题,安装过程中应注意以下几点:

(1)卫生洁具安装基本要求。安装卫生器具有其共同的要求:平、稳、牢、准、不漏、使用方便、性能良好。

1)平:卫生器具的上口边缘要水平,同一房间内成排布置的器具标高应一致。

2)稳:卫生器具安装好后应无摇动现象。

3)牢:安装应牢固、可靠,防止使用一段时间后产生松动。

4)准:卫生器具的坐标位置、标高要准确。

5)不漏:卫生器具上的给、排水管口连接处必须保证严密、无渗漏。

6)使用方便:卫生器具的安装应根据不同使用对象(如住宅、学校、幼儿园、医院等)

合理安排；阀门手柄的位置朝向合理。

7)性能良好：阀门、水龙头开关灵活，各种感应装置应灵敏、可靠。

(2)卫生器具安装固定方法。

1)卫生器具的安装应采用预埋螺栓或膨胀螺栓安装固定。卫生器具的常用固定方法如图 5-11 所示。砌墙时根据卫生器具安装部位将浸过沥青的木砖嵌入墙体内，木砖应削出斜度，小头放在外边，突出毛墙 10mm 左右，以减薄木砖处的抹灰厚度，使木螺钉能安装牢固。如果事先未埋木砖，可采用木楔。木楔直径一般为 40mm 左右，长度为 50～75mm。其做法是在墙上凿一较木楔直径稍小的洞，将它打入洞内，再用木螺钉将器具固定在木楔上。

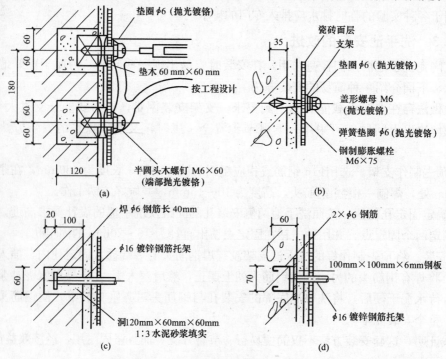

图 5-11 卫生器具的常用固定方法

(a)预埋木砖木螺钉固定；(b)钢制膨胀螺栓固定；(c)栽钢筋托架固定；(d)预埋钢板固定

2)安装卫生器具宜尽量采用拧栽合适的机螺丝。

3)凡固定卫生器具的托架和螺丝不牢固者，应重新安装。卫生器具与墙面间的较大缝隙要用白水泥沙将填补饱满。

4)安装洗脸盆可采用管式支架或圆钢支架(图5-12)。

2. 卫生器具安装歪斜

卫生器具安装歪斜，面盆没贴墙面或大理石台面容易造成漏水，成排卫生器具安装高度不一致。其主要是未按施工图纸施工，对规范不熟悉、执行规范不严；卫生器具安装歪斜，没紧贴墙面

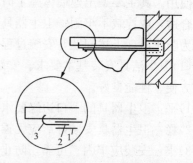

图 5-12 用管式支架安装洗脸盆

1—DN15 镀锌管；2—φ6×15 钢丝；3—φ12 圆钢

或台面，卫生器具安装不成直线，高低不一等原因造成的。

为防止出现上述问题，卫生器具安装时应注意以下几点：

(1)卫生器具安装位置应准确，单独器具允许偏差为 10mm，成排器具允许偏差为 5mm。

(2)卫生器具安装应平直，垂直度的允许偏差不得超过 3mm。

(3)安装高度应准确，卫生器具的安装高度应符合表 5-1 的规定。

表 5-1　卫生器具的安装高度

序　号	卫 生 器 具 名 称	卫生器具边缘离地高度/mm	
		居住和公共建筑	幼　儿　园
1	架空式污水盆(池)(至上边缘)	800	800
2	落地式污水盆(池)(至上边缘)	500	500
3	洗涤盆(池)(至上边缘)	800	800
4	洗手盆(至上边缘)	800	500
5	洗脸盆(至上边缘)	800	500
6	盥洗槽(至上边缘)	800	500
7	浴盆(至上边缘)	480	—
	按摩浴盆(至上边缘)	450	
	淋浴盆(至上边缘)	100	
8	蹲、坐式大便器(从台阶面至高水箱底)	1800	1800
9	蹲式大便器(从台阶面至低水箱底)	900	900
10	坐式大便器(至低水箱底)		
	外露排出管式	510	
	虹吸喷射式	470	370
	冲落式	510	—
	旋涡连体式	250	
11	坐式大便器(至上边缘)		
	外露排出管式	400	
	虹吸喷射式	380	
	冲落式	380	
	旋涡连体式	360	
12	大便槽(从台阶面至冲洗水箱底)	不低于 2000	—
13	立式小便器(至受水部分上边缘)	100	
14	挂式小便器(至受水部分上边缘)	600	450
15	小便槽(至台阶面)	200	150
16	化验盆(至上边缘)	800	
17	净身器(至上边缘)	360	
18	饮水器(至上边缘)	1000	—

3. 未选用节水型卫生器具

使用 9L 大便器或使用螺旋升降式铸铁水嘴主要是施工人员对规范不熟悉，执行规范不严且一味强调降低工程造价，不考虑节水的重要性等原因造成的。

为防止上述问题的产生，在设计施工过程中各单位应严格执行国家规范及有关部委的相关规定选用节水型卫生器具。

实施过程中发现未采用节水型卫生器具，均有义务提出来予以修改，重新选择使用节水型卫生器具。

4. 大便器安装不规范

大便器安装完毕后出现位置不正、破损、渗漏及排水管道堵塞是大便器安装前未核实大便器的型号，产品样本与设计图纸不符，预留排水甩口不准确或安装时未检查大便器有无裂纹与缺损，安装过程中方法不正确或成品保护不善导致器具破损；水箱进水管的接口不严密导致渗漏；安装前未清理干净预留排水管内的垃圾杂物；安装完毕未及时冲洗，安装时的填料存于管内等原因造成的。

为防止上述问题的产生，安装时应注意以下几点：

(1)安装大便器之前必须核实大便器选定的型号、厂家产品样本是否与设计图纸相符，检查预留排水甩口位置是否准确，避免因选型与图纸不符而剔凿预留孔洞重新安装排水甩口。

(2)安装时应检查大便器有无裂纹与缺损，清除连接大便器承口周围的杂物，检查有无堵塞。

(3)座便器安装顺序一般为稳住座便器→水箱配件安装→水箱(水箱盖)安装→进水阀及座便盖安装。安装时，应将座便器排水口插入甩口内，预先在接大便器底部均匀地铺上5mm左右油灰层，座便器平稳地坐在油灰层上，用水平尺找平找正。大便器安装完毕后应用水冲洗器具，冲掉可能进入管内的多余填料。

(4)安装蹲便器时，应在排水管甩口处抹上油灰，蹲便器底部填石灰膏，将蹲便器排水口插入排水管甩口内稳好，用水平尺找正、调平，并使进水口与预留给水甩口对应。稳好后四周用砖固定。进水胶皮碗大小两头均应采用喉箍箍紧或采用铜丝绑扎，胶皮碗及冲洗弯管四周填干砂，砂上面抹一层水泥沙浆，禁止用水泥沙浆将胶皮碗全部堵死，以免给以后维修造成困难，蹲便器周围与完成地面之间采用硅酮密封膏嵌缝。如多个大便器安装，应保证在同一直线位置上。交工前将出水口暂时封堵，避免施工过程中杂物掉入堵塞管道。

5. 蹲便器、座便器稳装时其稳固材料选用不当

稳固材料只用水泥，维修时不便于拆卸，而强行拆卸会损坏卫生器具。

为防止上述问题产生，蹲便器、座便器稳装时，其稳固材料不得只用水泥，为便于维修拆装应该用白灰膏掺入少量水泥进行稳固安装，如图 5-13 所示。

6. 低水箱座便器的冲洗管漏水

低水箱座便器冲洗管漏水，导致卫生间内存水排水不良。主要是由于低水箱与座便器的中心线不一致，冲洗管不正直；拧紧螺母和压盖处垫入胶圈时，没认真检查是否损坏；压盖拧牢时，用力过猛，造成了冲洗管破裂等原因造成的。

为防止上述质量问题的产生，虹吸喷射式低水箱坐式大便器安装前，先将大便器的污水口插入预先已埋好的 DN100 污水管中，调整好位置，再将大便器底座外廓和螺栓孔眼的位置用铅笔或石笔在光地坪上标出，然后移开大便器用冲击电钻打孔植入膨胀螺栓，插入M10 的鱼尾螺栓并灌入水泥沙浆；也可手工打洞，但应注意打出的洞要上小下大，以避免因螺栓受力而使其连同水泥沙浆被拔出。

安装大便器时，取出污水管口的管堵，把管口清理干净，并检查内部有无残留杂物，

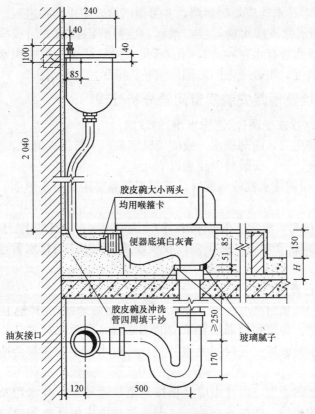

图 5-13　大便器安装

然后在大便器污水口周围和底座面抹以油灰或纸筋水泥(纸筋与水泥的比例约为 2∶8),但不宜涂抹太多,接着按原先所划的外廓线,将大便器的污水口对正污水管管口,用水平尺反复校正并把填料压实。在拧紧预埋的鱼尾螺栓或膨胀螺栓时,切不可过分用力,这是要特别注意的,以免造成底部碎裂。就位固定后应将大便器周围多余的油灰水泥刮除并擦拭干净。大便器的木盖(或塑料盖)可在即将交工时安装,以免在施工过程中损坏。

7. 浴盆安装质量缺陷

浴盆安装后,未做盛水和灌水试验;溢水管和排水管连接不严,密封垫未放平,锁母未锁紧;浴盆排水出口与室内排水管未对正,接口间隙小,填料不密实,盆底排水坡度小,中部有凹陷;排水甩口、浴盆排水栓口未及时封堵;浴盆使用后,浴布等杂物流入栓内堵塞管道等都会造成浴盆排水管、溢水管接口渗漏,浴盆排水受阻,放水排不尽,盆底有积水等现象。

为防止上述问题产生,应注意以下几点:

(1)浴盆溢水、排水连接位置和尺寸应根据浴盆或样品确定,量好各部尺寸再下料,排水横管坡向室内排水管甩口。

(2)浴盆及配管应按样板卫生间的浴盆质量和尺寸进行安装。

(3)浴盆排水栓及溢、排水管接头要用橡皮垫、锁母拧紧,浴盆排水管接至存水弯或多用排水器短管内应有足够的深度,并用油灰将接口打紧抹平。

(4)浴盆挡墙砌筑前,灌水试验必须符合要求。

(5)浴盆安装后,排水栓应临时封堵,并覆盖浴盆,防止杂物进入。

(6)溢水管、排水管或排水栓等接口漏水,应打开浴盆检查门或排水栓接口,修理漏点;若堵塞,应从排水管存水弯检查口(孔)或排水栓口清通;盆底积水,应将浴盆底部抬高,加大浴盆排水坡度,用砂子把凹陷部位填平,排尽盆底积水。

5.1.5 排水栓及地漏安装质量问题分析处理

1. 水泥池槽排水栓或地漏(水池排水用)的缺陷

水泥池槽投入使用后,内部积水,致使墙壁潮湿,下层顶板漏水,池底周围漏水。

为防止上述问题产生,安装时应注意以下几点:

(1)安装水泥池槽的排水栓或地漏时,其周围缝隙要用混凝土填实,填实前,底面应先支好托板。

(2)在安装排水栓时,池底扩孔要仔细,防止造成裂纹;一旦产生裂纹,要用水泥修补。

(3)排水栓安装应低于池面,底下垫以胶皮或其他软垫,与排水管连接(多为丝扣式)要旋紧,防止渗漏。

2. 地漏等位置返臭气

地漏(或存水弯)的水封高度小于50mm,不带水封的地漏(或其他卫生器具)接入污废水管道而未设置存水弯;钟罩式地漏的钟罩安装不吻合,导致水封破坏;通气管设置不合理导致管道系统上的水封破坏;长时间无水补充,导致水封干涸等都会造成接入污废水管道的地漏等处返臭气。

为防止上述问题的产生,设计中应严格按规范设置地漏、存水弯及通气管,施工安装时应选用符合标准的产品,严格按图施工。安装过程中应保证地漏(特别是钟罩式地漏)的水封深度不小于50mm。

3. 地漏集水效果不好

由于施工坡度不符合要求,致使地面经常积水。其原因是地漏安装高度偏差较大,致使土建抹地面时无法找坡度。土建在抹地面时,对做好地漏四周坡度重视不够,造成地面出现倒坡。

为防止上述问题的产生,应注意以下几点:

(1)要严格掌握地漏安装标高,使之不超过允许偏差。

(2)地面要严格遵照基准线施工,地漏周围要有合理的坡度,严禁倒坡。

5.1.6 卫生器具灌水和通水试验通病分析处理

隐蔽排水管灌水试验记录合格,系统使用后有渗漏;排水管通水试验记录完好,系统使用后排水不畅或堵塞;卫生器具出水管与排水管连接后,在使用中接口有渗漏。其主要是用部分隐蔽排水管的灌水试验代替全部灌水试验;卫生器具盛水试验时未认真检查接口渗漏情况,或盛水试验不符合要求;排水管道做通水试验时水量不足,方法不当,未达到试验目的;排水主管和出口管未做或未全做通球试验,管中杂物未排尽等原因造成的。

为防止上述问题的产生,灌水和通水试验时应注意以下几点:

(1)隐蔽排水管道在隐蔽前必须全部按照施工验收规范做好灌水试验。目前常见的方法是用气囊充气的方法检查接口,即用球状气囊放在立管检查口下面,用打气筒将球充气,然后再灌水,进行检查观察,不渗漏为合格。隐蔽的雨水管也必须全部做灌水试验,灌水高度必须到每根主管最上部的雨水斗。

（2）各系统的排水主管和横管在验收前应做好通水试验，试验方法是：打开各自的给水龙头进行通水试验，检查给、排水是否畅通（包括卫生器具的溢流口、地漏和地面清扫口等）。多层建筑应把顶层、底层供水点全部开启，中间每隔两层开启一层供水点，同时开放的排水量不低于排水系统总供水点的 1/3，试验后各排水点必须畅通，接口无渗漏；高层建筑可根据管道布置分层、分段做好通水试验。

（3）卫生器具安装后，应做好盛水试验。有排水栓的器具，堵上胶塞，在其内注入规定的盛水量，观察水面下降和器具出水接口渗漏情况；蹲式大便器、大小便槽和无排水栓的器具，可将胶囊、胶管从检查口放置到与该器具连接的排水立管斜三通下 50cm 处，用打气筒向胶囊充气，直到压力表上升到 0.07～0.12MPa 止，然后往器具放水到规定水位，盛水时间不小于 12h，液面不下降为合格。

（4）排水管道和卫生器具在灌水、通水、盛水试验合格后，分别做好试验记录，有关检查人员签字、盖章后存档。

5.2　卫生器具给水配件安装

5.2.1　常见施工工艺

1. 延时自闭冲洗阀安装

冲洗阀的中心高度为 1100mm，根据冲洗阀至胶皮碗的距离，断好 90°弯的冲洗管，使两端合适，将冲洗阀锁母由胶圈卸下，分别套在冲洗管直管段上，将弯管的下端插入胶皮碗内 40～50mm，用喉箍卡牢。再将上端插入冲洗阀内，推上胶圈，调直找正，将锁母拧至松紧适度。

2. 浴盆给水配件安装

（1）水嘴安装。先将冷、热水预留管口用短管找平、找正。如暗装管道进墙较深者，应先量出短管尺寸，套好短管，使冷、热水嘴安完后距墙一致。将水嘴拧紧找正，除净外露麻丝。

（2）混合水嘴安装。将冷、热水管口找平、打正；把混合水嘴转向对丝抹铅油，缠麻丝，带好护口盘，用自制扳手（俗称钥匙）插入转向对丝内，分别拧入冷、热水预留管口；校好尺寸，找平、找正；将护口盘紧贴墙面；然后将混合水嘴对正转向对丝，加垫后拧紧锁母找平、找正；用扳手拧至松紧适度。

3. 脸盆水嘴安装

先将水嘴根母、锁母卸下，在水嘴根部热好油灰，插入脸盆给水孔眼，下面看套上热眼圈，带上根母后左手按住水嘴，右手用自制八字死扳将锁母紧至松紧适度。

5.2.2　卫生器具给水配件安装技巧

（1）管道或附件与卫生器具的陶瓷件连接处，应垫以胶皮、油灰等填料和垫料。

（2）固定洗脸盆、洗手盆、洗涤盆、浴盆等排水口接头等，应通过旋紧螺母来实现，不得强行旋转落水口，落水口与盆底相平或略低于盆底。

（3）需装设冷水和热水龙头的卫生器具，应将冷水龙头装在右手侧，热水龙头装在左手侧。

（4）安装镀铬的卫生器具给水配件应使用扳手，不得使用管子钳，以保护镀铬表面完好无损。接口应严密、牢固、不漏水。

(5)镶接卫生器具的铜管，弯管时弯曲应均匀，弯管椭圆度应小于 8％，并不得有凹凸现象。

(6)给水配件应安装端正，表面洁净并清除外露油麻。

(7)浴盆软管淋浴器挂钩的高度，如设计无要求，应距地面 1.8m。

(8)给水配件的启闭部分应灵活，必要时应调整阀杆压盖螺母及填料。

(9)卫生器具安装的共同要求，就是平、稳、准、牢、不漏，使用方便，性能良好。

1)平，就是同一房间同种器具上口边缘要水平。

2)稳，就是器具安装好后无摆动现象。

3)牢，就是安装牢固，无脱落松动现象。

4)准，就是卫生器具平面位置和高度尺寸准确，在设计图纸无明确要求时，特别是同类器具要整齐美观。

5)不漏，即卫生器具上、下水管接口连接必须严格不漏。

6)使用方便，即零部件布局合理、阀门及手柄的位置朝向合理。

7)性能良好，就是阀门、水嘴使用灵活，管内畅通；卫生器具的排出口应设置存水弯，阻止下水道中的污浊气体返回室内。

5.2.3 卫生器具给水配件不符合要求分析处理

卫生器具给水配件与预留给水甩口错位、给水配件损伤的原因是预留给水甩口偏差太大，有热水供应管道时，冷热水龙头未按左热右冷的规定安装；采用铜管镶接方式在安装时弯曲凹陷；采用镀铬给水配件安装时破坏镀铬表面。

为防止上述问题的产生，卫生器具给水配件应符合下列要求：

(1)预留给水管甩口应按设计图纸，参考所选卫生器具规格型号的要求，结合建筑装修图纸进行安装定位。管道甩口标高和坐标经核对准确后，应及时将管道固定牢靠。安装过程注意土建施工中有关尺寸的变动情况，发现问题，及时处理。

(2)连接卫生器具的铜管，弯管时弯曲应均匀，弯管椭圆度应小于 8％，并不得有凹凸现象。

(3)安装镀铬的卫生器具给水配件应使用扳手，不得使用管子钳，以保护镀铬表面完好无损。给水配件应安装端正，表面洁净并清除外露麻丝或水胶布。接口应严密不漏、牢固、不漏水。

(4)安装冷、热水龙头要注意安装的位置和色标，一般为：蓝色、绿色表示冷水，应安装在面向卫生器具的右侧；红色表示热水，应安装在面向卫生器具的左侧。

5.2.4 卫生器具给水配件安装不符合规定分析处理

洗脸盆安装高度错误，固定不牢靠，冷热水管及给排水配件安装错误的原因是洗脸盆选型不符合设计或规范要求；未按洗脸盆安装程序施工，固定不牢甚至未采取固定措施。

为防止出现上述问题，应注意以下几点：

(1)洗脸盆、洗手盆应按设计要求选型，暗装敷设的冷热水管道甩口应按选定的脸盆的样本尺寸施工；洗脸盆安装应保证位置准确、高度无误。

(2)托架安装方式，洗脸盆安装时一般先将水龙头及排水栓安装固定于洗脸盆上，再进行正式安装固定。托架采用随产品配套的托架，应做好防腐措施，采用预埋螺栓或膨胀螺栓固定。

（3）背挂式洗脸盆由于陶瓷件直接用预埋螺栓或膨胀螺栓固定在墙上，因此螺栓应加软垫圈。

（4）台式洗脸盆安装时，台面板开洞的形状、尺寸均应按选定洗脸盆的产品样本尺寸要求进行加工，盆边与板间缝隙应采用密封胶密封固定。

（5）立柱式洗脸盆安装时陶瓷件直接固定在墙上，因此固定螺栓应加软垫圈，同时脸盆下的立柱将冷热水管与排水管隐蔽在柱体内起到装饰作用，另外也起到一定的支撑作用，因此要求各接口连接严密，柱脚与地面接触良好，并采取固定措施。

（6）冷热水管道安装时，水平管道中热水管应在冷水管的上方，垂直管道及接脸盆水嘴的热水管应在冷水管的左侧安装。

（7）洗脸盆的配套存水弯可为 S 形、P 形或瓶式，存水弯安装于楼板上面，并应保证其竖向排水支管的垂直度。

5.3　卫生器具排水管道安装

5.3.1　卫生器具预留孔洞形式

卫生器具预留孔洞形式见表 5-2。

表 5-2　预留孔洞形式图

名　称	预留孔洞形式图
洗脸盆	
洗涤槽	
小便槽	

续表

名　称	预留孔洞形式图
小便器	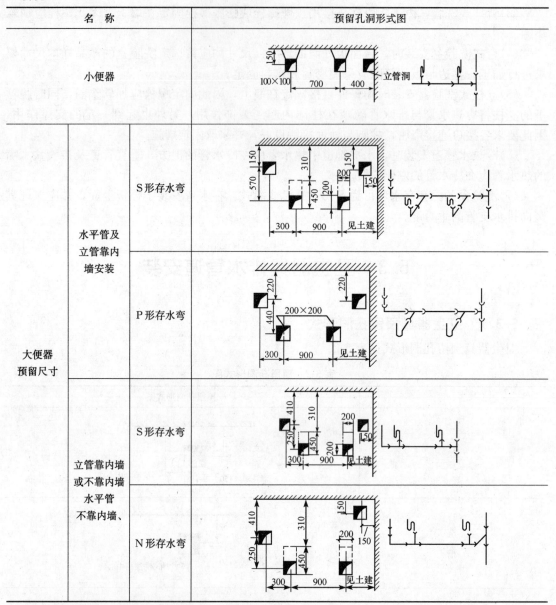
大便器预留尺寸	水平管及立管靠内墙安装 — S形存水弯 P形存水弯 立管靠内墙或不靠内墙水平管不靠内墙、 — S形存水弯 N形存水弯

注：1. 虚线部分为当存水弯安装楼板内时，应增加洞体的部分。
　　2. 本图只适用于大便器型式 600(630)×430~510，不适用于椭圆形的 540(610)×320(340)。
　　3. 当大便器及存水弯的型式确定后，才能按本图提出预留孔。
　　4. 大便器隔间尺寸应与建筑专业设计图核对，取得一致。

5.3.2　常见施工工艺

1. 排水口安装

排水口加胶垫后穿入净身盆排水孔眼，拧入排水三通上口，使排水口与净身盆排水孔眼的凹面相吻合后将排水口圆盘下加抹油灰，外面加胶垫垫圈，用自制扳手卡入排水口内十字筋，使溢水口对准净身盆溢水孔眼，拧入排水三通上口。

2. 手提拉杆安装

在排水三通中口装入挑杆弹簧珠，拧紧锁母至松紧适度，将手提拉杆插入空心螺栓，用卡具与横挑杆连接，调整定位，使手提拉杆活动自如。

3. 排水栓安装

卸下排水栓根母，放在家具盆排水孔眼内，将一端套好丝扣的短管涂油、缠麻拧上存水弯外露2~3扣。然后量出排水孔眼到排水预留管口的尺寸，断好短管并做扳边处理，在排水栓圆盘下加1mm胶垫、垫圈，带上根母。在排水栓丝扣处缠生料带后使排水栓溢水眼和家具盆溢水孔对准，拧紧根母至松紧适度并调直找正。

4. 浴盆排水配件安装

(1)将浴盆配件中的弯头与短横管相连接，将短管另一端插入浴盆三通的口内，拧紧锁母。三通的下口插入竖直短管，竖管的下端插入排水管的预留甩口内。

(2)浴盆排水栓圆盘加胶垫，抹铅油，插进浴盆的排水孔眼里，在孔外加胶垫和垫圈，在丝扣上缠生料带，用扳手卡住排水口上的十字筋与弯头拧紧连接好。

(3)溢水立管套上锁母，插入三通的上口，并缠紧油麻，对准浴盆溢水孔，拧紧锁母。将排出管接入水封存水弯或存水盒内。

5.3.3　卫生器具排水管道安装技巧

1. 预留洞的要求

(1)卫生洁具排水管距墙距离参见表5-3。

表 5-3　卫生洁具排水管距墙距离

卫生洁具名称			排水管距墙距离/mm
	挂箱虹吸式S形		420
	挂箱冲落式S形		272
	自闭式冲洗阀虹吸式S形		340
	自闭式冲洗阀冲落式S形		192
座便器	坐箱虹吸式S形	国　标　340	300
		座便器　360	420
		高　度　390	480
		建陶前进1号	490
		建陶前进2号	500
		太平洋	270
		广州华美	305
	挂箱虹吸式P形		横支管在地坪上85穿入管道井
	挂箱冲落式P形	硬管连接	横支管在地坪上150
		软管连接	软管在地坪上100与污水立管相连接
	坐箱冲落式P形		横支管在地坪上85穿入管道井
	高水箱虹吸式S形		与排水横支管以顺水正三通连接时为420 与排水横支管为斜三通连接时为375
	旋涡虹吸连体型		太平洋245

续表

卫生洁具名称		排水管距墙距离/mm
蹲便器	平蹲式后落水 前落水 前落水	石湾、建陶 295 620 660
浴盆	裙板高档铸铁搪瓷	
	普通型，有溢流排水管配件	靠墙留 100×100 见方的孔洞
	低档型，无溢流排水管配件	200(如浴盆排水一侧有排水立管，则应从浴盆边缘算起)
大便槽	排水管径为 100mm 时 排水管径为 150mm 时	距墙 420×580 距墙 420×670
小便槽		125
小便器	立式(落地) 挂式小便斗 半挂式小便器	150 以排水距墙 70 为圆心，以 128 为半径 510 标高穿入墙内暗敷

(2)卫生洁具排水管穿越楼板留洞尺寸见表 5-4。

表 5-4　卫生洁具排水管穿越楼板留洞尺寸

卫生洁具名称		留洞尺寸/mm
大便器		200×200
大便槽		300×300
浴盆	普通型	100×100
	裙边高级型	250×300
洗脸盆		150×150
小便器(斗)		150×150
小便槽		150×150
污水盆、洗涤盆		150×150
地漏	50～70	200×200
	100	300×300

注：如留圆形洞，则圆形洞内切于方洞尺寸。

(3)各种立管穿越楼板、排水管穿越基础留洞位置见表 5-5。

表 5-5 各种立管穿越楼板、排水管穿越基础留洞尺寸

管道名称		明 管	暗 管
		留孔尺寸/mm（长×宽）	墙槽尺寸/mm（宽×深）
采暖或给水立管	管径小于或等于 25mm 管径 32～50mm 管径 70～100mm	100×100 150×150 200×200	130×130 150×130 200×200
一根排水立管	管径小于或等于 50mm 管径 70～100mm	150×150 200×200	200×130 250×200
两根采暖(管径小于或等于 32mm)或给水立管		150×100	200×130
一根给水立管(管径小于或等于 50mm)和一根排水立管(管径 70～100mm)在一起		200×150 250×200	200×130 250×200
两根给水立管(管径小于或等于 50mm)和一根排水立管(管径 70～100mm)在一起		200×150 350×200	250×130 380×200
给水支管(管径小于或等于 25mm)或散热器支管(32～40mm)		100×100 150×130	60×60 150×100
排水支管	管径小于或等于 80mm 管径 100mm	250×200 300×250	— —
采暖或排水主干管	管径小于或等于 80mm 管径 100～125mm	300×250 350×300	— —
给水引入管(管径小于或等于 100mm)		300×200	—
排水排出管穿基础	管径小于或等于 80mm 管径 100～150mm	300×300 (管径＋300)×(管径＋200)	— —

注：1. 给水引入管，管顶上部净空一般小于 100mm。

2. 排水排出管，管顶上部净空一般不小于 150mm。

2. 卫生洁具成品保护

(1)为防止堵塞或损坏镀铬零件用纸包好。

(2)为防止将面层剔碎或震成空鼓，在釉面砖、水磨石墙面剔孔洞时，宜用手电钻或先用小錾子轻剔掉釉面，待剔至砖底层处方可用力，但不得过猛。

(3)为防止配件丢失或损坏，应采取防护措施。

(4)合理调整安装位置以防拉把、扳把不灵活。

(5)采用自制扳手、管钳应用垫布，以防镀铬表面被破坏。

3. 安全操作技巧、环保措施

(1)安全操作技巧。使用电动工具时，应核对电源电压，遵守电器工具安全操作规程。器具及配件在安装中要轻拿轻放。

(2)环保措施。下脚料应集中堆放，装袋清运到指定地点。用于各种实验的临时排水应排入专门的排水沟。

5.3.4 冲洗阀改进措施

如今公共卫生间的冲洗阀多数为脚踏式冲洗阀。由于厂家生产的脚踏式冲洗阀不是钢质的，且强度较低，安装后踏板距地较高，很容易坏。通常情况下，只得将其拆除后改安球阀来解决这一问题。通过实践，采取加垫块的做法即可解决上述问题，而且效果较好。

加垫块的具体做法是：取长 160mm、宽 30mm、厚 4mm的扁钢做成乙字形，并在其一侧钻 $\phi 8$ 孔两个。乙字弯的高度应根据现场实际确定。然后将制作好的扁钢置于脚踏式冲洗阀下 30mm，用 M6 膨胀螺钉固定即可，如图 5-14 所示。

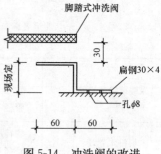

图 5-14　冲洗阀的改进

5.3.5 卫生器具排水不畅分析处理

管道通水时，卫生器具排水不畅，甚至出现底层卫生器具返水，是因为管道甩口封堵不及时或方法不当，造成水泥沙浆等杂物掉入管道中，并未及时认真清理；管道安装坡度不均匀，甚至局部倒坡；管道接口零件使用不当，造成管道局部水流阻力过大；最低排水横支管与立管连接处至排出管管底的距离过小；排水支管与横管连接点至立管底部水平距离过小。通气管堵塞或未设通气管，排水时管内夹杂空气，造成水力波动，降低了排水管道系统的排水能力等原因造成的。

为防止上述问题产生，应注意以下几点：

(1)排水管道安装中应根据施工工序安排，及时封堵管道的甩口，防止杂物掉进管膛。在后续安装管道时及卫生器具安装前，应认真检查原管道甩口，疏通管膛，并清理管道内杂物。

(2)管道安装过程中严格按照规范施工，确保管道坡度符合规范要求，保持坡度均匀，排水管道变径时应采用管顶平接，不得出现无坡或倒坡现象。

(3)合理使用管道配件，管道汇流时应按规范要求采用 TY 和 Y 形三通（四通），或 45°弯头，以便流水通畅。

(4)最低排水横支管与立管连接处至排出管管底的距离、排水支管与横管连接点至立管底部水平距离均必须满足规范要求，必要时应单独排放。

(5)排水管道系统应按规范设置各类通气管。

(6)管道安装完毕应做通球试验，发现问题及时处理。

(7)存水弯的检查丝堵最好缓装，以便施工过程中随时清通；立管检查口和平面清扫口的安装位置应便于清通操作。

5.3.6 大便器与排水管连接处漏水分析处理

大便器使用后，地面积水，墙壁潮湿，甚至在下层顶板和墙壁也出现潮湿滴水现象，是由于排水管甩口高度不够，大便器出口插入排水管的深度不够；蹲坑出口与排水管连接处没有认真填抹严实；排水管甩口位置不对，大便器出口安装时错位；大便器出口处裂纹没有检查出来，充当合格产品安装。厕所地面防水处理不好，使上层渗漏水顺管道四周和墙缝流到下层房间。底层管口脱落等原因造成的。

为防止上述问题的产生，安装时应注意以下几点：

（1）安装大便器排水管时，甩口高度必须合适，坐标应准确并高出地面 10mm。

（2）安装蹲坑时，排水管甩口要选择内径较大、内口平整的承口或套袖，以保证蹲坑出口插入足够的深度，并认真做好接口处理，经检查合格后方准填埋隐蔽。

（3）大便器排出口中心对正水封存水弯承口中心，蹲坑出口与排水管连接处的缝隙，要用油灰或用 1：5 石灰水泥混合灰填实抹平，以防止污水外渗漏。

（4）大便器安装应稳固、牢靠，严禁出现松动或位移现象。

（5）做好厕所地面防水，保证油毡完好无破裂，油毡搭接处和与管道相交处都要浇灌热沥青，预留管口周围空隙必须用细石混凝土浇筑严实。

（6）安装前认真检查大便器是否完好，底层安装时，必须注意土层夯实，如不能夯实，则应采取措施，严防土层沉陷造成管口脱落。

5.3.7　排水管道安装允许偏差导致的质量问题

1. 排水管道甩口不准、立管坐标超差

在地下埋设或在管道层敷设管道时，管道和甩口未固定牢固；任意改变卫生器具型号规格，造成原甩口不好使用。施工前对配管施工方案总体安排考虑不同，对卫生器具施工尺寸、规格、型号掌握不准；墙体位置、轴线、装饰厚度施工变化过大，偏差超标，施工中甩口和立管位置、尺寸未及时纠正都会造成排水管甩口不准。

为防止产生上述问题产生，应注意以下几点：

（1）挖凿管道甩口周围地面，把排水铸铁管或硬聚氯乙烯塑料管接口剔开，或更换零件，调整位置，若为钢管可改变零件或煨弯方法来调整甩口位置尺寸，重新纠正立管坐标。

（2）管道安装后，管底要垫实，甩口固定牢固。

（3）编制施工方案时，要全面安装管道施工位置和标高，关键部位应做样板，并进行施工交底。

（4）卫生器具的甩口坐标、标高，应根据卫生器具尺寸确定，若器具型号、尺寸有变动，应及时改变管道甩口坐标和标高。

（5）管道甩口应根据隔墙厚度、轴线位置、抹灰厚度变化情况及时纠正甩口坐标和标高，与土建搞好配合，共同采取保护措施，防止管道位移、损坏。

2. 卫生器具排水管道安装不满足规范

制度不严，施工人员工作不认真，都会导致卫生器具排水管道上未按设计或规范设置存水弯，或存水弯设置不合理；卫生器具排水管道管径不合理，坡度不够，甚至倒坡；卫生器具排出口采用塑料软管与排水管连接；卫生器具排出管与排水横支管上的受水口封口不严。

为防止上述问题的产生，卫生器具排水管道安装应注意以下几点：

（1）严格按图施工，选用合格产品，施工过程中控制好管道坡度。卫生器具排出口按设计要求与排水管相连，并不得采用塑料软管。

（2）卫生器具排出管与排水横支管上的受水口应采取密封措施。

第6章 室内采暖系统安装

6.1 管道及配件安装

6.1.1 常见施工工艺

1. 管道坡向、坡度

(1)管道的坡向。室内管道安装要注意坡向，管路布置要平直、合理，不能出现水封和气塞。对于蒸汽采暖，管路布置要有利于排除凝结水；对于热水采暖，管路布置要有利于排除系统内的空气，分别防止水封和气塞，保证系统正常运行。

室内蒸汽管和回水管的坡度、坡向要求和热力管道基本相同。在蒸汽采暖系统中，水平蒸汽干管的坡向是从总立管开始，坡向干管末端的立支管(顺坡或低头)；凝结水管的坡向是从末端散热器出来的支管坡向疏水器。

在蒸汽喷射式热水采暖系统中，水平热水管的坡向是从集气罐的连接点开始，坡向两边；回水管的坡向是从第一组散热器坡向喷射器。系统内空气由集气罐排除。

(2)管道的坡度。管道的坡度的大小应符合设计要求，当设计未注明时，应符合下列要求。

1)汽、水同向流动的热水采暖管道及汽、水同向流动的蒸汽管道，凝结水管道坡度为0.003，但不小于0.002。

2)汽、水逆向流动的热水采暖管道及汽、水逆向流动的蒸汽管道、坡度不小于0.005。

3)散热器支管的坡度应为0.01，由供水管坡向散热器，回水支管坡向立管。下供下回式系统由顶层散热器放汽阀排气时，该支管应坡向立管。

4)水平串联系统串联管应水平安装，每个支管应安装一个活接头，便于拆修。

2. 管道布置与连接

(1)采暖系统入口装置。

1)集中采暖分户热计量系统，在建筑物热力入口处设置的热量表、差压或流量调节装置、除污器或过滤器等应便于检修、维护和观察。

2)室外热水及蒸汽干管入口做法如图6-1所示。

(2)干管安装。

1)按施工草图，进行管段的加工预制，包括：断管、套螺纹、上零件、调直、核对好尺寸，按环路分组编号，码放整齐。

2)安装卡架，按设计要求或规定间距安装。吊卡安装时，先把吊棍按坡向、顺序依次穿在型钢上，吊环按间距位置套在管上，再把管抬起穿上螺栓拧上螺母，将管固定。安装托架上的管道时，先把管就位在托架上，把第一节管装好U形卡，然后安装第二节管，以后各节管均照此进行，紧固好螺栓。

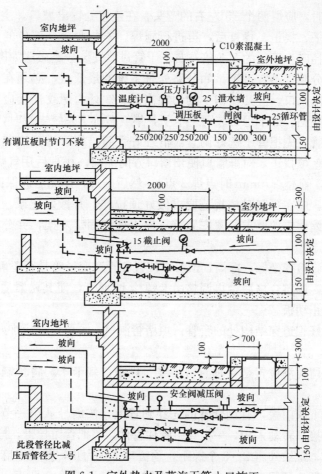

图 6-1　室外热水及蒸汽干管入口施工

3)干管安装应从进户或分支路点开始,装管前要检查管腔并清理干净。管道地上明设时,可在底层地面上沿墙敷设,过门时设过门地沟或绕行,如图 6-2 所示。

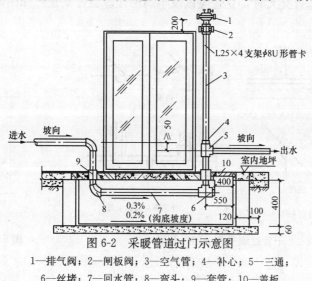

图 6-2　采暖管道过门示意图

1—排气阀;2—闸板阀;3—空气管;4—补心;5—三通;
6—丝堵;7—回水管;8—弯头;9—套管;10—盖板

4)制作羊角弯时，应煨两个75°左右的弯头，在连接处锯出坡口，主管锯成鸭嘴形，拼好后即应点焊、找平、找正、找直后，再进行施焊。羊角弯接合部位的口径必须与主管口径相等，其弯曲半径应为管径的2.5倍左右。干管过墙安装分路做法如图6-3所示。

5)分路阀门离分路点不宜过远。如分路处是系统的最低点，必须在分路阀门前加泄水丝堵。集气罐的进出水口，应开在偏下约为罐高的1/3处。螺纹连接应与管道连接调直后安装。其放风管应稳固，如不稳可装两个卡子，集气罐位于系统末端时，应装托、吊卡。

6)采用焊接钢管，先把管子选好调直，清理好管膛，将管运到安装地点，安装程序从第一节开始；把管就位找正，对准管口使预留口方向准确，找直后用气焊点焊固定(管径≤50mm时点焊2点，管径≥70mm时点焊3点)，然后施焊，焊完后应保证管道正直。

7)遇有伸缩器，应在预制时按规范要求做好预拉伸，并做好记录。按位置固定，与管道连接好。波纹伸缩器应按要求位置安装好导向支架和固定支架，并分别安装阀门、集气罐等附属设备。

8)管道安装完，检查坐标、标高、预留口位置和管道变径等是否正确，然后找直，用水平尺校对复核坡度，调整合格后，再调整吊卡螺栓U形卡，使其松紧适度，平正一致，最后焊牢固定卡处的止动板。

9)摆正或安装好管道穿结构处的套管，填堵管洞口，预留口处应加好临时管堵。

(3)立管安装。

1)核对各层预留孔洞位置是否垂直，吊线、剔眼、栽卡子。将预制好的管道按编号顺序运到安装地点。

2)安装前先卸下阀门盖，有钢套管的先穿到管上，按编号从第一节开始安装。涂铅油缠麻，将立管对准接口转动入扣，一把管钳咬住管件，一把管钳拧管，拧到松紧适度，对准调直时的标记要求，螺纹外露2~3个螺距，预留口平正为止，并清净麻头。

3)检查立管的每个预留口标高、方向、半圆弯等是否准确、平正。将事先栽好的管卡子松开，把管放入卡内拧紧螺栓，用吊杆、线坠从第一节管开始找好垂直度，扶正钢套管，最后填堵孔洞，预留口必须加好临时丝堵。

4)立管遇支管垂直交叉时，立管应该设半圆形让弯绕过支管，如图6-4所示，让弯的尺寸见表6-1。

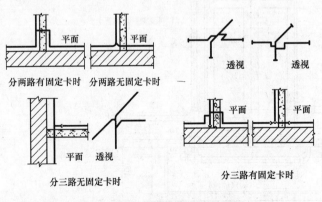

图6-3 干管过墙安装分路做法图

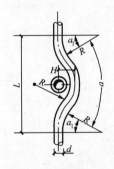

图6-4 让弯加工图

表 6-1 让弯尺寸表

mm

DN	$\alpha(°)$	$\alpha_1(°)$	R	L	H
15	94	47	50	146	32
20	82	41	65	170	35
25	72	36	85	198	38
32	72	36	105	244	42

5)顶棚内立管与干管连接形式如图 6-5 所示。

6)室内干管与立管连接形式如图 6-6 所示。

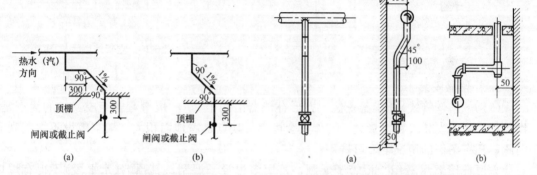

图 6-5 顶棚内立管与干管连接图

(a)蒸汽采暖(四层以下)热水采暖(五层以上);

(b)蒸汽采暖(三层以下)热水采暖(四层以下)

图 6-6 室内干管与立管连接

(a)与热水(汽)管连接;(b)与回水干管连接

7)主干管与分支干管的连接形式如图 6-7 所示。

8)地沟内干管与立管的连接形式如图 6-8 所示。

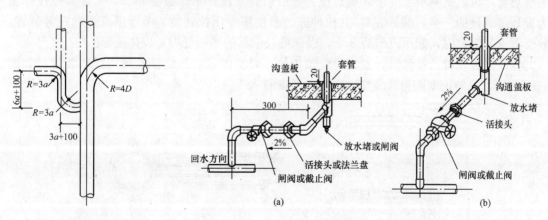

图 6-7 主干管与分支
干管连接形式

图 6-8 地沟内干管连接形式

(a)地沟内干管与立管连接;(b)在 400×400 管沟内干立管连接

9)主立管用管卡或托架安装在墙壁上,其间距为 3～4m,主立管的下端要支撑在坚固的支架上。管卡和支架不能妨碍主立管的胀缩。

10)当立管与预制楼板的主要承重部位相碰时,应将钢管弯制绕过,或在安装楼板时,把立管弯成乙字弯(也叫来回弯),如图6-9所示。也可以把立管缩到墙内,如图6-10所示。

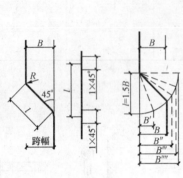

图6-9 乙字弯图

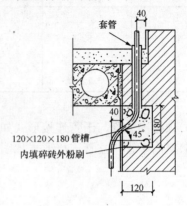

图6-10 立管缩墙大样图

3. 补偿器安装

(1)方形(弯管式)补偿器安装。方形补偿器由四个90°的煨弯弯管组成。它的优点是制作简单、便于安装、补偿量大、工作安全可靠。缺点是占地面积大、架空敷设不太美观等。因此,凡有条件的情况下,可选用。

方形补偿器尽量用一根管子煨制,若用多根管子煨制,其顶端(水平段)不得有焊口。焊口应放置在外伸臂的中点处。

方形补偿器组对时,应在平地上拼接,组对时尺寸要准确,两边应对称,其偏差不大于3mm/m,垂直臂长度偏差不大于10mm,弯头必须是90°。

为了减少热应力和增大补偿量,方形补偿器在安装前应进行预拉伸,输送热介质的管道需进行冷拉,输送冷介质的管道应进行冷压。由于冷拉使得补偿器工作时减小了补偿器的变形量,也就是减小了变形时的热应力。一般介质设计工作温度 $t \leqslant 250℃$,其冷拉伸量为设计伸缩量的一半,即 $\Delta L/2$。其拉伸方法是使用专用拉管器、千斤顶或螺丝杆等装置,补偿器安装就位时,起吊点应为3个,以保持补偿器的平衡受力,以防变形。

作为采暖系统的补偿器,安装时应预拉伸。对室内采暖系统推荐采用撑顶装置,如图6-11所示,拉伸长度应为该段最大膨胀变形量的2/5。

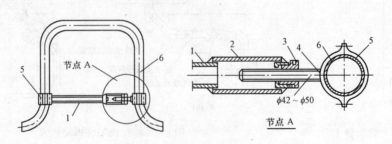

图6-11 方形补偿器冷顶开装置

1—拉杆;2—短管;3—调节螺母;4—螺杆;5—卡箍;6—补偿器

方形补偿器应安装在两固定支架中间，其顶部应设活动支架或吊架。

（2）波纹管补偿器安装。补偿器接口有法兰连接和焊口连接两种形式，安装方法一种是随着管道敷设同时安装补偿器；也可以先安管道，系统试压冲洗后，再安装补偿器，视条件和需要确定。前者安装方法较为简单，与阀类安装相同。后者安装方法如下：

1）先丈量好波纹补偿器的全长，在管道波纹补偿器安装位置上，画出切断线。

2）依线切断管道。

3）焊接接口的补偿器：先用临时支、吊架将补偿器支吊好，使两边的接口同时对好口，同时点焊。检查补偿器安装是否合适，合适后按顺序施焊。焊后拆除临时支吊架。

4）法兰接口的补偿器：先将管道接口用的法兰、垫片临时安到波纹管补偿器的法兰盘上，用临时支、吊架将补偿器支、吊就位，补偿器两端的接口要同时对好管口，同时将法兰盘点焊。检查补偿器位置合适后，卸下法兰螺栓，卸下临时支、吊架和补偿器。然后对管口法兰盘对称施焊，按照焊接质量要求清理焊渣，检查焊接质量，合格后对内外焊口进行防腐处理。最后将波纹补偿器吊起进行法兰正式连接。

4. 管道阀门安装

（1）阀门拆检。阀件检查项目包括：阀件外观检视，检查部件是否完整（手轮、螺杆、手柄等）；清除浮脏，清洗零件；分别进行启闭两种状态下的水压试验和气压试验。进行阀件的外观检视时，应查看阀件上零件、密封填料及密封面的质量。有些阀门需要卸开，检查各部分结构情况，主要检查以下内容：

1）填料有无缺损。当发现填料有缺损时，可用石棉绳、油麻等填料补充或更换。

2）压盖压紧。小型阀门的压盖螺母应上紧，不能过分用力，防止脱扣或破裂；大型阀门的法兰压盖，可用编制成股的石棉绳，按需要的长度切成段，分层压入填料函中。填时，各层石棉绳的接头要错开 180°。压紧法兰压盖，使螺栓对称拧紧，防止压盖因受力不均匀而断裂。压好石棉绳，也上完螺栓，再试一下阀杆转动的灵活性。

3）闸板（或阀盘）与密封圈接触严密。如两者接触不严密，就要对密封面研磨。

（2）阀门研磨。把闸板卸下来，放在铸铁平台上。平台面上铺撒人造金刚玉或者人造金刚砂作为磨粉，在铸铁平台面上研磨。阀体上的阀座密封面可用一个规格合适、表面平滑的螺纹法兰研磨。研磨时，先把螺纹法兰塞入阀体，再从阀孔伸进带外螺纹的短管，拧在螺纹法兰上，由滚动支架支撑平稳，转动短管研磨。可人工转动研磨，也可以机械转动研磨。截止阀和球形阀可以用阀瓣和阀座对磨的方法进行，研磨材料用机油和油磨粉。研磨前，先把密封面擦净，放入磨粉。研磨时要用力均匀，做圆周运动，避免往复直拉，以免产生径向划痕。研磨时要勤检查，适可而止，不能研磨过多。

（3）阀门安装。安装前，先仔细检查是否符合施工图上的要求。阀门与管路或与设备连接方式基本上是螺纹连接和法兰连接两种。

1）螺纹阀门安装。螺纹阀门有内螺纹连接和外螺纹连接两种，内螺纹阀门的安装方法是：把选配好的螺纹短管卡在台钳上，往螺纹上抹一层铅油，顺着螺纹方向缠麻丝（当螺纹沿旋紧方向转动时，麻丝越缠越紧），缠 4～5 圈麻丝即可。手拿阀门往螺纹短管上拧 2～3 个螺纹，当用手拧不动时，再用管子钳上紧。使用管子钳上阀门时要注意管子钳和阀件的规格要相适应。使用管子钳操作时，一手握钳子把，一手按在钳头上，让管钳子后部牙口吃劲，使钳口咬牢管子不致打滑。扳转钳把时要用劲平稳，不能贸然用力，以防钳口打滑扳空而伤人。阀门和螺纹短管上好之后,用锯条剔去留在螺纹外面的多余麻丝,用抹布擦去铅油。外螺纹阀门的连接方法与内螺纹阀门连接方法一样,所不同的是铅油和麻丝先缠在阀门的外螺纹上,再和内螺纹短管连接。

2)法兰阀门安装。法兰阀门安装应按下列规定进行:

①制作法兰垫片。按设计要求的材质选料,画垫,用剪刀剪垫。把剪好的垫放在机油中浸泡后拿出晾干待用。注意垫内径不得大于管子内径,外径不得妨碍上螺栓。

②预制法兰短管。把和阀门连接的法兰焊在下好料的同径短管上,预制成法兰短管,和法兰阀门组装成一体。焊接时,法兰端面要和管子的轴线垂直。在焊接时要不断地用法兰靠尺或直角尺检查找正。

③组对阀门。把预制好的法兰短管与阀门组对在一起。先对好孔,把法兰下部的螺栓带上,把双面抹好填料的法兰垫片装入两法兰内,注意位置要合适。再把上半部螺栓带上,对称地拧紧螺栓。在紧固过程中,不断观察法兰各方向的缝隙,使其保持均匀一致;使各条螺栓受力均匀,保证法兰面接触严密。

④阀门就位。把组对好的法兰阀门,按设计要求的安装位置,摆正手轮的方向。法兰阀门两侧的法兰短管另一端与系统管线连接。

⑤阀门安装。阀门安装时应该注意的事项如下:

a. 大型阀门(一般直径在 300mm 以上)需要吊装。吊装时绳索要绑扎在阀体的外壳上,不准绑扎在阀杆和手轮上。

b. 阀门安装在水平管道上,阀杆应垂直向上,也可往开关方便的方向倾斜。阀门的手轮要规格一致。一般情况下,阀杆不得向下。

c. 安装截止阀时,按介质流向,应使介质自阀盘下面流向上面,也就是低进高出。

d. 安装止回阀时,特别注意方向的正确性。

e. 安装法兰阀门时,要保证两个法兰端面平行和同心。

f. 安装螺纹阀门时,应保证螺纹完整无损。连接螺纹不宜过长,松紧要合适。拧阀门时,不要用力过大,以免拧裂阀门。

g. 经过试验、研磨的阀门,在安装前不要随意开启。

(4)减压板安装(节流板、孔板)。减压板是用不锈钢板制成的,中间带有锥度的圆孔,锥度和钝边都有严格的规定;加工时要保证要求的精度:厚度为 2~3mm,减压板的孔径最小不小于 3mm。减压板的安装要求如下。

1)安装方向:锥形部分应在管道的下游方向。

2)减压板须装在较长的直管线上。其前面的长度不小于 10 倍管径;后面的长度不小于 5 倍管径。在孔板前后 2 倍管径范围内,不得有高出的垫料、堆积的焊瘤和管内壁显著粗糙现象。

3)减压板的流通孔应与管道同心,端面应与管道垂直,不得有偏心偏斜现象。

(5)法兰盘安装。采暖管道安装,管径小于或等于 32mm 宜采用螺纹连接;管径大于 32mm 宜采用焊接或法兰连接。所用法兰一般为平焊钢法兰。

平焊钢法兰一般适用于温度不超过 300℃,公称压力不超过 2.5MPa,通过介质为水、蒸汽、空气、煤气等的中低压管道。一般用 Q235 钢制作。

管道压力为 0.25~1MPa 时,可采用普通焊接法兰[图 6-12(a)];压力为 1.6~2.5MPa

时，应采用加强焊接法兰[图 6-12(b)]。加强焊接是在法兰端面靠近管孔周边开坡口焊接。焊接法兰时，必须使管子与法兰端面垂直，可用法兰靠尺(图 6-13)度量，也可用角尺代用。检查时需从相隔 90°两个方向进行。点焊后，还需用靠尺再次检查法兰盘的垂直度，可用手锤敲打找正。另外，插入法兰盘的管子端部，距法兰盘内端面应为管壁厚度的 1.3～1.5 倍，以便于焊接。焊完后，如焊缝有高出法兰盘内端面的部分，必须将高出部分锉平，以保证法兰连接的严密性。

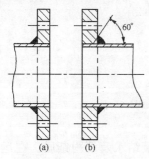

图 6-12 平焊法兰盘
(a)普通焊接；(b)加强焊接

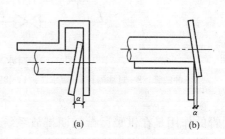

图 6-13 检查法兰盘垂直度
(a)用法兰靠尺检查；(b)用角尺检查

安装法兰时，应将两法兰盘对平找正，先在法兰盘螺孔中顶穿几根螺栓(如四孔法兰可先穿 3 根，如六孔法兰可先穿 4 根)，将制备好的垫插入两法兰之间后，再穿好余下的螺栓。把衬垫找正后，即可用扳手拧紧螺钉。拧紧顺序应按对角顺序进行[图 6-14(a)]，不应将某一螺钉一次拧到底，而应是分成 3～4 次拧到底。这样可使法兰衬垫受力均匀，保证法兰的严密性。

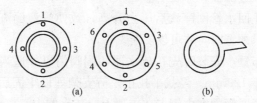

图 6-14 法兰螺栓拧紧顺序与带"柄"垫圈
(a)螺栓拧紧顺序；(b)带"柄"垫圈

采暖和热水供应管道的法兰衬垫，宜采用橡胶石棉垫。

法兰中间不得放置斜面衬垫或几个衬垫。连接法兰的螺栓，螺杆伸出螺母的长度不宜大于螺杆直径的 1/2。

蒸汽管道绝不允许使用橡胶垫。垫的内径不应小于管子直径，以免增加管道的局部阻力，垫的外径不应妨碍螺栓穿入法兰孔。

法兰衬垫应带"柄"[图 6-14(b)]，"柄"可用于调整衬垫在法兰中间的位置，另外，要与不带"柄"的"死垫"相区别。

"死垫"是一块不开口的圈形垫料，它和形状相同的铁板(约 3mm 厚)叠在一起，夹在法兰中间，用法兰压紧后能起堵板作用。但须注意："死垫"的钢板要加在垫圈后方(从被隔离的方向算起)，如果把两者的位置搞颠倒了，容易发生事故。

(6)疏水器安装。疏水器安装时，应根据设计图纸要求的规格组配后再进行安装。组配时，其阀体应与水平回水干管相垂直，不得倾斜，以利于排水；其介质流向与阀体标志应一致；同时安排好旁通管、冲洗管、检查管、止回阀、过滤器等部件的位置，并设置必要的法兰、活接头等零件，以便于检修拆卸。其部件组成形式如图 6-15 所示。

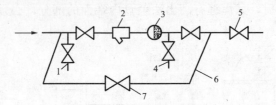

图 6-15 疏水器组装示意图

1—冲洗管；2—过滤器；3—疏水器；4—检查管；5—止回阀；6—旁通管；7—截止阀

旁通管的作用是在供暖运行初期排放系统中的大量凝结水及管内杂质。在运行中检修疏水器时，最好不用旁通管排放凝结水，因为这样会使蒸汽窜入回水系统，影响其他用热设备和管网凝结水压力的平衡。只有在必须连续生产不容许间断供气的管网中，才在疏水装置中设旁通管。

冲洗管的作用是冲洗管路，排放运行初期管路中所留存的杂质。

检查管的作用是检查疏水器工作状况是否正常。当凝结水直接排入附近明沟时，可不设检查管。

过滤器的作用是阻截污物进入疏水器，以免影响疏水器的正常工作。在蒸汽采暖系统中，最好在疏水器前安装过滤器，并定期清理。

止回阀的作用是防止回水管网窜汽后压力升高，致使汽液倒流。一般只在碰到系统上返以及其他特殊情况要求配置时，才可以安装。

疏水装置一般靠墙布置，安装时先在疏水器两侧阀门以外适当处设置型钢托架，托架栽入墙内的深度不得小于 120mm。经找平找正，待支架埋设牢固后，将疏水装置搁在托架上就位。有旁通管时，旁通管朝室内侧卡在支架上。疏水器中心离墙不应小于 150mm。

疏水装置的连接方式一般为：当疏水器的公称直径 $DN \leqslant 32mm$ 时，压力 $P \leqslant 0.3MPa$；公称直径 $DN = 40 \sim 50mm$ 时，压力 $P \leqslant 0.2MPa$，可以采用螺纹连接，其余均采用法兰连接。

5. 支管安装

支管安装要严格控制立管甩口和散热器接口间的距离，需煨乙字弯者，应先煨弯后再量长短尺寸，以免影响立管的垂直度。

支管安装操作要点如下：

(1)检查散热器安装位置及立管预留口是否准确，量出支管尺寸和灯叉弯的大小（散热器中心距墙与立管预留口中心距墙之差）。

(2)配支管，按量出支管的尺寸，减去灯叉弯的量，然后断管、套螺纹、煨灯叉弯和调直。将灯叉弯两头抹铅油缠麻，装好油任，连接散热器，把麻头清净。

(3)暗装或半暗装的散热器灯叉弯必须与炉片槽墙角相适应，达到美观要求。

(4)用钢尺、水平尺、线坠校对支管的坡度和平行距墙尺寸，并复查立管及散热器有无移动。按设计或规定的压力进行系统试压及冲洗，合格后办理验收手续，并将水泄净。

(5)立支管变径，不宜使用铸铁补芯，应使用变径管箍或焊接法。

6. 管道、支架及设备防护与保温

(1)管道防腐。

1)管道和散热器在安装刷油前，先将表面的铁锈、污物、毛刺和内部的砂粒、铁屑等除净。

2)暗设不保温管道、管件、支架除锈后刷樟丹 2 遍；明设不保温管道、管件、支架除锈后刷樟丹 1 遍、银粉 2 遍；保温管道除锈后刷樟丹 2 遍再做保温。

以上为采暖系统防腐的一般做法，如有特殊要求时以工程设计为准。

(2)管道保温。为了减少热力管道的能量损失，保证管道输送热媒的参数，设置在地沟、技术夹层、闷顶及管道井内或易于冻结的地方的热力管道均应保温。自来水管防止结露的方法与保温做法相同。设备及管道的保温施工应在设备及管道全部安装完毕，表面已作防腐处理并验收合格后进行。

6.1.2　管道及配件安装操作技巧

1. 管道及配件成品保护

明、暗装管道系统全部完成后，为防止损坏和堵塞，应及时清理，甩口封堵，进行封闭。

2. 安全操作及环保措施

(1)安全操作要求。

1)顶层管道安装时，一定要将搭设的架子、梯子固定好，且架腿、梯腿要有防滑防晃措施。

2)在地沟内、吊顶、管井内等隐蔽场所，进行电气焊及油漆作业时，且不得单人作业，必须设专人看护，且严格执行电气焊操作安全规定。

3)在黑暗、潮湿、不通风地方作业时，应事先接好低压照明(36V 以下)，杂物清理干净，有水要把水抽干，要保证作业面通风干燥。

4)油漆涂刷时，要保证作业面的空气流通。

(2)环保措施。

1)现场杂物要及时清运，应做到活完场清。

2)现场废料要及时分检进行回收。

6.1.3　采暖管道穿墙套管的改进

规范中规定，"采暖管道穿过墙壁，应设置铁皮或钢制套管，其两端应与饰面相平"。在实际工作中，经常可见采暖套管突出饰面或因长度不足而不能与饰面相平的情况。如果套管过短，冬季采暖时，管道热胀伸长会破坏套管周边的抹灰；套管过长则会影响墙面的美观。

按通常的做法，套管长度一般为墙体厚度加上两侧饰面抹灰厚度，而砌筑时，墙体的垂直度、平整度等一般均存在偏差，虽然仍在允许范围内，但会造成抹灰层厚度不均匀，都难以保证套管与饰面相平。

穿墙套管可以作如下改进。

（1）把套管的长度改为墙体厚度加上一侧饰面抹灰层的厚度，把套管一割为二，变为两个套管配合使用。

（2）用手砂轮将分割好的套管管口打磨齐平，并刷防锈漆待用。

（3）设置墙面抹灰标筋，以标筋面控制套管出砌体长度，用质量比1：2或1：2.5水泥沙浆将套管固定，使之平正牢靠。

（4）将穿墙套管用包装塑料缠紧，使管道位于套管正中，校核管道坡度，然后将管道用支、托架固定好。

（5）最后进行室内抹灰，分层成活，待抹灰面达到一定强度后，将包装塑料小心取出。

这种改进做法，不但简便易行，而且能够有效地保证套管在安装位置，环缝均匀美观。

6.1.4 干管坡度不合适分析处理

由于坡度不适当，导致管道窝气、存水，从而影响水、气的正常循环，甚至发出水击声；以及管道固定支架位置不对，妨碍管道伸缩，影响使用。其原因主要是管子安装前未调直存在弯曲；干管安装穿墙堵洞时，标高出现变动；用于支架距离不合理或安装松动，造成管子局部有塌腰现象。实践表明，在供热管道上出现渗漏或引起管段纵、横向变形和弯曲，除因管子本身质量或接口渗漏外，主要原因是固定支架安装不牢或间距不合理，伸缩节不起作用。

为防止上述问题的产生，应注意以下几点：

（1）为保证管道坡度一致，在干管变径部位应按图 6-16 所示制作。

（2）管子安装前应进行调直。焊接时要用卡口装置定位，保证接口平直；干管穿墙后，在堵洞时要看好管子坡度；支架距离要合理且安装牢固。

（3）进行干管安装时，管道固定支架的位置和构造必须符合设计要求，安装要牢固可靠。

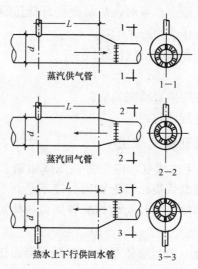

图 6-16 管道变径做法

图中：$d \geqslant 70$，$L=300$；$d<50$，$L=200$

6.1.5　管道布置与连接导致的质量问题分析处理

1. 室内采暖干管安装质量缺陷

干管的立管甩口距墙尺寸不一致，造成干管与立管的连接支管打斜，立管距墙尺寸也不一致，影响工程质量(图 6-17)。其原因主要是测量管道甩口尺寸时，使用工具不当，例如使用皮卷尺，误差较大；土建施工中，墙轴线允许偏差较大等。

为防止上述问题产生，管的立管甩口尺寸应在现场用钢卷尺实测实量。各工种要共同严格按设计的墙轴线施工，统一允许偏差。

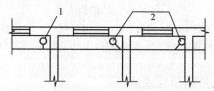

图 6-17　干管甩口不准
1—支管正确；2—支管打斜

2. 室内采暖立管安装质量缺陷

支架与炉片(暖气片)及立管的连接接口位置不准，造成连接炉片的支管坡度不一致，甚至出现倒坡，从而导致炉片窝风，影响正常供热；或支立管与干管连接的接管方式不正确，影响立管自由伸缩，从而使立管变形，影响使用。其原因主要是进行现场测量时，偏差太大；或进行支管配管时，支管长短不一，造成支管短的坡度大，支管长的坡度小；或没有考虑管道的伸缩，接管不符合规定。

为避免产生上述问题，安装立管时应注意以下几点：

(1)在测量立管尺寸时，最好使用木尺杆，并做好详细记录；立管的中间尺寸要适合支管的坡度要求，如图 6-18 所示。一般支管坡度以 1‰ 为宜；为了减少地面施工标高偏差的影响，炉片应尽量采取挂装；土建在施工地面时应严格遵守基准线，保证其偏差不超出炉片安装要求范围。

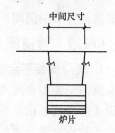

图 6-18　立管的中间尺寸

(2)从干管往下连接立管时，在顶棚内应采取图 6-5 所示形式；室内干管与立管连接如图 6-6 所示；在地沟内应采取图 6-8 所示的形式。

6.1.6　补偿管安装导致的质量问题分析处理

1. ∏ 形补偿器安装缺陷

∏ 形补偿器投入运行时，出现管道变形，支座偏斜，严重者接口开裂，严重影响使用。

为防止上述质量问题的产生，应注意以下几点：

(1)在预制 ∏ 形补偿器时，几何尺寸要符合设计要求；由于顶部受力最大，因而要求用 1 根管子煨成，不准有接口；四角管弯在组对时要在同一个平面上，防止投入运行后产生横向位移，从而使支架偏心受力。

(2)补偿器安装的位置要符合设计规定，并处在两个固定支架之间。

(3)安装时在冷状态下按规定的补偿量进行预拉伸，拉伸的方法如图 6-19 所示。拉伸前应将两端固定支架焊好，补偿器两端直管与连接末端之间应预留一定的间隙，其间隙值应等于设计补偿量的1/4，然后用拉管器进行拉伸，再进行焊接。

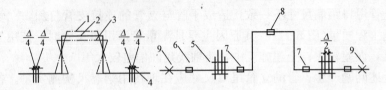

图 6-19　补偿器安装

1—安装状态；2—自由状态；3—工作状态；4—总补偿量；
5—拉管器；6、7—活动管托；8—吊架；9—固定支架

2. 波形补偿器安装时未严格预拉或预压

波形补偿器安装时由于没有严格预拉或预压，不能保证管道在运行中的正常伸缩。

为防止上述问题的产生，波形补偿器安装时应注意以下几点：

(1)波形补偿器安装时应根据补偿零点温度定位，补偿零点温度就是管道设计考虑达到最高温度和最低温度的中点。在环境温度等于补偿零点温度时，补偿器可不进行预拉或预压。如果安装时环境温度高于零点温度，应进行预压缩。如果安装时环境温度低于补偿零点温度，则应进行预压缩。拉伸量或压缩量应按设计规定。

(2)波形补偿器安装是有方向性的，即波形补偿器内套有焊缝的一端，水平管道应迎介质流动方向，垂直管道应置于上部。

(3)波形补偿器进行预拉或预压时，施加作用力应分2～3次进行，作用力应逐渐增加，尽量保证各节的圆周面受力均匀。

6.1.7　管道阀门安装导致的质量问题分析处理

1. 阀门安装不合理

阀门安装不合理或不便于检修和操作，甚至不起作用，是由于安装施工人员缺乏安装常识或对规范要求掌握不够，或操作不当、用力不均，造成安装后不能使用。

为防止上述问题的产生，安装阀门时，应注意下列问题：

(1)安装前，应根据要求仔细核对型号、规格，鉴定有无损伤，清除通口封盖和阀门杂物。

(2)根据施工验收规范规定，凡出厂没有强度和严密性试验单的阀门，安装前都应补做强度和严密性试验，属于安装在主干道上起切断作用的闭路阀门，应逐个做强度和严密性试验。

(3)一般阀门的阀体上印有流向箭头，箭头所指即介质流动的方向，不得装反。

(4)在安装位置上要从使用操作和维修方便着眼，尽可能便于操作维修，同时还要考虑到组装外形的美观。阀门手轮不得朝下；落地阀门手轮朝上，不得倾斜。

(5)安装法兰阀门时，法兰间的端面要平行，不得使用双垫，紧螺栓时要对称进行，用力要均匀。

2. 阀门关闭不严或阀体泄漏

阀门安装后，经试验或投入运行后，阀门关闭不严，有时阀体有泄漏，影响使用。主

要原因是密封面损伤或轻度腐蚀；操作时关闭不当，致使密封面接触不好；阀杆弯曲，上下密封面不对中心线；杂质堵住阀芯；阀体或压盖有裂纹等原因造成的。

为防止上述问题的产生，施工时，应注意下列问题：

(1)密封面磨损造成关闭不严时，应进行修理，一般需拆下进行研磨。密封面的缺陷（撞痕、刀痕、压伤、不平、凹痕等）深度小于 0.05mm 时，可用研磨消除；深度大于 0.05mm 时，应先在车床上加工，然后再研磨，不允许用锉刀或砂纸打磨等方法修理。

(2)属于操作关闭不当原因泄漏时，可以缓缓反复启闭几次，直至关严为止。

(3)属于阀杆原因造成泄漏，就应拆下进行调直修整或更换。

(4)杂质堵住阀芯时，首先应将阀门开启，排出杂物，再缓缓关闭，有时可以轻轻敲打直至排出杂质。

(5)属于阀体有裂纹或压盖开裂造成泄漏的原因，一是在安装前由于运输堆放受到碰撞形成裂纹，安装前又未仔细检查，造成安装后泄漏；另一种是阀门本身是好的，由于安装时操作不当，用力过猛或受力不均造成阀体裂纹或压盖损伤。

3. 疏水阀排水不畅

疏水阀安装投入使用后，工作不正常，影响使用；有时排水不畅反而漏气过多。

为防止上述问题的产生，疏水阀安装时应注意下列问题：

(1)疏水器安装前须仔细检查，然后进行组装。疏水器应直立安装在低于管线的部位，阀盖处于垂直位置，进出口应处于同一水平，不可倾斜，以便于阻气排水动作。安装时应注意介质的流动方向与阀体一致。

(2)疏水器不排水时可从下述几处检查处理：调整系统蒸汽压力；检调蒸汽管道阀门是否关闭或堵塞；适当加重或更换浮桶；如果是阀杆与套管卡住则要进行检修或更换；清除堵塞杂物并在阀前安装过滤器；更换阀芯。

(3)疏水器漏气太多时，要处理以下几处：如果是阀芯和阀座磨损漏气要用重钢砂使阀芯与阀座互相研磨，使密封面达到密封；如果排水孔不能自行关闭时，可检查是否有污物堵塞；如果属于浮桶体积过小不能浮起，可适当加大浮桶体积。

6.1.8　暖气立管上的弯头或支管甩口不准分析处理

暖气立管甩口不准，造成连接散热器的支管坡度不一致，甚至倒坡，从而又导致散热器窝风，影响正常供热。主要原因是测量立管时，使用工具不当，测量偏差较大；各组散热器连接支管的长度相差较大时，立管的支管开挡采取同一尺寸，造成短的支管坡度大，长的支管坡度小；地面施工的标高偏差较大，导致立管原甩口不合适。

为防止产生上述问题，施工时应注意：

(1)测量立管尺寸最好使用木尺杆，并做好记录。

(2)立管的支管开挡尺寸要适合支管的坡度要求，一般支管坡度以 1‰为宜(图 6-20)。

(3)为了减少地面施工标高偏差的影响，散热器应尽量挂装。

(4)地面施工应严格遵照基准线，保证其偏差不超出安装散热器要求的范围。

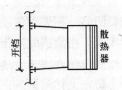

图 6-20　立管的支管开挡

6.1.9 管道、支架及设备防护与保温缺陷分析处理

1. 管道油膜返锈、油漆

金属管道和设备涂漆后漆膜表面逐渐产生锈斑，并逐步破裂；靠墙侧及接近地面的管道、散热器、水箱、金属结构等油漆漏涂。主要原因是涂漆前管道、散热器、水箱等结构表面的污垢、酸、碱、水分、铁锈未除净；涂漆层过薄；水、气体和酸碱透过漆膜浸入漆层内金属表面；靠墙侧及接近地面的管道、散热器和金属结构不便涂漆或漏涂等。

为防止管道油膜返锈，涂漆前必须清除管道和金属结构表面污物、水分等杂物，待露出金属光泽后，及时涂上底漆、面漆，每层涂料厚不小于 $30\sim40\mu m$；底漆稍厚，每层涂 $40\sim50\mu m$。安装后不便涂漆的管子、散热器、水箱等必须在安装前涂底漆，安装后刷面漆，可用小镜子反照背面，发现漏漆部位及时补涂。设备、散热器、水箱及管道涂漆应自上而下，自左至右，先内后外进行，刷漆要勤蘸少蘸，用力均匀，防止漏刷和出现针孔；用过氯乙烯漆涂刷时，应沿一个方向一次涂刷，不得往复进行，以防咬底。

2. 漆层流坠

油漆中加稀释剂过多，涂刷的漆膜太厚，施工环境温度过低，选用的油刷太大，刷毛太长、太软，操作不当或涂刷油漆时蘸油太多，管子表面清理不彻底，有油、水等污物，喷涂油漆时，选用喷嘴口径太大，喷枪距离被喷物太近，喷漆的气压太大或太小，都能造成油漆流坠。

为防止上述问题的产生，施工时应注意以下几点：

(1)选用优质的漆料和适当的稀释剂。

(2)涂漆时操作要均匀。

(3)涂漆时环境温度要适当，一般以温度为 $15\sim20℃$、相对湿度 $50\%\sim75\%$ 为宜。

(4)选择适用的油刷，刷毛不宜过长，要有弹性、耐用，根粗、梢细、鬃厚、口齐。

(5)涂刷蘸油不宜过多，油膜不宜过厚，一般漆层应保持 $50\sim70\mu m$ 厚。喷涂油漆应比刷涂的要薄一些。

(6)涂漆前要彻底清理管子表面的油、水等杂物。

(7)采用喷涂方法时，选用喷嘴口径不太大，空气压力应为 $0.2\sim0.4MPa$；喷枪距管子表面的适当距离为小喷枪为 $150\sim200mm$，大喷枪为 $200\sim250mm$。

3. 漆膜起泡

油漆干燥后，表面出现大小不同的突起气泡，用手压有弹性感。漆泡是在漆膜与管子表面基层或面漆与底漆之间发生的；气泡外膜很容易成片脱落。主要原因是金属表面处理不佳，凹陷处积聚潮气或有铁锈，喷涂时，压缩空气中含有水蒸气，与涂料混在一起，漆的黏度太大，在涂刷时夹带的空气进入涂层，不能与溶剂挥发；施工时，环境温度太高，或日光强烈照射使底漆未干透，遇到雨水又涂上面漆，底漆干结时，产生气体将面漆膜鼓起等。

为防止上述问题的产生，涂漆前必须将管子表面处理干净，当基层有潮气或底漆上有水时，必须将水擦干，潮气散干后又涂油漆。涂料黏度不宜太大，一次涂漆不宜过厚；喷涂使用的压缩空气要过滤，防止潮气侵入漆膜中。

6.2　散热器及金属辐射板安装

6.2.1　常见施工工艺

1. 散热器组对与安装

（1）散热器组对。钢排管散热器是用钢管焊接而成，钢串片散热器是用管接头连接而成的，圆翼形散热器是用法兰连接而成的。其他散热器一般都是用具有正反螺纹的对丝接头，将片状的散热片组对成所要求的一个整体。散热器的组对工作程序如下。

1）准备工作。

①首先检查单片散热器的质量，看每个单片散热器是否有裂纹、砂眼，体腔内是否有砂土等杂物。

②检查散热器和对丝、丝堵的螺纹是否良好，密封面是否平整，同侧两端连接口的密封面是否在同一平面内。对丝及丝堵，如图 6-21 所示。

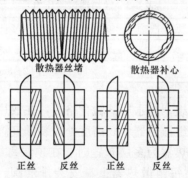

散热器丝堵　　　　散热器补心

正丝　　反丝　　正丝　　反丝

图 6-21　散热器组对零件

③对单片散热器除锈刷油，对螺纹连接密封面用钢丝刷或细砂布清理干净，露出金属光泽，必要时可涂上机油。

④做好螺纹连接口密封面的环形垫片。

⑤做好组对散热器用的工具钥匙，如图 6-22 所示。

⑥准备好组对散热器用的工作台或组对架，如图 6-23 所示。

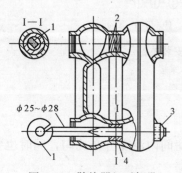

$\phi 25 \sim \phi 28$

图 6-22　散热器组对钥匙

1—散热器钥匙；2—垫片；3—散热器补芯；4—散热器对丝

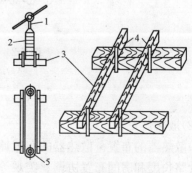

图 6-23　散热器组对架

1—钥匙；2—散热器；3—木架；4—地桩；5—补芯

2)组对。组对散热器时，将散热器平放在木架上，正扣朝上，用两个对丝的正扣，分别拧入散热器上、下口 1～2 扣，将环形密封圈套入对丝中见表 6-2。再将另一个散热器的反扣对准上、下对丝，用两把钥匙分别从上面的散热器两个接口孔中插入，钥匙的方头正好卡住对丝内部突缘处。此时由两人同时操作，顺时针旋转钥匙，使对丝跟着旋转，两片散热器即随着靠贴压紧，而达到密封要求。当散热器组对到设计片数时，分别在每组散热器两侧，根据进出口介质流向装上补芯和堵头。

表 6-2　垫片材质

项　次	热　媒	垫片材质
1	低温热水	耐热橡胶
2	高温热水	石棉橡胶
3	蒸　汽	石棉橡胶

3)水压试验及排气阀安装。组对好的散热器，应作水压试验。各种散热器组对后试验压力数值见表 6-3。当水压试验发现有渗漏时，应查出原因并进行修理，直至合格为止。

表 6-3　散热器试验压力

工作压力/MPa	<0.25	0.25～0.4	0.41～0.6
试验压力/MPa	0.4	0.6	0.8
要　求	试验时间 2～3min，不渗不漏为合格		

需要安装排气阀的散热器组，当水压试验合格后，在散热器上钻孔攻丝，装上排气阀。对于蒸汽采暖系统，在每组散热器 1/3 高度处安装排气阀。

对于热水采暖系统，当散热器为多层布置时，在顶层每组散热器上端安装排气阀；当系统单层水平串联布置时，在每组散热器上端安装排气阀。散热器排气阀安装位置如图6-24所示。

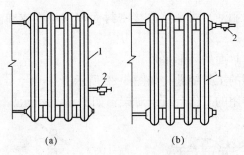

图 6-24　散热器排气阀安装位置
(a)蒸汽采暖；(b)热水采暖
1—散热器；2—排气阀

(2)散热器安装。

1)散热器的布置。散热器的布置原则是尽量使房间内温度分布均匀，同时也要考虑到缩短管路长度和房间布置协调、美观等方面的要求。

根据对流的原理，散热器布置在外墙窗口下最合理。经散热器加热的空气沿外窗上升，能阻止渗人的冷空气沿外窗下降，从而防止了冷空气直接进入室内工作地区。在某些民用建筑中，要求不高的房间，为了缩短系统管路的长度，散热器也可以沿内墙布置。

　　一般情况下，散热器在房间内都是敞露装置的，即明装。这样散热效果好，易于清扫和检修。当在建筑方面要求美观或由于热媒温度高，防止烫伤或碰伤时，就需要将散热器用格栅、挡板、罩等加以围挡，即暗装。

　　楼梯间或净空高的房间内散热器应尽量布置在下部。因为散热器所加热的空气能自行上升，从而补偿了上部的热损失。当散热器数量多的楼梯间，其散热器的布置见表6-4。

　　为了防止冻裂，在双层门的外室以及门斗中不宜设置散热器。

表 6-4　楼梯间散热器分配百分数

楼房层数	各层散热器分配百分数					
	I	II	III	IV	V	VI
2	65	35	—	—	—	—
3	50	30	20	—	—	—
4	50	30	20	—	—	—
5	50	25	15	10	—	—
6	50	20	15	15	—	—
7	45	20	15	10	10	—
8	40	20	15	10	10	5

　　2)支、托架安装。安装散热器前，应先在墙上画线，确定支、托架的位置，再进行支、托架的安装。常见散热器支、托架安装如图 6-25 及图 6-26 所示。

　　安装好的支、托架应位置正确、平整牢固。

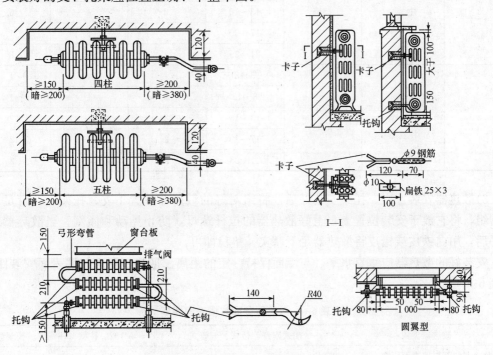

图 6-25　铸铁散热器支托架安装图

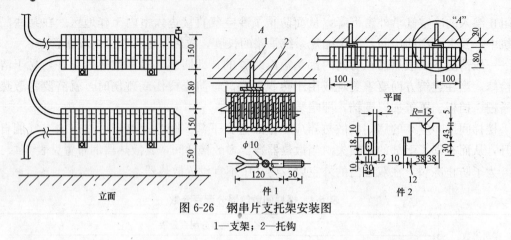

图 6-26 钢串片支托架安装图

1—支架；2—托钩

散热器支、托架数量应符合表 6-5 的规定。

表 6-5 散热器支架、托架数量

项 次	散热器型式	安装方式	每组片数	上部托钩或卡架数	下部托钩或卡架数	合 计
1	长翼型	挂墙	2～4	1	2	3
			5	2	2	4
			6	2	3	5
			7	2	4	6
2	M132柱 型柱翼型	挂墙	3～8	1	2	3
			9～12	1	3	4
			13～16	2	4	6
			17～20	2	5	7
			21～25	2	6	8
3	M132柱 型柱翼型	带足落地	3～8	1	—	1
			8～12	1	—	1
			13～16	2	—	2
			17～20	2	—	2
			21～25	2	—	2

3) 散热器安装。支、托架安装好后，将组对好的散热器放置于支、托架上。带足的散热器组，将它放于安装位置上，上好散热器的拉杆螺母，防止晃动和倾倒。当散热器放正找平后，用白铁皮或铅皮将散热器足下塞实、垫稳即可。

安装好的散热器应垂直水平、与墙面保持一定的距离。散热器背面与墙表面安装距离，见表 6-6。

表 6-6 散热器背面与墙表面距离

散热器型式	闭式串片、板式、偏管式	M132、柱型、柱翼型、长翼型
散热器背面与墙表面距离/mm	30	40

靠窗口安装的散热器，其垂直中心线应与窗口垂直中心线相重合。在同一房间内，同时有几组散热器时，几组散热器应安装在同一条水平线上，高低一致。

2. 金属辐射板安装

（1）辐射板的制作。辐射板制作简单，将几根 $DN15$、$DN20$ 等管径的钢管制成钢排管形式，然后嵌入预先压出与管壁弧度相同的薄钢板槽内，并用 U 形卡子固定；薄钢板厚度为 $0.6\sim0.75$mm 即可，板前可刷无光防锈漆，板后填保温材料，并用薄钢板包严。当嵌入钢板槽内的排管通入热媒后，很快就通过钢管把热量传递给紧贴着它的钢板，使板面具有较高的温度，并形成辐射面向室内散热。辐射板散热以辐射热为主，还伴随一部分对流热。

（2）辐射板水压试验。

1）辐射板散热器安装前，必须进行水压试验。试验压力等于工作压力加 0.2MPa，但不得低于 0.4MPa。

2）辐射板的组装一般均应采用焊接和法兰连接。按设计要求进行施工。

（3）辐射板支吊架制作与安装。按设计要求，制作与安装辐射板的支吊架。一般支吊架的形式按其辐射板的安装形式分为三种，即垂直安装、倾斜安装、水平安装，如图 6-27 所示。带型辐射板的支吊架应保持 3m 一个。

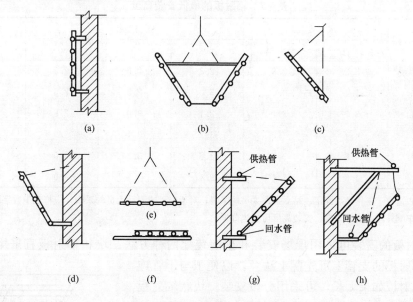

图 6-27　辐射板的支、吊架

(a)垂直安装；(b)、(c)、(d)、(g)、(h)倾斜安装；(e)、(f)水平安装

1）水平安装：板面朝下，热量向下侧辐射。辐射板应有不小于 0.005 的坡度坡向回水管，坡度的作用是：对于热媒为热水的系统，可以很快地排除空气；对于蒸汽，可以顺利地排除凝结水。

2）倾斜安装：倾斜安装在墙上或柱间，倾斜一定角度向斜下方辐射。

3）垂直安装：板面水平辐射。垂直安装在墙上、柱子上或两柱之间。安装在墙上、柱上的，应采用单面辐射板，向室内一面辐射；安装在两柱之间的空隙处时，可采用双面辐射板，向两面辐射。

6.2.2 室内散热器组对及安装技巧

1. 散热器成品保护

(1)散热器露天存放组对时，为防散热器生锈和碰摔损伤，下面应垫木板，并码放整齐、牢固。

(2)散热器往楼内搬动时，为防止散热器损坏，要捆绑牢固慢抬轻放。

(3)散热器安装时要固定牢固，安装后不得蹬踩，墙面喷刷前，为防污染和损坏，散热器应进行遮盖。

2. 组对、安装时注意事项

(1)控制好坐标线，以防散热器安装位置、标高、距墙尺寸不统一，平整度、垂直度不一致。

(2)为防拉条数量不够，位置不正确，使散热器挂装不稳，弯曲变形，支架、托架埋设时应拉线找平、找正、找直，拉条拉紧度要一致。

3. 金属辐射板安装技巧

(1)辐射板用于全面采暖，如设计无要求，最低安装高度应符合表6-7的要求。

m

表6-7 辐射板的最低安装高度

热媒平均温度(℃)	水平安装		倾斜安装			垂直安装(板中心)
	多管	单管	60°	45°	30°	
115	3.2	2.8	2.8	2.6	2.5	2.3
125	3.4	3.0	3.0	2.8	2.6	2.5
140	3.7	3.1	3.1	3.0	2.8	2.6
150	4.1	3.2	3.2	3.1	2.9	2.7
160	4.5	3.3	3.3	3.2	3.0	2.8
170	4.8	3.4	3.4	3.3	3.0	2.8

注：1. 本表适合于工作地点固定、站立操作人员的采暖；对于坐着或流动人员的采暖，应将表中数字降低0.3m。

2. 在车间外墙的边缘地带，安装高度可适当降低。

(2)辐射板的安装可采用现场安装和预制装配两种方法。块状辐射板宜采用预制装配法，每块辐射板的支管上可先配上法兰，以便于与干管连接。带状辐射板如果太长，可采用分段安装。块状辐射板的支管与干管连接时应有两个90°弯管，如图6-28所示。

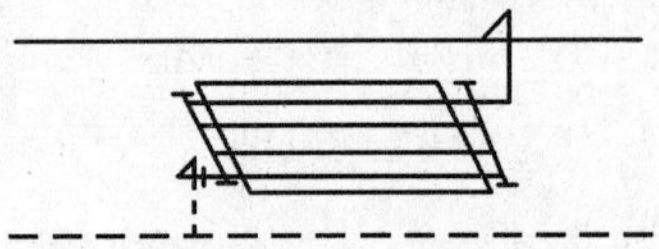

图6-28 辐射板支管与干管连接

(3)块状辐射板不需要每块板设一个疏水器。可在一根管路的几块板之后装设一个疏水器。每块辐射板的支管上也可以不装设阀门。

(4)接往辐射板的送水管、送汽管和回水管，不宜与辐射板安装在同一高度上。送水管、送汽管宜高于辐射板，回水管宜低于辐射板，并且有不少于0.005的坡度坡向回水管。

(5)背面须作保温的辐射板，保温应在防腐、试压完成后施工。保温层应紧贴在辐射板上，不得有空隙，保护壳应防腐。安装在窗台下的散热板，在靠墙处，应按设计要求放置保温层。

6.2.3　暖气及配件安装改进

1. 暖气安装改进

在暖气安装时，把原设计在顶层的水平主干管降低一层，循环系统仍然采用上供下回垂直串联的形式。水平主干管由原来的向下开口改为向上开口，穿过楼板连接顶层的每一组暖气片，热水经过每组暖气片后再向下穿越每层楼板连接各组暖气片，最后经一层的回水干管，流向室外的供热站。

这种改变不仅保留了原系统的优点，而且可以补偿机械循环的不均匀供热。垂直向下的水流温度低的流得快，因此，就会使暖气温度升高，升高后会出现新的温度低的垂直支路，再一次重复以上的过程。这就是水重力差对机械循环的补偿。

这样改进的优点有如下几点：

(1)因整个循环系统的高度变低，低于顶层房间的窗台，所以能节约一部分管子。

(2)膨胀水箱在室内架高即可，方便检查、维修。

(3)顶层的每一组暖气片都可以当做集气罐，气体由安装在每组暖气片上的手动或自动排气阀排出，特别有利于排除系统的气体确保系统的正常循环。

(4)水平主干管处在顶层地面以下，因此不再加热屋面楼板，减少了热量从楼顶散发出去，水箱的热量也保存在室内。

2. 暖气片托沟做法改进

挂墙架空安装暖气片时，装托钩的工程量较大，且用砂浆堵洞，还需等待硬化一段时间后，方能进入下一道工序。若托钩位置的误差较大，还要返工。下面介绍一种带扣的托钩。

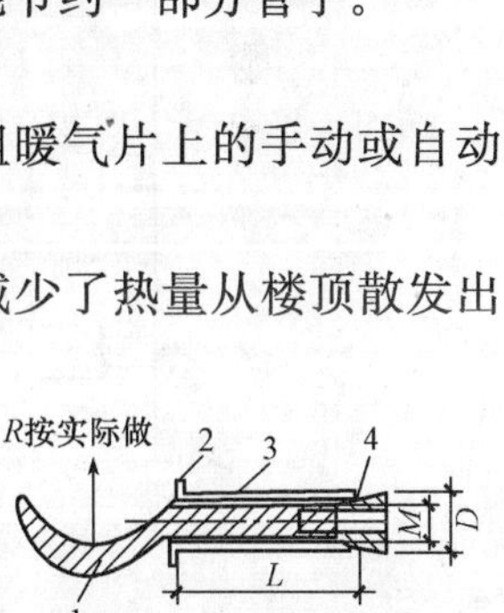

图 6-29 是一种带扣膨胀式托钩，墙孔体钻孔使用冲击式电锤。

图 6-29　暖气片托钩
1—托钩；2—挡圈；
3—开口套管；4—螺母

6.2.4　散热器组对质量缺陷分析处理

散热片组对使用的衬垫品种不当，偏位外露，组对不平不严，有漏水现象；圆翼形散热片纵翼方向不对，未按规定使用偏心法兰，法兰直接螺栓过短或过长；散热片表面及内部清抄不净，影响美观和使用等。主要原因是散热片组对前未认真清理和检查接口及对丝，使用的垫片不符合规定；组对后未进行水压试验或试压时间和压力不符合规定；或未按规定进行清理和组对等。

为防止上述问题的产生，散热器组对时应注意以下几点：

(1)各种散热器在组对前应认真进行外观检查，判断有无砂眼、裂纹等。检查合格后应用钢丝刷刷去铁锈，倒出内部残留的砂子、杂物等。对接口用的对丝或法兰等也应进行检查和清理，合格后才能使用。

(2)散热片接口应平整，对丝及补芯、丝堵等的螺纹应规整合格，能用手拧入几扣。使用的衬垫应符合介质要求。

(3)组对时应放在特制的平台上进行，衬垫要放正，用力要均匀一致。

(4)散热片组装完毕须进行水压试验，试验压力应符合规范要求。

6.2.5　散热器安装导致质量问题

1. 散热器不热或冷热不均

热网启动后，散热器不热或冷热不均的主要原因是水力不平衡，距热源远的散热器因管网阻力大而热媒分配少，导致散热器不热；散热器未设置跑风门或跑风门位置不对，以致散热器内空气难以排出而影响散热；蒸汽采暖的疏水器选择不当，因而造成介质流通不畅，使散热器达不到预期效果；管道堵塞；管道坡度不当，影响介质的正常循环等。

为防止散热器不热或冷热不均现象的产生，应注意以下几点：

(1)设计时应做好水力计算，管网较大时宜作同程式布置，而不宜采用异程式。图6-30所示为单管式热水采暖异程式系统和同程式系统示意图。

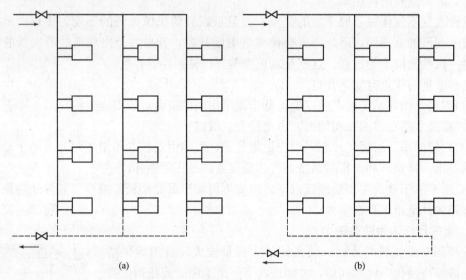

图 6-30 单管式热水采暖异程式系统和同程式系统示意图
(a)异程式采暖系统；(b)同程式采暖系统

(2)散热器应正确设置跑风门。如为蒸汽采暖，跑风门的位置应在距底部1/3处；如为热水采暖，跑风门的位置应在上部。

(3)疏水器选用不仅要考虑排水量，还要根据压差选型，否则容易漏气，破坏系统运行的可靠性，或者疏水器失灵，凝结水不能顺利排出。

2. 铸铁散热器安装不牢固

散热器安装后，接口处松动、漏水，主要是因为挂装散热器的托钩、炉卡不牢，托钩强度不够，散热器受力不均。落地安装的散热器，腿片着地不实，或者垫得过高，不牢等。

为防止上述问题的产生，铸铁散热器安装时，散热器钩卡栽墙深度不小于12cm，堵洞应严实，钩卡的数量应符合规范规定。落地安装的散热器的支腿均应落实，不得使用木垫加垫，必须用铅垫。断腿的散热器应予更换或妥善处理。

6.2.6 浴室等潮湿房间，散热器选用不当分析处理

在浴室等潮湿房间，散热器严重锈蚀，降低使用年限，主要是未按规范要求，在浴室等潮湿的房间内，采用特殊防腐处理的钢制散热器等原因造成的。

为防止上述问题的产生，浴室等潮湿房间应选用铸铁或表面经过特殊防腐的钢制散热器。

(1)铸铁散热器。铸铁散热器是一种老式的长期被广泛应用的散热器，根据形状可分为柱型及翼型(图 6-31)。而翼型散热器又有圆翼型和长翼型之分。铸铁散热器具有结构简单、

制造容易、耐腐蚀、使用寿命长、价格较低的优点。但承受压力一般不宜超过 0.4MPa，且重量大，组对时劳动强度大，适用于工作压力小于 0.4MPa 的采暖系统，或不超过 40m 高的建筑物内。

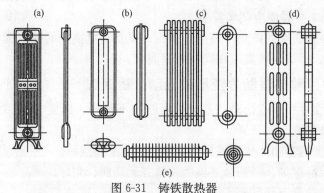

图 6-31　铸铁散热器

(a)回柱型；(b)132 型；(c)翼型管；(d)四柱型；(e)圆翼型

(2)钢制散热器。

1)光管型散热器。用钢管焊接或弯制而成，图 6-32 是一种最简单的排管型散热器，规格尺寸由设计决定，可按国标选用。其优点是承压能力高、表面光滑、易于清除灰尘、加工制造简便。缺点是耗钢量大、占地面积大、不美观。

2)闭式钢串片散热器。这种散热器的优点是承压高、体积小、重量轻、容易加工、安装简单和维修方便；缺点是薄钢片间距小、不宜清扫、耐腐蚀性差，压紧在钢管上的串片因热胀冷缩容易松动，长期使用会导致传热性能下降。

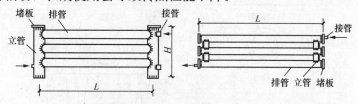

图 6-32　排管散热器

6.2.7　铸铁翼型散热器组对缺陷分析处理

散热器组对不紧密，散热片有沙眼与裂纹，造成漏水漏气影响散热效果，是散热器组对不认真；或铸铁散热片质量不合格等原因造成的。

为防止上述问题的产生，铸铁翼型散热器组对时应注意以下几点：

(1)组对铸铁散热器应平直紧密，垫片不得露出颈外。

(2)散热处组对时，应将内部铁渣、沙土、杂质等清除干净，组对好散热器，两端敞口处在未与管道连接时，应用丝或木塞堵住，防止沙土杂质进入散热器。

(3)丝口组对，需先将每片对口处污物清除，高低处铲平、磨平，弄清正反丝口，将油浸透的垫圈套入接箍(令口)，将散热器上下口对正，用钥匙(钥匙断面与令口断面一样，四周略小 1mm)伸入令口，为避免把按箍(令口)及散热片胀坏，依次上下反复均匀拧紧，不可用力过猛，到散热片节间有油珠挤出后，再另行组对散热片，组对到需要片数后，即可进行试压。

翼型散热器型号为 60 或 AB，用正反丝口连接。

(4)铸铁翼型散热器的翼片，应保持完整，每片掉翼数量应符合下列规定，60 型散热器顶部掉翼数，只允许一个，其长度不得大于 50mm，侧面掉翼数，不得超过两个，其累计长度不得大于 200mm，掉翼面应朝墙安装。

(5)对于有沙眼及裂纹的散热片不允许使用，要立即更换，而接口面要光洁平整，接口内螺纹应完整无损，上下两接口应在同一垂直面上。

6.2.8 钢串片散热器肋片变形或松动分析处理

钢串片散热器肋片变形或松动，是散热器肋片不整齐、翘曲、不完好；或与主热管连接不紧密等原因造成的。

为防止钢串片散热器肋片变形或松动，应注意以下几点：

(1)加强安装成品保护，做到散热器肋片整齐无翘曲、完好。

(2)散热器与主热管连接紧密无间隙。

(3)松动肋片数量不超过总数的 3%。

6.3 低温热水地板辐射采暖系统安装

6.3.1 地热采暖构造

(1)常见的地热采暖构造种类如图 6-33 所示。

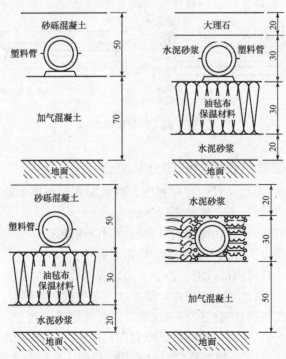

图 6-33 地热采暖构造

（2）与土壤相邻的地面，必须设绝热层，且绝热层下部必须设置防潮层（图 6-34）。直接与室外空气相邻的楼板，必须设绝热层（图 6-35）。

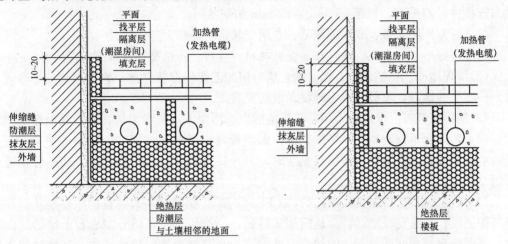

图 6-34　与土壤相邻的地面构造示意图　　　图 6-35　楼层地面构造示意图

（3）地面构造由楼板或与土壤相邻的地面、绝热层、加热管、填充层、找平层和面层组成，并应符合下列规定：

1）当工程允许地面按双向散热进行设计时，各楼层间的楼板上部可不设绝热层。

2）对卫生间、洗衣间、浴室和游泳馆等潮湿房间，在填充层上部应设置隔离层。

6.3.2　常见施工工艺

1. 盘管敷设

低温辐射供暖形式有多种，其中地面埋管安装如图 6-36、图 6-37 所示。

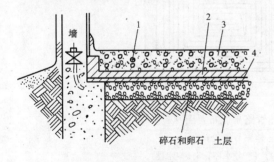

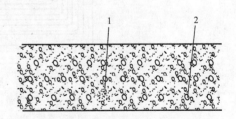

图 6-36　地面埋管　　　　　　　　　　图 6-37　混凝土板内埋管

1—加热管；2—隔热层；3—混凝土板；4—防水层　　　　1—混凝土板；2—加热排管

为了保证低温地板辐射采暖系统的安装质量及运行后严密不漏和畅通无阻。安装时必须按照以下程序进行：材料的选择和准备→清理地面→铺设保温板→铺试交联管→试压冲洗。在整个施工过程中，施工人员应经过专业岗位培训。持证上岗是保证施工质量的关键。

（1）施工材料的准备和选择。

1）选择合格的交联聚乙烯（XLPE）管，禁止用其他塑料管代替交联塑料管，埋地盘管不应有接头，以防止渗漏；盘管弯曲部分不能有硬折弯现象，保证管内水流有足够的流通断面及减少流动阻力。

选择合格的铝塑复合板及管件、铝箔片、自熄型聚苯乙烯保温板专用塑料卡钉、专用接口连接件，$\phi4\sim\phi6$，网距150mm×150mm的钢筋网。

2)选好专用膨胀带、专用伸缩节、专用交联聚乙烯管固定卡件。

3)准备好砂子、水泥、油毡布、保温材料、豆石、防龟裂添加剂等施工用料。

(2)清理地面。在铺设贴有铝箔的自熄型聚苯乙烯保温板之前，将地面清扫干净，不得有凹凸不平的地方，不得有砂石碎块、钢筋头等。

(3)铺设保温板。保温板采用贴有铝箔的自熄型聚苯乙烯保温板，必须铺设在水泥沙浆找平层上，地面不得有高低不平的现象。保温板铺设时，铝箔面朝上，铺设平整。凡是钢筋、电线管或其他管道穿过楼板保温层时，只允许垂直穿过，不准斜插，其插管接缝用胶带封贴严实、牢靠。

(4)铺设交联管[特制交联聚乙烯(XLPE)软管]。交联塑料管铺设的顺序是从远到近逐个环圈铺设，凡是交联塑料管穿地面膨胀缝处，一律用膨胀条将分割成若干块的地面隔开来，交联塑料管在此处均须加伸缩节，伸缩节为交联塑料管专用伸缩节，其接口用热熔连接，施工中须由土建施工人员事先划分好，相互配合和协调，如图6-38所示。

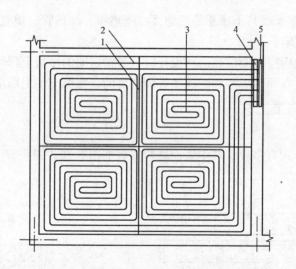

图6-38 地热管路平面布置图
1—膨胀带；2—伸缩节(300mm)；
3—交联管($\phi20$、$\phi15$)；4—分水器；5—集水器

交联聚乙烯管供暖散热量及其管路铺设间距可根据不同位置、不同地面材料见表6-8和表6-9自行选择。

表6-8 标准工况(适用于大厅)供回水温度：60～50℃；室温：28℃

地面材料类别	散热量/(W/m²)	
	管间距150mm	管间距200mm
瓷砖类	212	193
塑料类	159	147

续表

地面材料类别	散热量/(W/m²)	
	管间距 150mm	管间距 200mm
地毯类	119	112
木地板类	143	133

表 6-9　标准工况(适用于游泳馆)供水温度：60℃；回水温度：50℃；室温：28℃

地面材料类别	散热量(W/m²)	
	管间距 150mm	管间距 200mm
瓷砖类	152	138
塑料类	114	104

　　交联塑料管铺设完毕，采用专用的塑料 U 形卡及卡钉逐一将管子进行固定。U 形卡距及固定方式如图 6-39 所示。若设有钢筋网，则应安装在高出塑料管的上皮 10～20mm 处。铺设前如果规格尺寸不足整块铺设时应将接头连接好，严禁踩在塑料管上进行接头。

　　敷设在地板凹槽内的供回水干管，若设计选用交联塑料软管，施工结构要求与地热供暖相同。

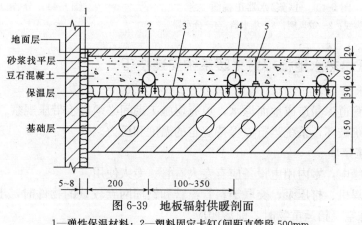

图 6-39　地板辐射供暖剖面
1—弹性保温材料；2—塑料固定卡钉(间距直管段 500mm，弯管段 250mm)；3—铝箔；4—塑料管；5—膨胀带

　　(5)试压、冲洗。安装完地板上的交联塑料管应进行水压试验。首先接好临时管路及水压泵，灌水后打开排气阀，将管内空气放净后再关闭排气阀，先检查接口，无异样情况方可缓慢地加压，增压过程观察接口，发现渗漏立即停止，将接口处理后再增压。增压至 0.6MPa 表压后稳压 10min，压力下降≤0.03MPa 为合格。由施工单位、建设单位双方检查合格后作隐蔽记录，双方签字验收，作为工程竣工验收的重要资料。

　　2. 分、集水器规格与安装

　　(1)分水(回水)器制作。先按设计图纸进行钢制分水(回水)器的放样、下料、画线、切割、坡口、焊制成形，按工艺标准中各工序严格操作。如设计无规定，如图 6-40 和图 6-41 中所示制作、安装。分水器或回水器上的分水管和回水管，与埋地交联塑料管的连接采用热熔接口。

（2）分水（回水）器安装、连接。将进户装置系统管道安装完，其仪表、阀门、过滤器、循环泵安装时，不得安反。

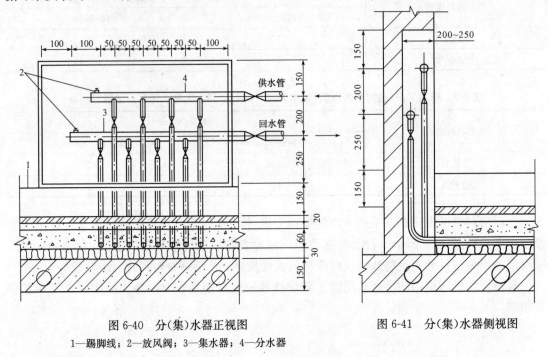

图 6-40　分（集）水器正视图　　　　　　　　图 6-41　分（集）水器侧视图

1—踢脚线；2—放风阀；3—集水器；4—分水器

6.3.3　低温热水地板辐射采暖系统安装技巧

1. 安装要求

（1）为防止管道渗漏造成地面返水，填充层施工期间必须通水带压观察。

（2）为防系统破坏，系统运行应保持规定的温度和压力。

2. 安全注意事项

（1）为避免触电，室内用电设备应有专人看管、专人使用。

（2）搬运电焊机、打压泵、交联塑料管盘管和钢筋网卷较重的物件时，上下楼要注意脚下不打滑、不踩空，抬运重物时，前后照应。

（3）为防止交叉作业时滑倒，混凝土搅拌和运输中要注意地面整洁、干燥。

6.3.4　低温地板通热后渗漏分析处理

低温地板辐射系统通热后渗漏，影响使用，主要是因为交联塑料管的材质控制不严，对其他塑料管代替交联塑料管的错误做法管控不严；隐蔽之前，未进行试压试验就回填；热熔接口操作人员未经培训考试合格，无上岗证等原因造成的。

为确保低温地板辐射采暖系统的安装质量及运行后严密不漏和畅通无阻。安装时必须按照以下程序进行：材料的选择和准备→清理地面→铺设保温板→铺试交联管→试压冲洗。

（1）严格控制交联塑料管的材质，选择合格的交联聚乙烯（XLPE）管，严禁用其他塑料管代替交联塑料管。埋地盘管不应有接头，防止渗漏。

（2）隐蔽之前，必须试压合格，方可回填。

（3）热熔接口操作人员必须经培训考试合格，持上岗证上岗操作。

第7章 室外给水管网安装

7.1 室外给水管网安装

7.1.1 常见施工工艺

1. 散管和下管

(1)散管。将检查并疏通好的管子沿沟散开摆好,其承口应对着水流方向,插口应顺着水流方向。

(2)下管。指把管子从地面放入沟槽内。当管径较小、重量较轻时,一般采用人工下管。当管径较大、重量较重时,一般采用机械下管;但在不具备下管机械的现场,或现场条件不允许时,可采用人工下管。下管时应谨慎操作,保证人身安全。操作前,必须对沟壁情况、下管工具、绳索、安全措施等认真地检查。

机械下管时,为避免损伤管子,一般应将绳索绕管起吊,如需用卡、钩吊装时,应采取相应的保护措施。

2. 管道对口和调直稳固

(1)下至沟底的铸铁管在对口时,可将管子插口稍稍抬起,然后用撬棍在另一端用力将管子插口推入承口,再用撬棍将管子校正,使承插间隙均匀,并保持直线,管子两侧用土固定。遇有需要安装阀门处,应先将阀门与其配合的甲乙短管安装好,而不能先将甲乙短管与管子连接后再与阀门连接。

(2)管子铺设并调直后,除接口外应及时覆土,覆土的目的是起稳固管子防止位移,另一方面也可以防止在捻口时将已捻管口振松。稳管时,每根管子必须仔细对准中心线,接口的转角应符合规范要求。

3. 铸铁管安装

(1)铸铁管断管。

1)一般采用大锤和剁子进行断管。

2)断管量大时,可用手动油压钳锄管器锄断。该机油压系统的最高工作压力为60MPa,使用不同规格的刀框,即可用于直径 100~300mm 的铸铁管切断。

3)对于 $\phi > 560mm$ 的铸铁管,手工切断相当费力,根据有关资料介绍,用黄色炸药(TNT)爆炸断管比较理想,而且还可以用于切断钢筋混凝土管,断口较整齐,无纵向裂纹。

(2)给水铸铁管青铅接口。给水铸铁管青铅接口时,必须由有经验的工人指导进行施工。

1)准备好化铅工具(铅锅、铅勺等),铅应用 6 号铅。

2)熔铅(化铅)。熔铅时要掌握火候,一般可根据铅溶液的液面颜色判断其热熔温度,如呈白色则温度低了，呈紫红色则说明温度合适。同时用一根铁棒(严禁潮湿或带水)插入到铅锅内迅速提起来，观察铁棒是否有铅熔液附着在棒的表面上，如没有熔铅附着，则说明温度适宜即可使用。在向已熔融的铅液中加入铅块时，严禁铅块带水或潮湿，避免发生爆炸事故；熬铅时严禁水滴入铅锅内。

3)灌注铅口时，将管口内的水分及污物擦干净，必要时用喷灯烘干；挖好工作坑。

4)将灌铅卡箍贴承口套好，开口位于上方，以便灌铅。卡箍应贴紧承口及管壁，可用黏泥将卡箍与管壁接缝部位抹严，防止漏铅，卡子口处围住黏泥。

5)灌铅。取铅溶液时，应用漏勺将铅锅中的浮游物质除去，将铅液掐到小铅桶内，每次取一个接口的用量；灌铅者应站在管顶上部，使铅桶的口朝外，铅桶距管顶约20cm，使铅液慢慢地流入接口内，目的是为了便于排除空气；如管径较大时铅流也可大些，以防止溶液中途凝固。每个铅口应不断地一次灌满，但中途发生爆炸应立即停止灌铅。

6)铅凝固后，即可取下卡箍，用剁子或扁铲将铅口毛刺铲去，然后用铅錾子贴插口捻打，直至铅口打实为止，最后用錾子将多余的铅打掉并錾平。

铅接口本身的刚性及抗震性能较好，施工完毕又不需要进行养护就可以通水，因此，在穿越铁路及振动性较大的部位使用或用于抢修管道均有优越性，但青铅接口造价高，用量大，工程上不适合全部采用青铅接口。

4. 镀锌钢管安装

(1)镀锌钢管安装要全部采用镀锌配件变径和变向，不能用加热的方法制成管件，加热会使镀锌层破坏而影响防腐能力，也不能以黑铁管零件代替。

(2)铸铁管承口与镀锌钢管连接时，镀锌钢管插入的一端要翻边防止水压试验或运行时脱出。另一端要将螺纹套好。简单的翻边方法可将管端等分锯几个口，用钳子逐个将它翻成相同的角度即可。

(3)管道接口法兰应安装在检查井和地区内，不得埋在土壤中；如必须将法兰埋在土壤中，应采取防腐蚀措施。

给水检查井内的管道安装，如设计无要求，井壁距法兰或承口的距离为：

1)管径 $DN{\leqslant}450$mm，不应小于250mm。

2)管径 $DN{>}450$mm，不应小于350mm。

5. 钢筋混凝土管安装

(1)预应力钢筋混凝土管安装。当地基处理好后，为了使胶圈达到预定的工作位置，必须要有产生推力和拉力的安装工具，一般采用拉杆千斤顶，即预先于横跨在已安装好的1~2节管子的管沟两侧安装一截横木，作为锚点，横木上拴一钢丝绳扣，钢丝绳扣套入一根钢筋拉杆，每根拉杆长度等于一节管长，安装一根管，加接一根拉杆，拉杆与拉杆间用S型扣连接。这样一个固定点，可以安装数十根管后再移动到新的横木固定点。然后用一根钢丝绳兜扣住千斤顶头连接到钢筋拉杆上。为使两边钢丝绳在顶装过程中拉力保持平衡，中间应连接一个滑轮，如图7-1所示。

(2)利用钢筋混凝土套管连接。

1)填充砂浆配合比：水泥∶砂＝1∶1~1∶2，加水14%~17%。

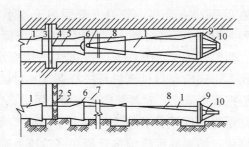

图 7-1　拉杆千斤顶法安装钢筋混凝土管

1—承插式预应力钢筋混凝土管；2—方木；3—背圆木；4—钢丝绳扣；
5—钢筋拉杆；6—S 型扣；7—滑轮；8—钢丝绳；9—方木；10—千斤顶

2）接口步骤：先把管的一端插入套管，插入深度为套管长的一半，使管和套管之间的间隙均匀，再用砂浆充填密实，这就是上套管，做成承口。上套管做好后，放置两天左右再运到现场，把另一管插入这个承口内，再用砂浆填实，凝固后连接即告完毕。

（3）直线铺管要求。预应力钢筋混凝土管沿直线铺设时，其对口间隙应符合表 7-1 的规定。

表 7-1　预应力钢筋混凝土管对口间隙　　　　mm

接口形式	管　径	沿直线铺设间隙
柔性接口	300～900	15～20
	1000～1400	20～25
刚性接口	300～900	6～8
	1000～1400	8～10

6. 系统水压试验

管道安装完毕，应对管道系统进行水压试验。其目的可分为检查管道机械性能的强度试验和检查管道连接情况的严密性试验。

给水管道水压试验长度一般不宜超过 1000m；当承插给水铸铁管管径 $DN \leqslant 350$mm、试验压力不大于 1MPa 时，在弯头或三通处可不做支墩；如在松软土壤中或管径及承受压力较大时，打压应考虑在弯头、三通处加设混凝土支墩。

水压试验压力应符合表 7-2 的规定。

表 7-2　给水管道水压试验压力　　　　MPa

管　材	工作压力 P_g	试验压力 P_s
碳素钢管		$P_g + 0.5$，且不小于 0.9
铸铁管	$P_g \leqslant 0.5$	$2P_g$
	$P_g > 0.5$	$P_g + 0.5$
预应力、自应力钢筋混凝土管和钢筋混凝土管	$P_g \leqslant 0.6$	$1.5P_g$
	$P_g > 0.6$	$P_g + 0.3$

埋地管道水压试验需在管基检查合格，管身上部回填土不小于 0.5m（管道接口处除外），管内充水 24h 后进行；预应力钢筋混凝土管和钢筋混凝土管管径 $DN \leqslant 1000$mm 时，应在管道充水 40h 后进行；当管径 $DN > 1000$mm 时，应在管道充水 72h 后进行。充水时应注意排净管内的空气。试压前，还应作好试压机具的准备，并对试验系统进行检查。管道接口处有回填土覆盖时，应把覆土取出；对各管件的支撑、挡墩、后背进行外观检查；试压管段两端及所有支管甩头均不得用闸板代替堵板；消火栓、排气阀、泄水阀等附件一律不得安装；管口必须用堵板堵死，堵板厚度应根据管径和试验压力确定，一般情况下，当管径在 300mm 以上时，不应小于 28mm。试验所用的弹簧压力表的精度等级不应低于 1.5 级，其刻度上限值约为试验压力的 1.3 倍，试验前应经过检验校正。

7. 管道冲洗

新铺给水管道竣工后，或旧管道检修后，均应进行冲洗消毒。冲洗消毒前，应把管道中已安装好的水表拆下，以短管代替，使管道接通，并把需冲洗消毒管道与其他正常供水干线或支线断开。消毒前，先用高速水流冲洗水管，在管道末端选择几点将冲洗水排出。当冲洗到所排出的水内不含杂质时，即可进行消毒处理。

进行消毒处理时，先把消毒段所需的漂白粉放入水桶内，加水搅拌使之溶解，然后随同管内充水一起加入到管段，浸泡历 24h。然后放水冲洗，并连续测定管内水的浓度和细菌含量，直至合格为止。

新安装的给水管道消毒时，每 100m 管道用水及漂白粉用量可按表7-3选用。

表 7-3　每 100m 管道消毒用水量及漂白粉量

管径 DN/mm	15～50	75	100	150	200	250	300	350	400	450	500	600
用水量/m³	0.8～5	6	8	14	22	32	42	56	75	93	116	168
漂白粉用量/kg	0.09	0.11	0.14	0.14	0.38	0.55	0.93	0.97	1.3	1.61	2.02	2.9

7.1.2　室外给水管网安装技巧

1. 给水铸铁管安装要点

(1)安装前，应对管材的外观进行检查，查看有无裂纹、毛刺等，不合格的不能使用。

(2)插口装入承口前，应将承口内部和插口外部清理干净，用气焊烤掉承口内及承口外的沥青。如采用橡胶圈接口时，应先将橡胶圈套在管子的插口上，插口插入承口后调整好管子的中心位置。

(3)铸铁管全部放稳后，暂将接口间隙内填塞干净的麻绳等，防止泥土及杂物进入。

(4)接口前挖好操作坑。

(5)如口内填麻丝时，将堵塞物拿掉，填麻的深度为承口总深的 1/3，填麻应密实均匀，应保证接口环形间隙均匀。

(6)打麻时，应先打油麻后打干麻。应把每圈麻拧成麻辫，麻辫直径等于承插口环形间隙的 1.5 倍，长度为周长的 1.3 倍左右为宜。打锤要用力，凿凿相压，一直到铁锤打击时发出金属声为止。

采用胶圈接口时，填打胶圈应逐渐滚入承口内，防止出现"闷鼻"现象。

（7）将配置好的石棉水泥填入口内（不能将拌好的石棉水泥用料超过半小时再打口），应分几次填入，每填一次应用力打实，应凿凿相压；第一遍贴里口打，第二遍贴外口打，第三遍朝中间打，打至呈油黑色为止，最后轻打找平，如图7-2所示。如果采用膨胀水泥接口时，也应分层填入并捣实，最后捣实至表层面返浆，且比承口边缘凹进1～2mm为宜。

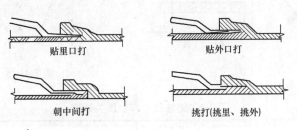

图 7-2　铸铁承插管打口基本操作法

（8）接口完毕，应速用湿泥或用湿草袋将接口处周围覆盖好，并用虚土埋好进行养护。天气炎热时，还应铺上湿麻袋等物进行保护，防止热胀冷缩损坏管口。在太阳暴晒时，应随时洒水养护。

2. 拉杆千斤顶法安装钢筋混凝土管

（1）套橡胶圈。在清理干净管端承插口后，即可将胶圈从管端两侧同时由管下部向上套，套好后的胶圈应平直，不允许有扭曲现象。

（2）初步对口。利用斜挂在跨沟架子横杆上的倒链把承口吊起，并使管段慢慢移到承口，然后用撬棍进行调整，若管位很低时，用倒链把管提起，下面填砂捣实；若管高时，沿管轴线左右晃动管子，使管下沉。为使插口和胶圈能够均匀顺利地进入承口，达到预定位置，初步对口后，承插口间的承插间隙和距离务必均匀一致。否则，橡胶圈受压不均，进入速度不一致，将造成橡胶圈扭曲而大幅度的回弹。

（3）顶装。初步对口正确后，即可装上千斤顶进行顶装。顶装过程中，要随时沿管四周观察橡胶圈和插口进入情况。当管下部进入较少时，可用倒链把承口端稍稍抬起；当管左部进入较少或较慢时，可用撬棍在承口右侧将管向左侧拨动。进行矫正时则应停止顶进。

（4）找正找平。把管子顶到设计位置时，经找正找平后方可松放千斤顶。相邻两管的高度偏差不超过±2cm。中心线左右偏差一般在3cm以内。

7.1.3　给水管道敷设质量问题分析处理

给水管道敷设时坐标位移；沟道坍方；沟底不处理；工作坑过小；管道防腐处理不好；回填土不符合规定，都会影响管道使用。

为防止出现上述问题，给水管道敷设时应注意以下几点：

（1）管道的坐标和标高虽然在地下，一旦错了就可能影响与其他管道和建筑物的位置关系。为防止这类通病，管沟开挖前必须根据设计图纸定位放线，并用水准仪将标高标在龙门板上，然后放开挖线，如图 7-3 所示。

（2）开挖沟槽时，为防止塌方必须根据土质情况放坡，必要时还要设置挡土支撑。沟槽放坡尺寸如图 7-4 及表 7-4 所示。

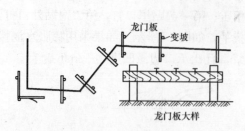

图 7-3　龙门板设置

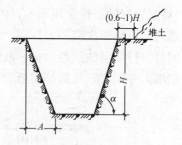

图 7-4　沟槽放坡

表 7-4　边坡尺寸与土质关系表

土　　壤	静压角 $\alpha/(°)$	$H:A$
砾石、砂黏土	56	1∶0.67
砂质黏土	63	1∶0.50
黏土(页岩)	72	1∶0.33

(3)要求沟底必须是自然土层(坚土),如果是回填土或砾石层,都要作处理,以防管子下沉而损坏接口。对于松土层要夯实。沟底处理对于铸铁管施工尤为重要。

(4)无论是钢管接口焊接,还是铸铁管承插口连接,都必须在下管之前挖好接口工作坑,坑的大小以便于操作为宜,以保证接口操作方便。接口漏水往往由于操作不当所致。

(5)管段下管沟前,都应预先在地面作好防腐绝缘,但必须将接口处甩出,待管道试压完毕,再处理好接口处的防腐层。

(6)管沟回填以前应将槽内积水排出,管子两侧部分应同时分层回填,土方应均匀摊开,轻夯夯实。从管子中心到管顶以上 300～500mm 范围内应用较干的松土回填,不能打夯,应轻轻压实,以防将管子夯裂影响使用。以上部分可用机械回填。

7.1.4　室外给水铸铁管安装缺陷分析处理

室外给水铸铁管管道接口工作坑尺寸不够;承插接口无空隙;没有变形余地;管子切割缺边掉角;管道有裂纹。主要原因是铸铁管和管件在运输或装卸过程中,往往由于撞击而产生肉眼不易觉察的裂纹;技术交底不清,施工人员缺少经验;或铸铁管剁切时用力不均匀,落锤不稳等。

为避免产生上述问题,室外给水铸铁管安装时应注意以下几点:

(1)铸铁管材在运输过程中,应有防止滚动和防止互相碰撞的措施,管子与缆绳、车底的接触处,应垫以麻袋或草帘等软衬。铸铁管短距离滚运,应清除地面上的石块等杂物,防止损伤保护层或防腐层。管端可用草绳或草袋包扎约 15cm 长,以防损坏管端,装卸管材时严禁管子互相碰撞和自由滚落,更不能向地面抛掷。管子堆放要纵横交错。下管时应采用单绳或双绳下管的方法平稳地下入沟内。

(2)管子在使用前应检查管材有无裂缝和沙眼。检查时可用手锤轻敲管身,一般如发出清音说明没有问题,浊音和沙哑音即为不合格。

(3)认真进行书面的技术交底并加强施工过程中的监督检查工作。

(4)承插管剁切时,管端应留 3～5mm 的间隙。铸铁管在剁切前要先用石笔画出切割线，剁切时，落锤要稳、准，用力要均匀。

(5)若发现铸铁管有裂纹，要将有裂纹的管段截去后再用。

(6)管道接口工作坑尺寸应能满足操作人员的操作，否则要重新开挖至规定尺寸。

(7)如果管子口缺边掉角或呈螺旋形，应重新切割。

7.1.5　给水系统井室内管道安装质量问题分析处理

井室设计尺寸偏小；管道穿过井壁时，在井壁上未留防沉降环缝。这是因为设计人员缺乏经验，井型选择考虑不周；技术交底不清，施工过程中缺少有效的质量监督和检查等。

为防止产生上述问题，给水系统管道安装时应注意以下几点：

(1)要认真组织施工前的图纸会审工作，发现问题及时与设计单位取得联系。加强施工中的技术交底和质量检查工作。

(2)给水系统各种井室内的管道安装，如设计无要求，井壁距法兰或承口的距离：管径小于或等于450mm时，不小于250mm；管径大于450mm时，不小于350mm。

(3)井室的尺寸及管件和闸阀在井室内的位置，应能保证管件与闸阀的拆换。接口和法兰不得砌在井外。一般管道穿过井壁应有30～50mm的环缝，用油麻填塞并捣实。

(4)若井室尺寸偏小，闸阀的接口和法兰砌在井外，或虽在井室内但距井壁和井底的距离太近，不能进行正常管道维护，要返工重做。

(5)管道穿过井壁没有留防沉降环缝的，可在井壁上管道周围凿出环缝，用油麻填塞并捣实。

7.1.6　架空管道施工质量问题分析处理

架空管道安装后，多根管线不平行，单根管坡度不准确，影响美观和使用；管道支座不符合使用要求，焊口位置影响管道运行。

为防止出现上述问题，架空管道施工时，必须根据支架宽度将所设置的几根管按规定间距排列好，并按管线的标高和坡度计算出每根管在每座支架上的标高，并配置相应的管托。在确定管托时，应根据供热管道补偿器的伸长量确定每个支座滚动管托的位移量，以保证正常运行时管托正处于支架的横轴中心。管子在吊装前，应先在地面进行管段组合连接，此时须特别注意焊口不要正处于支架上，焊口与支架中心线的距离应大于150～200mm。

7.1.7　沟内铺管施工缺陷分析处理

常用的管道地沟有通行地沟和不通行地沟两种。通行地沟宽大，操作、检修时人可直接进入地沟；不通行地沟在检修管道时必须将沟盖板掀开才能工作。

两种地沟均使用钢管架、托架敷设，易产生的质量通病常常表现为：一方面由于托、吊架随土建一同埋设施工，管线坡度往往不准；另一方面往往由于管道防腐和绝缘不便操作，又经常处于潮湿状态下，因而管道腐蚀严重，影响使用寿命。

为防止产生上述质量问题，沟内铺管施工时应注意以下几项：

(1)管道支吊架在土建施工时应同时装好或留出支架埋设的孔洞，每个支架或预留用的标高应根据管子的坡度计算出来并在沟内准确定位。如管段坡度 $i=0.002$，起点支架标高按设计规定定位后，两支架间距为6m，则第二支架与起点支架高差为12mm。其他依此类推。

(2)地沟内防腐绝缘，一般可在地沟内做好，但要甩出接口部分，待安装完毕试压合格再补做接口部分。尽管地沟内不好操作，仍要认真做好。往往一处损坏，由于受潮或进水会导致大部分损坏脱落影响整个管路的正常工作。

7.1.8　铸铁承插管安装不符合规范要求分析处理

铸铁承插管打口不符合要求，影响承插铸铁管的安装。这是因为安装前，未对管材外观进行检查；插口装入承口前，未将承口内部和插口外部清理干净；接口前未挖好操作坑；口内填麻丝时，未将堵塞物拿掉等。

为防止出现上述问题，安装时应按前述 7.1.2 中的要求进行。

7.2　管沟及井室

7.2.1　常见施工工艺

1. 管道线路测量、 定位

(1)测量之前先找好固定水准点，其精确度不应低于Ⅲ级，在居住区外的压力管道则不低于Ⅳ级。

(2)在测量过程中，沿管道线路应设临时水准点，并与固定水准点相连。

(3)测定出管道线路的中心线和转弯处的角度，使其与当地固定的建筑物(房屋、树木、构筑物等)相连。

(4)若管道线路与地下原有构筑物的交叉，必须在地面上用特别标志表明其位置。

(5)定线测量过程应作好准确记录，并记明全部水准点和连接线。

(6)给水管道坐标和标高偏差要符合标准规定，从测量定位起就应控制偏差值符合偏差要求，见表 7-5。

表 7-5　沟底宽度

管径/mm	50~75	100~300	350~600	700~1000
沟底宽/m	0.5	$D+0.4$	$D+0.5$	$D+0.6$

(7)给水管道与污水管道在不同标高平行铺设，其垂直距离在 500mm 以内，给水管道管径不大于 200mm，管壁间距不得小于 1.5mm，管径大于 200mm 时，管壁间距不得大于3m。

2. 沟槽开挖

(1)沟槽的断面形式要符合设计要求，施工中常采用的沟槽断面形式有直槽、梯形槽、混合槽等。选择沟槽的断面形式通常根据土的种类、地下水情况、现场条件及施工方法决定，并按照设计规定的基础、管道的断面尺寸，长度和埋设深度选择断面形式。

(2)沟槽开挖深度按管道设计纵断面图确定。应满足最小埋设深度的要求，避免让管道布置在可能受重物压坏处。

(3)沟槽底部工作宽度应根据管径大小、管道连接方式和施工工艺确定。

(4)为便于管段下沟，挖沟槽的土应堆放在沟的一侧，且土堆底边与沟边应保持一定距离。

(5)机械挖槽应确保槽底上层结构不被扰动或破坏,用机械挖槽或开挖沟槽后,当天不能下管时,沟底应留出 0.2m 左右一层不挖,待铺管前用人工清挖。

(6)沟槽开挖时,如遇有管道、电缆、建筑物、构筑物或文物古迹,应予保护,并及时与有关单位和设计部门联系,严防事故发生造成损失。

(7)沟底要求是坚实的自然土层,如果是松散的回填土或沟底有不易清除的块石时,都要进行处理,防止管子产生不均匀下沉而造成质量事故。松土层应夯实,加固密实,对块石则应将其上部铲除,然后铺上一层大于 150mm 厚度的回填土整平夯实或用黄砂铺平。管道的支撑和支墩不得直接铺设在冻土和未经处理的松土上。

3. 井室

(1)井室的尺寸应符合设计要求,允许偏差为±20mm(圆形井指其直径;矩形井指内边长)。

(2)安装混凝土预制井圈,应将井圈端部洗干净并用水泥沙浆将接缝抹光。

(3)砖砌井室。地下不位较低,内壁可用水泥沙浆勾缝;水位较高,井室的外壁应用防水砂浆抹面,其高度应高出最高水位 200～300mm。含酸性污水检查井,内壁应用耐酸水泥沙浆抹面。

(4)排水检查井内需作流槽,应用混凝土浇筑或用砖砌筑,并用水泥沙浆抹光。流槽的高度等于引入管中的最大管径,允许偏差为±100mm。流槽下部断面为半圆形,其直径同引入管管径相等。流槽上部应作垂直墙,其顶面应有 0.05 的坡度。排出管同引入管直径不相等,流槽应按两个不同直径作成渐扩形。弯曲流槽同管口连接处应有 0.5 倍直径的直线部分,弯曲部分为圆弧形,管端应同井壁内表面齐平。管径大于 500mm,弯曲流槽同管口的连接形式应由设计确定。

(5)在高级和一般路面上,井盖上表面应同路面相平,允许偏差为±5mm。无路面时,井盖应高出室外设计标高 500mm,并应在井口周围以 0.02 的坡度向外作护坡。如采用混凝土井盖,标高应以井口计算。

(6)安装在室外的地下消火栓、给水表井和排水检查井等用的铸铁井盖,应有明显区别,重型与轻型井盖不得混用。

(7)管道穿过井壁处,应严密、不漏水。

4. 沟槽回填

(1)沟槽在管道敷设完毕应尽快回填,一般分为两个步骤。

1)管道两侧及管顶以上不小于 0.5m 的土方,安装完毕即行回填,接口处可留出,但其底部管基必须填实;在此同时,要办理"隐蔽工程记录"签证。

2)沟槽其余部分在管道试压合格后及时回填。如沟内有积水,必须全部排尽,再行回填。

(2)管道两侧及管顶以上 0.5m 部分的回填,应同时从管道两侧填土分层夯实,不得损坏管子及防腐层。沟槽其余部分的回填,也应分层夯实。分层夯实时,其虚铺厚度如设计无规定,应按下列规定进行:

1)使用动力打夯机:≤0.3m。

2)人工打夯:≤0.2m。

(3)位于道路下的管段,沟槽内管顶以上部分的回填应用砂土或分层充分夯实。

(4)用机械回填管沟时,机械不得在管道上方行走。距管顶 0.5m 范围内,回填土不允许含有直径大于 100mm 的块石或冻结的大土块。

(5)地下水位以下若是砂土,可用水撼砂进行回填。

(6)沟槽如有支撑,随同填土逐步拆下,横撑板的沟槽,先拆撑后填土,自下而上拆除支撑。若用直撑板或板桩时,可在填土过半以后再拔出,拔出后立即灌砂充实。如因拆除支撑不安全可保留。

(7)雨后填土要测定土壤含水量,如超过规定不可回填。槽内有水则须排除后,符合规定方可回填。

(8)为防止夯实中遇雨,雨季填土时应随填随夯。填土高度不能高于检查井。

(9)冬季填土时,混凝土强度达到设计强度 50% 后准许填土,当年或次年修建的高级路面及管道胸腔部分不能回填冻土。填土高出地面 200~300mm,作为预留沉降量。

7.2.2 管沟及井室施工操作技巧

(1)夜间挖沟必须设有充足的照明,在交通要道外设置警告标志。

(2)上下管沟时应用梯子。挖沟过程中要经常检查边坡状态,防止变异塌方伤人。

(3)不准在管沟内坐地休息。

(4)抡镐和大锤时,注意检查镐头和锤头。发现松动时,必须修理好再用。

7.2.3 管沟基层与井室地基导致的质量问题分析处理

1. 沟槽底部浸水

沟槽开挖后,槽底土层被雨水或地下水浸泡。这是因为雨天降水或沟槽附近有其他废水流入槽底;对于地下水或浅层滞水,未采取排降水措施或措施不力等。

为防止上述问题的产生,沟槽开挖应注意以下几点:

(1)雨期施工时,应在沟槽四周叠筑闭合的土埂,必要时要在埂外开挖排水沟,防止沟槽附近有其他废水流入槽底。

(2)在地下水位以下或有浅层滞水地段挖槽,应使排水沟、集水井或各种井点排降水设备经常保持完好状态,保证正常运行。

(3)排水管接通河道或接入旧的雨水管渠的沟段,开槽应在枯水期先行施工,以防下游水倒灌入沟槽。

(4)沟槽见底后应随即进行下一道工序,否则槽底以上应暂留 20cm 土层不予挖出,作为保护层。

(5)如沟槽已被泡水,应立即检查排降水设备,疏通排水沟,将水引走、排净。

(6)已经被水浸泡而受扰动的地基土,可根据具体情况处理。一般当土层扰动在 10cm 以内时,要将扰动土挖出,换填级配砂砾或砾石夯实;当土层扰动深度达到 30cm 但下部坚硬时,要将扰动土挖出换填大卵石或块石,并用砾石填充空隙,将表面找平夯实。

2. 检查井基础施工质量缺陷分析处理

检查井基础未浇成整体;在浇筑管基混凝土时,在检查井的位置只浇筑与管基等宽的基础,待管安后砌筑检查井时,再在原管基宽度的基础上加宽,以满足检查井基础的宽度要求主要原因是在浇筑管道平基混凝土时,检查井的准确位置还没有测量标定出来,只顾浇平基,不管检查井基础,造成检查井基础未能与平基同步施工;或在必须于检查井处设置施工缝或沉降缝时，没有按规定的工艺要求严格操作，从而降低了检查井基础混凝土的整体性能等。

为防止产生上述问题，检查井基础施工时，在安排和测量管道平基混凝土的中线和高程的同时，应安排测量检查井混凝土基础位置，使检查井基础与平基混凝土同步施工。当检查井基础混凝土与管道平基混凝土必须分两次浇筑时，应按施工缝工艺要求进行处理。

7.2.4　管沟施工不合格导致的质量问题分析处理

1. 沟槽开挖不符合要求

所开挖的沟槽槽底局部被超挖，槽底土层受到松动或扰动。沟槽槽底土层为淤泥质土、回填土及局部有块石等，而未作处理的主要原因是测量放线或复核标高时出现错误，造成超挖。采用机械挖槽时控制不严，局部多挖等。

为防止产生上述问题，应注意以下几点：

（1）应安排专业测量人员严格按图进行测量放线，认真落实测量复核制度，挖槽时要设专人把关检查。

（2）使用机械挖槽时，在设计槽底高程以上一般预留 20cm 土层，待人工清挖。

（3）槽底干燥时，超挖可用原土回填夯实，其密实度不应低于原地基天然土的密实度。

（4）槽底有地下水，或地基土壤含水量较大为淤泥质土，不适于加夯时，一般可用天然级配砂砾回填。

（5）当沟槽槽底为回填土或局部有块石等时，应及时与设计单位沟通，并按设计要求进行槽底基础的处理。

2. 沟槽回填施工质量不符合要求

沟槽回填土的局部地段（特别是检查井周围）出现程度不同的下沉。这是因为松土回填，未分层夯实，或虽分层但超厚夯实，一经地面水浸入或经地面荷载作用，造成沉陷；沟槽中的积水、淤泥、有机杂物没有清除和认真处理，虽经夯打，但在饱和土上不可能夯实，有机杂物一经腐烂，必造成回填土下沉；部分槽段，尤其是小管径或雨水口连接管的沟槽，槽宽较窄，夯实不力，没有达到要求的密实度；使用压路机碾压回填土的沟槽，在检查井周围和沟槽边角碾压不到的部位，又未用小型夯具夯实，造成局部漏夯；在回填土中含有较大的干土块或较多含水量大的黏土块，回填土的夯实质量达不到要求；回填土不用夯压方法，采用水沉法（纯砂性土除外），密实度达不到要求等。

为防止上述问题的产生，沟槽回填施工时应注意以下几点：

（1）沟槽回填土前，须将槽中积水、淤泥、杂物清理干净。

（2）凡在检查井周围和边角机械碾压不到位的地方，必须要有机动夯和人力夯的补夯措施，不得出现局部漏夯。

（3）局部小量沉陷，应立即将土挖出，重新分层夯实。

（4）面积或深度较大的严重沉陷，除重新将土挖出，分层夯实外，还应会同有关部门共同检验管道结构有无损坏，如有损坏应挖出换管或采取其他补救措施。

3. 路面下凹

回填土完工后，出现路面下凹的现象，主要是因为回填土未按规定程序进行；位于交通要道部位，未采用特殊技术措施回填；管顶 0.5m 以上的填土，未采用机械压实等。

为防止产生上述问题，施工时回填土应按规定程序进行。位于交通要道的部位，要采用特殊技术措施回填。一般可采用回填砂，然后用水撼砂法施工。由管顶 0.5m 以下回填土，干密度不得低于 $1.65t/m^3$；管顶 0.5m 以上的填土，应尽量采用机械压实，若在当年铺路，干密度应达到 $1.6t/m^3$。

4. 管道下沉

管道下沉后，路段出现纵向断裂和下沉，给生产和生活带来很多不便。主要是原因是没有按要求对排水管线做全面的质量检验，尤其是闭水试验没做，做了可能也是应付性的；接口的材料、构造、形式、设置位置等不恰当，不合理；因排水管线是线形构筑物，沿管线长度的地质情况非常复杂，忽视了地基的变形问题等。

为防止上述问题产生，施工操作时应注意下列几点：

(1)严格执行国家和部颁的工程质量检验标准。管道工程的闭水试验是主要的必检项目之一。当发现有渗漏的部位可及时进行补救，防止由于排水管道的渗漏而导致地基土的流失，流砂使管道产生下沉破坏。

(2)在排水管进场和使用前，要对排水管进行仔细检查，发现有裂缝和几何尺寸不符合要求的不能使用。

(3)为增加管道的抗渗性，有必要在管内壁涂刷一层水玻璃。对检查合格的排水管在下管前先把管两端打成八字坡口，$\phi700$ 以上的排水管要打成内外八字坡口，并在抹口范围内进行凿毛处理，以增加砂浆与管壁的黏结力和黏结面积。抹带接口时要将管口清理干净，并浇水湿润，砂浆抹压密实，并要及时进行覆盖养护。

(4)检查井砌筑时要做到砂浆饱满，砖和管壁接处要用砂浆挤严，井壁外砖缝要用砂浆搓严，井内壁抹灰要抹压密实。

(5)管基要坐落在原土或夯实的土上。

(6)管道基础要达到强度后方可下管。

7.2.5 井室施工导致的质量问题分析处理

1. 检查井圈、 井盖安装不符合要求

问题主要体现在：铸铁井圈往砖砌井墙上安装时不铺放水泥沙浆，直接搁置或支垫碎砖、碎石等；位于未铺装地面上的检查井安装井圈后，未在其周围浇筑混凝土圈予以固定；型号用错，在有重载交通的路面上安装轻型井盖；误将污水井盖安装在雨水检查井上或反之，或排水检查井上安装其他专业井盖等。

上述问题主要由施工单位对检查井盖的安装敷衍了事，对检查井盖的安装在检查井质量上和使用功能上的重要性不够了解和重视；井圈不能与井墙紧密连接所致。

为防止出现上述问题的产生，在施工作业中应注意以下几点：

(1)施工技术人员必须首先了解安装井盖在检查井质量和使用功能上的重要性，加强对工人的施工交底。

(2)井圈与井墙之间必须做水泥沙浆。未经铺装的地面上的检查井，周围必须浇筑水泥混凝土圈，要露出地面。安装混凝土预制井圈，应将井圈端部洗干净并用水泥沙浆将接缝抹光。

(3)严格按照各专业的井盖专用的原则，安装排水井盖。在道路上必须安装重型井盖。重型和轻型井盖不得混用。

(4)在高级和一般路面上，井盖上表面同路面相平，允许偏差为 ±5mm。无路面时，井盖应高出室外设计标高 50mm，并应在井口周围以 0.02 的坡度向外作护坡。如采用混凝土井盖，标高应以井口计算。

2. 检查井的踏步(爬梯)、 脚窝安装制作不规矩分析处理

问题主要体现在：铸铁踏步(爬梯)断面尺寸小于设计要求；或踏步往井壁上安装时，水平间距、垂直间距、外露尺寸忽大忽小，安装不平，在圆形井墙上不向心(踏步的纵向中心线应对准圆形井的圆心)；污水井踏步不涂防腐漆。

上述问题主要由铸铁踏步材质不合格，厂家不按标准图的规格尺寸铸造；施工单位的技术管理人员和操作人员，对踏步安装的水平间距、垂直间距、外露长度三个尺寸，脚窝的长、宽、高的制作规格掌握不全面；未充分认识到污水井踏步防腐涂漆的重要性等所致。

为防止产生上述问题，检查井的踏步(爬梯)、脚窝安装制作应注意以下几点：

(1)关于铸铁踏步的材质问题，它是一种市政工程专用的建材产品，应由当地市政工程质量监督站和监理单位监督管理起来，纠正材质不合格问题。

(2)对于踏步、脚窝的安装和制作，首先是工程技术管理人员要弄清楚，在做工序交底时，向操作者交代清楚，并检查实际安装、制作的效果。

(3)排水检查井的踏步禁止使用钢筋煨制，必须使用灰口铸铁踏步。

第8章　室外排水管网安装

8.1　排水管道安装

8.1.1　常见施工工艺

1. 排水管道要求

（1）排水管敷设问题要求。排水管宜沿道路和建筑物周边平行敷设，其与建筑基础的水平净距，当管道埋深浅于或深于基础时，应分别≥1.5m和≥2.5m。

为便于管道的施工、检修应将管道尽量埋在绿地或不运行车辆的地段，且排水管与其他埋地管线和构筑物的间距不应小于表8-1的规定。

表 8-1　地下管线(构筑物)间最小净距　　　　　　　　　　　m

种　　类	给水管		污水管		雨水管	
	水　平	垂　直	水　平	垂　直	水　平	垂　直
给水管	0.5～1.0	0.1～0.15	0.8～1.5	0.1～0.15	0.8～1.5	0.1～0.15
污水管	0.8～1.5	0.1～0.15	0.8～1.5	0.1～0.15	0.8～1.5	0.1～0.15
雨水管	0.8～1.5	0.1～0.15	0.8～1.5	0.1～0.15	0.8～1.5	0.1～0.15
低压煤气管	0.5～1.0	0.1～0.15	1.0	0.1～0.15	1.0	0.1～0.15
直埋式热水管	1.0	0.1～0.15	1.0	0.1～0.15	1.0	0.1～0.15
热力管沟	0.5～1.0		1.0		1.0	
乔木中心	1.0		1.5		1.5	
电力电缆	1.0	直埋 0.5 穿管 0.25	1.0	直埋 0.5 穿管 0.25	1.0	直埋 0.5 穿管 0.25
通讯电缆	1.0	直埋 0.5 穿管 0.15	1.0	直埋 0.5 穿管 0.15	1.0	直埋 0.5 穿管 0.15

注：净距指管外壁距离，管道交叉设套管时指套管外壁距离，直埋式热力管指保温管壳外壁距离。

（2）排水管的管径与敷设坡度。管顶应有一定的覆土厚度，以防止管道损坏，当管道不受冰冻或外部荷载影响时宜大于或等于0.3m，埋设在车行道下时宜大于或等于0.7m。且应根据管道布置位置、地质条件和地下水位等具体情况，分别采用素土或灰土夯实、砂垫层和混凝土等基础。

为防止管道堵塞，便于清通、检查，排水管的管径不应小于表8-2的规定。排水管转弯或交汇处，水流转弯不应小于90°，当管径小于或等于300mm，且跌水水头大于0.3m时，可不受此限制。

表 8-2　排水管最小管径

管　　别		位　　置	最小管径/mm
污水管道	接户管	建筑物周围	150
	支　管	组团内道路下	200
	干　管	小区道路、市政道路下	300
雨水管和合流管道	接户管	建筑物周围	200
	支管及干管	小区道路、市政道路下	300
雨水连接管			200

注：污水管道接户管最小管径 150mm 服务人口不宜超过 250 人（70 户）；超过 250 人（70 户）时，最小管径宜用 200mm。

对生活污水、生产废水、雨水、生产污水管道敷设坡度，应满足表 8-3 的要求。

表 8-3　排水管道的最小坡度

管径 DN /mm	生活污水		生产废水、雨水	生产污水
	标准坡度	最小坡度		
50	0.035	0.025	0.020	0.020
75	0.025	0.015	0.015	0.020
100	0.020	0.012	0.008	0.012
125	0.015	0.010	0.006	0.010
150	0.010	0.007	0.005	0.006
200	0.008	0.005	0.004	0.004
250	—	—	0.0035	0.0035
300	—	—	0.003	0.003

(3)管道埋设深度。排水管的埋设深度包括覆土厚度及埋设深度两种，如图 8-1 所示。覆土厚度指管道外壁顶部到地面的距离；埋设深度指管道内壁底到地面的距离。排水管道施工图中所列的管道安装标高均指管道内底标高。

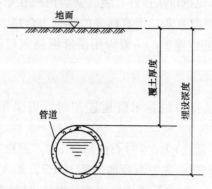

图 8-1　埋设深度与覆土厚度

2. 排水铸铁管安装

(1)画线下料。

1)根据管道长度，以尽量减少固定(死口)接口和承插口集中设置为原则，在切割处做好标记。

2)切割采用机械切割和手工切割，切割后，应将切口内外清理干净。

(2)工作坑开挖。向沟内下管前，在管沟内的管段接口处或钢管焊口处，挖好工作坑，坑口尺寸见表8-4。

表8-4 管段接口处坑口尺寸

公称直径 /mm	工作坑尺寸/m			
	宽 度	长 度		深 度
		承口前	承口后	管底以下
75～200	管径＋0.6	0.8	0.2	0.3
＞200	管径＋1.2	1.0	0.3	0.4

(3)下管。

1)用绳或机具缓慢向管沟内下管。

2)根据已确定的位置、标高，在管沟内按照承口朝来水方向排列已选好的铸铁管、管件。

3)对好管段接口，调直管道，核对管径、位置、标高、坡度无误后，从低处向高处连接其他固定接口。

(4)铸铁管连接。

1)在管沟内捻口前，为防止捻灰口时管道移位，应先将管道调直、找正，用捻凿将承插口缝隙找均匀，把油麻打实，校正、调直，管道两侧用土培好。

2)捻口时先将油麻打进承口内，一般打两圈半为宜，约为承口深度的1/3，而后将油麻打实，边打边找正、找平。

3)拌和捻口灰，应随拌随用，拌好的灰应控制在1.5h内用完为宜，同时要根据气候条件适当调整用水量。

4)将水胶比为1∶9的水泥捻口灰拌好，装在灰盘内放在承插口下部，由下而上，分层用手锤、捻凿打实，直至捻凿打在灰口上有回弹的感觉为合格。

5)捻好口的管段对灰口进行养护，一般采用湿麻绳绕灰口，浇水养护，保持湿润，常温48h后方可移动。

3. 排水管连接

(1)承插接口。带有承插接口的排水管道连接时，可采用沥青油膏或水泥沙浆填塞承口。

1)沥青油膏的配合比(质量比)为：6号石油沥青100，重松节油11.1，废机油44.5，石棉灰77.5，滑石粉119。调制时，先把沥青加热至120℃，加入其他材料搅拌均匀，然后加热至140℃即可使用。施工时，先将管道承口内壁及插口外壁刷净，涂冷底子油一道，再填沥青油膏。

2)采用水泥沙浆作为接口填塞材料时，一般用1∶2水泥沙浆，施工时应将插口外壁及承口内壁刷净，然后将和好的水泥沙浆由下往上分层填入捣实，表面抹光后覆盖湿土或湿草袋养护。

3)敷设小口径承插管时，可在稳好第一节管段后，在下部承口上垫满灰浆，再将第二节管段插入承口内稳好。

4)挤入管内的灰浆用于抹平里口，多余的要清除干净；接口余下的部分应填灰打严或用砂浆抹严。

5)按上述程序将其余管段敷完。

(2)水泥沙浆抹带接口。一般适用于雨水管道接口，其接口如图 8-2 所示。

其操作要点如下：

1)所用水泥、砂子、配合比应符合设计要求。

2)抹带前将管口及管带覆盖上的管外皮刷洗干净，并涂一道水泥浆为宜。

3)管径 $DN \leqslant 400\text{mm}$ 时，抹带可一次完成；管径 $DN > 400\text{mm}$ 时，应分两次完成，抹底层时注意找正管缝，厚度约为带厚 1/3。压实表面后划出线槽，以利于与第二次结合。用弧形抹子将压成形，初凝后再用抹子赶光压实。

4)基础管座与抹带相接处混凝土表面应凿毛后，再抹带。

5)抹带完成后，应及时用湿纸袋覆盖，注意洒水养护。

6)管径 $DN \geqslant 600\text{mm}$ 时，应进入管内勾内缝，勾内缝应在抹带砂浆终凝后进行。管径较小时，配合浇筑管座混凝土，用麻袋球拖拉，将进入管内的灰浆拉平。

7)冬期进行抹带时，应遵照有关冬期施工要求，采取防冻措施。

(3)钢丝网水泥沙浆抹带接口。砂浆抹带中设置钢丝网是为了提高抗拉强度，减少裂缝。广泛用于污水管道接口，其接口如图8-3所示。

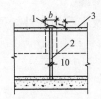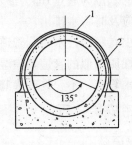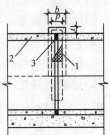

图 8-2　水泥沙浆抹带接口
1—砂浆抹带；2—对口间隙；3—管壁；
t—抹带厚度；b—带宽

图 8-3　钢丝网水泥沙浆抹带接口
1—钢丝网；2—管壁；3—砂浆捻缝；
t—抹带厚度；b—带宽；p—钢丝宽度

操作要点如下。

1)在浇筑管座混凝土时，将钢丝网插入接口处，位置靠近管口间隙居中。

2)抹带前将管口刷洗干净，并刷一道水泥浆。

3)抹第一层砂浆厚度 15mm 左右，压实后将钢丝网从下向上兜起，紧贴底层砂浆，上部搭接长度应大于 100mm，用绑丝扎紧，使钢丝网表面平整。

4)待第一层水泥沙浆初凝后再抹第二层砂浆，赶光压实，带形为矩形，宽度一般 200mm，带厚 25mm，钢丝网宽 180mm。

5)抹带完成后，及时养护。

4. 管道灌水试验与通水试验

室外生活排水管道施工完毕，按规范要求应做闭水试验，就是在管道内加适当压力，观察管接头处及管材上有无渗水情况。

闭水试验的程序如下：

(1)将被试验的管段起点及终点检查井(又称为上游井及下游井)的管子两端用钢制堵板堵好。

(2)在上游井的管沟边设置一试验水箱，如管道设在干燥型土层内，要求试验水位高度应当高出上游井管顶4m。

(3)将进水管接至上游井内管子堵板的下侧，下游井内管子的堵板下侧应设泄水管，并挖好排水沟。管道应严密，并从水箱向管内充水，管道充满水后，一般应浸泡1~2昼夜再进行试验。

(4)量好水位，观察管口接头处是否严密不漏，如发现漏水应及时返修，作闭水试验，观察时间不应少于30min，水渗入和渗出量应不大于表8-5的规定。

表 8-5　1000m 长的管道在一昼夜内允许的渗出或渗入水量　　　　　m³

管径 DN/mm	<150	200	250	300	350	400	450	500	600
钢筋混凝土管、混凝土管、石棉水泥管	7.0	20	24	28	30	32	34	36	40
陶土管(缸瓦管)	7.0	12	15	18	20	21	22	23	23

测量渗水量时，可根据表8-5计算出30min的渗水量是多少，然后求出试验段下降水位的数值(事先已标记出的水位为起点)即为渗水量。

(5)闭水试验完毕应及时将水排出。

(6)如污水管道排出有腐蚀性水时，管道不允许有渗漏。

(7)雨水管和与其性质相似的管道，除湿陷性黄土及水源地区外，可不做渗水量试验。

(8)排出腐蚀性污水管道，不允许有渗漏。

8.1.2　排水管道安装技巧

1. 排水管道铺设方法

排水管道铺设方法归纳有平基法、垫块法、"五合一"施工法和"四合一"施工法等多种方法。采用哪种方法施工，应根据管径大小、接口形式、施工条件和工人操作水平确定。

(1)平基法(普通法)安管。管径 DN≥700mm、雨期施工、地基土不良的情况下，宜采用此种方法安管。

1)施工程序：支搭平基模板→浇筑平基混凝土→下管和稳管→支设管座模板→浇筑管座混凝土→管口抹带→养护。

2)模板支设。

①可用钢木混合模板、木模板，土质好也可用土模。

②模板制作应便于分层浇筑时的支搭，接缝严密，防止漏浆。

③平基模板沿基础边线垂直竖立，内打钢钎，外侧撑牢。

④模板支设尺寸符合设计要求和在允许偏差范围内。

3)浇筑平基混凝土。

①验槽合格后，尽快浇筑混凝土，减少地基扰动的可能性。

②严格控制平基顶面高程，允许低于设计高程 10mm，不得高于设计高程。

③平基混凝土强度达到 5MPa 以上，方可下管，在此期间注意养护。

④混凝土浇筑后至终凝前，避免泡槽。

4)浇筑管座混凝土。

①浇筑之前，平基先凿毛，冲洗干净。

②管身与平基接触的三角区部位，应先填好捣实。

③浇筑管座混凝土，应两侧同时进行，以免将管子挤偏。振捣时，振捣棒不得接触管身。

④管径 $DN \leqslant 600$mm，可用麻袋球拖拉，将渗入管内灰浆拉平。

⑤若为钢丝网水泥沙浆抹带，在浇筑管座混凝土时，将钢丝网插入管座混凝土接口处，位置符合抹带要求。

(2)垫块法安管。

1)施工顺序：预制和安装垫块→下管和稳管→支设管基和管座模板→浇筑管基和管座混凝土→接口→养护。

这种安装方法的优点是平基和管座同时浇筑，整体性好，有利于保证工程质量，并且可缩短安管周期，常用于较大管径的安装。

2)预制垫块。

①垫块尺寸：边长等于 0.7 倍直径，边宽度等于高度，高度等于平基厚度。

②混凝土垫块强度与基础混凝土强度相同。

③每节管应设两块垫块。

3)稳管。

①垫块设置要平稳，高程符合设计要求。

②稳管对中、对高程和管口间隙要求与平基法相同。

③若接口采用套环式接口，则在稳管前将套环放入管身一端，再进行稳管。

④稳管时，用石子垫牢，防止管节从垫块滚下伤人。

4)浇筑混凝土。

①检查模板是否符合要求，验收合格后，清理干净。

②应从检查井处开始浇筑，并先从管道一侧下料，经振捣混凝土已从管下部涌向另一侧时，再从两侧下料，防止管节下部出现振捣不密实，形成漏水。

③采用钢丝网水泥沙浆抹带时，及时插入管座部位的钢丝网，位置正确、牢固。

④采用套环接口、沥青麻布接口以及承插式接口等多种形式，均匀接口合格后，再浇筑管座混凝土。

(3)"五合一"施工法。"五合一"施工法是指基础混凝土、稳管、八字混凝土、包接头混凝土、抹带五道工序连续施工。

管径小于 600mm 的管道，设计采用"五合一"施工法时，程序如下。

1)先按测定的基础高度和坡度支好模板，并高出管底标高 2～3mm，为基础混凝土的压缩高度，随即浇灌。

2）洗刷干净管口并保持湿润。落管时徐徐放下，轻落在基础底下，立即找直、找正或拨正，滚压至规定标高。

3）管子稳好后，随后打八字和包接头混凝土，并抹带。但必须使基础、八字和包接头混凝土以及抹带合成一体。

4）打八字前，用水将其接触的基础混凝土面及管皮洗刷干净；八字及包接头混凝土，可分开浇筑，但两者必须合成一体；包接头模板的规格质量，应符合要求，支搭应牢固，在浇筑混凝土前应将模板用水湿润。

5）混凝土浇筑完毕后，应切实做好保养工作，严防管道受震而使混凝土开裂脱落。

（4）"四合一"施工法。"四合一"施工法，即是将平基、稳管、管座、抹带四项工序连续进行操作。这种方法安装速度快、整体性好、接口质量优，较适合于管径小于500mm管道施工。而且操作者要熟练，其安装效果才好。

1）管径大于600mm的管子不得用"五合一"施工法，但可采用"四合一"施工法。

①待基础混凝土达到设计强度50％和不小于5MPa后，将稳管、八字混凝土、包接头和抹带四道工序连续施工。

②不可分隔间断作业。

2）其他施工方法同"五合一"施工法相同。

2. 室外排水管道成品保护

（1）挖土过程中为防止移动和踩踏，应保护测量桩位，防止移动和踩踏。

（2）捻口后养护期内禁止移动或踩踏管道，以免灰口松动。

（3）为避免淹沟，雨期施工时管沟应及时回填。

（4）做完防腐的管道应妥善保管，不得压重物或磕碰。

（5）管道套丝后短时间不连接，应刷一道机油，用灰袋纸缠好；安装好的管道严禁作为临时架子或上人攀爬。

（6）为防止损坏防腐层，回填土时应采取措施保护管道。

3. 安装注意事项

（1）应处理好管基和回填土，达到规定压实度要求，以免埋地管道断裂。

（2）为防止接口渗漏，应采用合格水泥、养护好接口、油麻填满捻实。

（3）为免焊口咬边、气孔、夹渣，应严格控制焊接电流和焊接速度，且应注意清根打磨。

4. 安全操作、环保措施

（1）安全操作。沟槽上口过缘1.5m以内严禁堆土和堆码材料。用大锤打木桩时，先检查大锤手柄是否松动，严防举锤时脱落伤人。安装管道时，随时检查管沟、边坡稳定情况，确认安全后方可在沟内施工。电焊施工时，管沟内确保干燥无积水。焊接设备应安装漏电保护装置。刷沥青漆时要远离火源。

（2）环保措施。严格控制人为噪声，搬运管材应轻搬轻卸，避免管材撞击产生巨大噪声。切割机等强噪声机具禁止在夜间使用。堆土应做好临时遮盖并洒水降尘。

8.1.3 水落管安装方法的改进

有很多房屋的屋面采用有组织的水落管集中排水。常规做法是水落管大多采用镀锌铁皮排水管或玻璃钢排水管，安装时用镀锌铁皮条或玻璃钢条固定。采用明排水，排水口底部离散水坡的高度为 20cm 左右。采用这种做法的弊端较多，维修不易，特别是底层水落管，处在容易被损害的部位，另外，由于管夹本来不太牢固，因此，底层水落管普遍存在丢失、损坏、碰扁等现象。

针对上述情况，在施工中对房屋水落管，从制作到安装都相应地进行了改进，具体操作方法如下：

(1)为便于排水将原来的镀锌铁皮排水管或玻璃钢排水管改为 $\phi75\sim\phi100$ 的铸铁排水管，在排水管底部安装 45°铸铁管弯头，并将以往的明排水方式改为用有组织的混凝土管排水。

(2)在水落管与混凝土散水坡交界处增设小阴井，加设阴井盖，并使阴井与室外排水系统相连。

(3)将过去水落管用镀锌铁皮和玻璃条单向固定，改为扁铁卡子双向固定，并在卡子上焊上一头尖的铁钉，用做与墙体预埋体连接。

(4)施工过程中，靠水落管的墙立面上应在水落管上、中、下相应部位预埋连接体，并用混凝土将其嵌实。

8.1.4　排水管连接时，抹带接口裂缝或空鼓分析处理

排水混凝土管接口部位的水泥沙浆和钢丝网水泥沙浆抹带，在局部地方出现横向和纵向的裂缝或空鼓。其原因有：抹带接口砂浆的配合比不准确，和易性、匀质性差；因管口部位不干净或未凿毛，接口处抹带水泥沙浆未与管外表面黏结牢固；抹带接口砂浆抹完后，没有覆盖或覆盖不严，受风干和暴晒，造成干缩、空鼓和裂缝；冬期施工抹带接口时，没有进行覆盖保温，或覆盖层薄，遭冻胀，抹带与管外表面脱节；或已抹带的管段两端管口未封闭，管体未覆盖，形成管外表面受冻，管内穿堂风也造成受冻，管节受冻收缩，造成在接口处将砂浆抹带拉裂；管带太厚，或水胶比太大，造成收缩较大，产生裂缝；管缝较大，抹带砂浆往管内泄漏，使用碎石、砖块、木片、纸屑等杂物充填，也易引发空鼓和裂缝等。

为防止上述问题产生，排水管连接时，应注意以下几点：

(1)冬期施工的水泥沙浆抹带接口，不仅要做到管带的充分保温，而且还需将管身、管段两端管口、已砌好检查井的井口，加以覆盖封闭保温，以防穿管寒风和管身受冻使管严重收缩，造成管带在接口处开裂。

(2)在覆土之前的隐蔽工程验收中，必须逐个检查，如发现有空鼓开裂，必须予以返修。

8.1.5　排水管道不做闭水试验或闭水试验不符合要求分析处理

不做闭水试验或闭水试验不符合要求将导致试验管段局部地方(如管堵、井墙、管道接口、管道与井墙接缝、混凝土基础、混凝土管座以及管材本身等处)漏水，工程中由于强调工期紧、影响交通、影响道路的施工等客观原因，而先行填土，然后补做闭水试验或不做闭水试验。不做闭水试验或闭水试验不符合要求的情况有：管道浸泡时间不够，即进行闭水试验；砖砌闭水管堵、砖砌井墙的灰缝砂浆饱满度不够，水泥沙浆抹面不严实，混凝土基础有蜂窝或孔洞；管材本身有裂纹或裂缝；制造管材的模板接缝处漏浆，致使接缝处混

凝土不密实或管身其他个别处混凝土有孔隙，或使用断级配骨料本来就有空隙的挤压管做污水管，导致漏水；接口管带裂缝空鼓，管带与管座结合处不严密，抹带砂浆与管座混凝土未结合成一体，产生裂缝漏水；管道在平基管座包裹的管子接口范围，混凝土不密实，在接口处有隐蔽性的渗漏等。

为防止产生上述问题，闭水试验应注意以下几点：

(1)做好试验前的准备工作。试验前，需将灌水的检查井内支管管口和试验管段两端的管口，用1∶3水泥沙浆砌24cm厚的砖堵死，并抹面密封，待养护3～4d达到一定强度后，在上游检查井内灌水，当水头达到要求高度时，检查砖堵、管身、井身，有没有漏水，如有严重渗漏应进行封堵，待浸泡24h后，再观测渗水量。

(2)严格选用管材，污水管不得使用挤压管。对从外观检查有裂纹裂缝的管材，不得使用，疑有个别处混凝土不密实或模板缝有漏浆的，要做水压试验，证明不漏水，再送往工地现场使用。

(3)在浇筑混凝土管座时，管节接口处要认真捣实。在浇筑管基管座混凝土时，为避免接口在隐蔽处漏水，靠管口部位应铺适量抹带的水泥沙浆。

(4)砖砌闭水管堵和砖砌检查井及抹面，应做到砂浆饱满。砖砌体与管道及井底基础接触处、安装踏步根部、制作脚窝处砂浆更应饱满密实。

(5)抹管带前，可在管口处涂抹一层与管带宽度基本相同的专用胶水，使管带与管外皮能紧密黏结，对预防管带漏水也有较大作用。

(6)严重漏水的管段，一般均应返工修理。但如果管材、管带、管堵、井墙等仅有少量渗水，一般可用防水剂配制水泥沙浆，或水泥沙浆涂刷或勾抹于渗水部位即可。涂刷或勾抹前，应将管道内的水排放干净。

8.1.6　管道安装允许偏差缺陷分析处理

1. 排水管道基础(平基法)质量不符合要求

排水管道基础的施工一般采用平基法。平基法不符合要求将导致混凝土平基础、垫层的厚度及宽度，局部地方未达到设计要求。浇筑管座前，平基上不凿毛；另外平基上经过踩踏，槽外向平基上溜土，以及风吹入杂物等，而在浇筑混凝土管座时又未进行清除，这些土和杂物均夹在了平基与管座之间等现象，其原因主要是槽基标高控制不准出现局部槽底高突，平基表面设计高程不变，造成平基厚度不达标；平基表面标高控制偏低，基槽设计高程不变，也同样造成平基厚度不达标；平基和管座应结合在一起，形成整体受力。平基不凿毛，反而夹带土和杂物，达不到整体受力效果，降低管道使用寿命。

为防止产生上述问题，施工时应注意以下几点：

(1)在浇筑混凝土平基前，支搭模板时，要做好测量复核，复核水准点有无变化，复核槽底标高和模板弹线高程，当确认无误后，方可浇筑混凝土。

(2)对混凝土平基的表面高程，在振捣完毕后，要用标高线或模板上的弹线找平，核对标高。

2. 排水混凝土管道安装不符合要求

(1)排水混凝土管道安装不符合要求包括以下情况：

管道安装后，局部管节发生位移，造成管道顺直度出现偏差，是由于管道安装时一般多挂边线,高度是在管子半径处,如果挂线出现松弛,发生了严重垂线,就会造成管段中部出现缓弯现象。管道安装时,支垫不牢,在支搭管座模板或浇筑管座混凝土时,受碰撞变位未予矫正。浇筑混凝土管座时,单侧灌注混凝土高度过高,侧压力过大,将管推动移位。管道胸腔回填土时,单侧夯填高度过高,土的侧压力推动管子位移等。

(2)为防止出现上述问题,排水混凝土管道安装应注意以下几点:

1)采用挂边线安管时,管子半径高度要丈量准确,线要绷紧,管道安装过程中要随时检查。

2)在调整每节管子的中心线和高程时,要用石块支垫,并要支垫牢固,不得松动,不得用土块、木块和砖块支垫。

3)在浇筑管座前,要用平基混凝土同强度等级的混凝土砂浆,将管子两侧与平基相接触的三角部分填满填实后,再在两侧同时浇筑混凝土。

4)安装管道时,应有测量人员进行及时复查。

8.2　排水管沟及井池

8.2.1　常见施工工艺

1. 管沟开挖

(1)测量。

1)找到当地准确的永久性水准点。将临时水准点设在稳固和僻静之处,尽量选择永久性建筑物,距沟边大于 10m,对居住区以外的管道水准点不低于Ⅳ级,一般不低于Ⅲ级。

2)水准点闭合差不大于 4mm/km。

3)沿着管线的方向定出管道中心和转线角出检查井的中心点,并与当地固定建筑物相连。

4)新建排水管及构筑物与地下原有管道或构筑物交叉处,要设置特别标记示众。

5)确定堆土、堆料、运料、下管的区间或位置。

6)核对新排水管道末端接旧有管道的底标高,核对设计坡度。

(2)放线。

1)根据导线桩测定管道中心线,在管线的起点、终点和转角处,钉一较长的大木桩作中心控制桩。用两个固定点控制此桩将窨井位置相继用短木桩钉出。

2)根据设计坡度计算挖槽深度、放出上开口挖槽线。

3)测定雨水井等附属构筑物的位置。

4)在中心桩钉个小钉,用钢尺量出间距,在窨井中心牢固埋设水平板,不高出地面,将平板测为水平。板上钉出管道中心标志作挂线用,在每块水平板上注明井号、沟宽、坡度和立板至各控制点的常数。

5)如图 8-4 所示,图中 H 为常数;h_2 值即为高程差,也即为管线坡降。

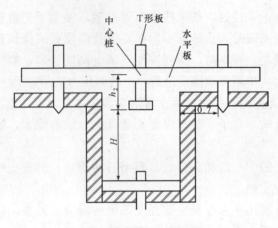

图 8-4　中心桩示意图

6)用水准仪测出水平板顶标高,以便确定坡度。在中心定一个 T 形板,使下缘水平。且和沟底标高为一个常数,在另一窨井的水平板同样设置,其常数不变。

(3)沟基施工。

1)挖沟时沟底的自然土层被扰动,必须换以碎石或砂垫层。被扰动土为砂性或砂砾土时,铺设垫层前先夯实;黏性土则须换土后再铺碎石砂垫层。事先须将积水或泥浆清除出去。

2)基础在施工前,清除浮土层、碎石铺填后夯实至设计标高。

3)铺垫层后浇灌混凝土,可以窨井开始,完成后可进行管沟的基础浇灌。

4)在下列情况之一,采用混凝土整体基础:雨水或污水管道在地下水位以下;管径在1.35m 以上的管道;每根管长在 1.2m 以内的管道;雨水或污水管道在地下水位以上,覆土深大于 2.5m 或 4m 时。

2. 检查井

在排水管与室内排出管连接处,管道交汇、转弯、管道管径或坡度改变、跌水处和直线管段上每隔一定距离,均应设置检查井,其最大间距见表 8-6。不同管径的排水管在检查井中宜采用管顶平接。

表 8-6　检查井最大间距

管　径/mm	最大间距/m	
	污水管道	雨水管和合流管道
150	20	—
200~300	30	30
400	30	40
≥500	—	50

3. 化粪池

(1)砖砌体材料宜采用烧结普通砖。

(2)砖砌体的转角处和交接处应同时砌筑。对不能同时砌筑而又必须留置的临时间断处应砌成斜槎，斜槎水平投影长度不应小于高度的2/3。

(3)竖向灰缝不得出现透明缝、瞎缝和假缝。

(4)混凝土应采用普通混凝土或防水混凝土。

(5)施工缝的位置应在混凝土浇筑前按设计要求和施工技术方案确定。施工缝的处理应按施工技术方案执行。

(6)混凝土中掺用外加剂的质量及应用技术应符合现行国家标准《混凝土外加剂》(GB 8076—2008)、《混凝土外加剂应用技术规范》(GB 50119—2003)等和有关环境保护的规定。

(7)当地下水位高于基坑底面时，应采用地面截水、坑内抽水、井点降水等有效措施来降低地下水位。同时及时观察坑内、坑外降水的标高，以确定对周围环境的影响程度，并及时采取措施，防止降水而产生的影响，如坑内降水、坑外回灌等。

(8)冬雨期施工措施按相关方案执行。

(9)井室的尺寸应符合设计要求，允许偏差±20mm(圆形井指其直径；矩形井指其边长)。

(10)安装混凝土预制井圈，应将井圈端部洗干净并用水泥沙浆将接缝抹光。

(11)砖砌井室。地下水位较低，内壁可用水泥沙浆勾缝；水位较高，井室的外壁应用防水砂浆抹面，其高度应高出最高水位200~300mm。含酸性污水检查井，内壁应用耐酸水泥沙浆抹面。

(12)排水检查井需作流槽，应用混凝土浇筑或用砖砌筑，并用水泥沙浆抹光。流槽的高度等于引入管中的最大直径，允许偏差±10mm。流槽下部断面为半圆形，其直径同引入管管径相等。流槽上部应作垂直墙，其顶面应有0.05的坡度。排除管同引入管直径不相等，流槽应按两个不同直径作成渐扩形。弯曲流槽同管口连接处应有0.5倍直径的直线部分，弯曲部分为圆弧形，管端应同井壁内表面齐平。管径大于500mm，弯曲流槽同管口的连接形式应由设计确定。

(13)在高级和一般路面上，井盖上表面应同路面相平，允许偏差为±5mm。无路面时，井盖应高出室外地平设计标高50mm，并应在井口周围以0.02的坡度向外作护坡。如采用混凝土井盖，标高应以井口计算。

(14)安装在室外的地下消火栓、给水表井和排水检查井等用的铸铁井盖，应有明显区别，重型与轻型井盖不得混用。

(15)管道穿过井壁处，应严密、不漏水。

4. 管沟回填

在闭水试验完成，并办理"隐蔽工程验收记录"后，即可进行回填土。

(1)管顶上部500mm以内不得回填直径大于100mm的块石和冻土块；500mm以上部分回填块石或冻土不得集中；用机械回填，机械不得在管沟上行驶。

(2)回填土应分层夯实。虚铺厚度如设计无要求，应符合下列规定：

1)机械夯实：不大于300mm。

2)人工夯实：不大于200mm。

3)管子接口坑的回填必须仔细夯实。

8.2.2 排水管沟及井池施工技巧

1. 排水管道漏水

(1)管沟超挖后，填土不实，或沟底石头未处理平，管道局部受力不均匀而造成管材或接口处断裂活动。

(2)预制管时，接口养护不好，强度不够而又过早摇动，使接口产生裂纹而漏水。

(3)未认真检查管材是否有裂纹、沙眼等缺陷，施工完毕又未进行闭水试验，造成通水后渗水、漏水。

(4)地下管道施工完毕，回填土应进行分层夯实，可采用原土，有特殊要求用三七灰土时，未严格执行回填土操作程序，随便回填而造成局部土方塌陷或硬土块砸裂管道。

(5)冬季施工作完闭水试验后，未能及时放净水，以致冻裂管道造成通水后漏水。

2. 排水管变径

排水管变径时，在检查井内要求管顶标高相同，这样小管的水位高于大管水位，由于充满度(一般不超过0.6)限制，在任何情况下，大管水位不会高于小管的水位，水可顺利排入大管内。

3. 检查井设置

排水管道在直管段处为了定期维修及清理疏通管道，每隔50m左右设置一处检查井；在改变流动方向、会合支流处、变径处以及改变坡度处，均应加设排水检查井，它们分别起到弯头、三通、变径管的作用，施工时要严格保证质量，不可忽视。

8.2.3 管道挖槽坡度板测设方法的改进

传统的控制管槽开挖深度的做法是在管道沿线上每隔10m或20m的槽口上设置一个坡度板，用坡度板顶高程与槽底设计高程之差作为下返数来控制开挖深度和管线坡度，而由于下返数往往非整数，且各坡度板的下返数值都不同：一是深度和坡度不易保证；二是施工数据过多，不便操作；三是施工检查很不方便。因此，可采用预先确定相同下返数的方法解决上述问题。

具体方法：

在一段管道内，预先确定各坡度板具有相同数值的下返数，为此，可计算每一坡度板顶向上或向下量取调整数(为预先确定下返数与板顶高程－槽底设计高程之差)。然后按调整数在高程板上定出点位，钉上小钉，而相邻的坡度钉连线即为管底坡度线的平行线。

这种改进做法具有操作简便，劳动强度低、节省工时的特点；但因这种控制开挖深度的方法标志明显，因此，能充分提高机械化开挖程度，减少人工开挖作业量，降低工程成本。

8.2.4 埋地排水管道封堵方法的改进

埋地排水管道在隐蔽前应进行灌水试验，检查管道有无渗漏。以前管口，而且多用砂浆砖头或圆木包塑料布封堵，不仅费工又费料，而且效果也不好。若改用钢板加橡胶垫封堵，不仅效果好，而且封堵材料可以周转使用，其具体做法如图8-5所示。

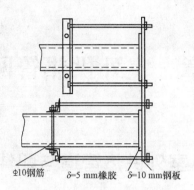

Φ10钢筋   δ=5 mm橡胶   δ=10 mm钢板

图 8-5 埋地排水管道封堵做法

8.2.5 排水检查井流槽不符合要求分析处理

排水检查井流槽不符合要求的情况如下:

(1)雨水井流槽高度低于主管半径或高于主管半径。污水井流槽做成主管半径流槽或高于全径流槽。

(2)检查井流槽不是与主管同半径的半圆弧形流槽,而是做成梯形流槽。

(3)流槽宽度不符合要求,有的大于主管直径,有的小于主管直径其原因是施工人员没有熟读各类形式检查井的结构图,未认真进行技术交底;对流槽施工不够重视,认为只要能流水就行等。

为避免产生上述问题,排水检查井流槽施工时应注意以下几点:

(1)雨水井流槽高度应与主管的半径相平,流槽的形状,应为与主管半径相同的半圆弧。污水井流槽的高度应与主管管内顶相平,半径以下部分是与主管半径相同的半圆弧,半径以上部分应为自180°切点向上与两侧井墙相平行,既不能比主管管径大又不能比主管管径小。

(2)施工员必须学透所施工的检查井井型的结构图,并向操作工人做好工序技术交底,在施工过程中注意检查,控制质量。

(3)施工员和操作工人要清楚地知道,检查井是排水管道质量检查的窗口,除了管道主体必须做好外,检查井各部位也应做好。

8.2.6 集水池无盖或设置固定盖板,池内潜水泵未自控

集水池无盖,池内潜水泵不能自动控制排水,水池固定盖板开启不方便等不仅易发生事故,而且不利于物业管理。

为方便维修水泵,集水池设置较易开启的池盖,必要时可采用自动耦合装置的污水泵。泵房内集水池的排污泵应设置备用泵,污水泵排水应能达到自控。

第9章　室外供热管网安装

9.1　室外供热管道与配件安装

9.1.1　室外供热管道布置形式

室外供热管道的布置有枝状和环状两种基本形式。

枝状管网(图 9-1)，管线较短，阀件少，造价较低，但缺乏供热的后备能力。一般工厂区，建筑小区和庭院多采用枝状管网。对于用汽量大而且任何时间都不允许间断供热的工业区或车间，可以采用复线枝状管网，用以提高其供热的可靠性。

对于城市集中供热的大型热水供热管网，而且有两个以上热源时，可以采用环状管网，提高供热的后备能力。但造价和钢材耗量都比枝状管网大的多。实际上这种管网的主干线是环状的，通往各用户的管网仍是枝状的，如图 9-2 所示。

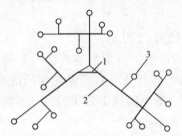

图 9-1　枝状管网

1—热源；2—热力管道；3—热力点

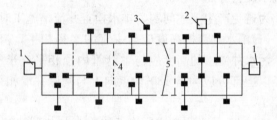

图 9-2　环状管网

1—热源；2—后备热源；3—热力点；

4—热网后备旁通管；5—热源后备旁通管

9.1.2　常见施工工艺

1. 管道煨弯

(1)装砂石填料应预先加热干燥，在粗砂及豆石中应掺入 30% 的细砂，使其组配均匀适度，以加强其密实度。灌砂石应边灌边敲击。为了保证管道煨弯部位的椭圆度要求，一定要振实。

(2)管子加热应均匀，避免加热不匀而产生表面不平现象，一般温度保持在 800~900℃，不宜超过 1000℃。

(3)煨弯时，管子应放平，拉管时拉力应均匀平直，不宜向上使力。

(4)为了控制管子弯曲程度和弯曲范围，可采用浇洒冷水的方法，哪个部位弯曲度已够，可用冷水浇洒使其定位。

(5)弯管时随时用样扳检查，一般考虑煨弯后管身还会回弹一些，可比煨制的要求角度大 3°~5°。

(6)冷却后撒砂应干净，防止砂子粘贴于管壁上。

2. 管道敷设

(1)埋地管道施工。这种敷设方法最为经济，保温层不但起着保温作用，还起着承受上层土壤压力的作用，要求保温层外包扎油毡防潮层，以保护保温瓦的干燥，不降低保温的效果。一般用于地下水位低、土质不下沉、不带腐蚀性的土层内，但维修管理不方便。

1)管沟测量放线。根据设计图纸的规定，用经纬仪引出在管道改变方向部位的几个坐标桩，再用水平仪在管道变坡点栽上水平桩。在坐标桩和水平桩处设置龙门板(图 9-3)，龙门板要求水平。根据管沟中心线与沟宽，在龙门板上标出挖沟的深度，以便于挖沟时复查。根据这些点，用线绳分别系在龙门板钉子上，用白灰沿着线绳放出开挖线。管沟开挖时，由于土质的关系，为防止塌方，要求沟边具有坡度，白灰应撒在坡度的边沿上。

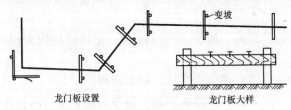

图 9-3　龙门板设置示意图

2)管沟边坡。具有天然湿度、结构均匀，水文地质条件良好的管沟可不加支撑，但两侧边坡的最大允许坡度应符合规定。

3)沟底处理。沟底要求是自然土层(坚实的土壤)，如果是松土回填的或沟底是砾石，都需进行处理，以防止管子产生不均匀下沉，使管子受力不均匀。对于松土层要夯实，要求严格夯实心土，还应取样作密实性试验。对砾石底则应挖出 20cm 厚的砾石，用好土回填夯实或用黄砂铺齐。

4)下管。钢管可先在沟边进行分段焊接，每段长度一般在 25～35m 范围内，这样可以减少沟内固定焊口的焊接数量。下管时，应使用绳索将绳的一端拴固在地锚上，并用绳套箍住管段拉住另一头，用撬棍把管段移至沟边，在沟边利用滑木杆将管段滑至沟底。如管段过重，人力拉绳有困难，可把绳的另一端在地锚上绕几圈，依靠绳与桩的摩擦力可较省力。拉绳不得少于两根，以免管子弯曲。下管时，沟底不准站人，以保证操作安全。在地沟内连接管段时，必须找正找直管线，固定口的焊接点要挖成可容一个焊工的操作坑，其大小要方便焊接操作。

敷设管段包括阀门、配件、补偿器支架等，都应在施工前按施工要求预先放在沟边沿线，并在试水前安装完毕。

(2)供热管道地沟敷设。

1)在不通行地沟安装管道时，应在土建垫层完毕后立即进行安装。

2)土建打好垫层后，按图纸标高进行复查并在垫层上弹出地沟的中心线，按规定间距安装支座及滑动支架。

3)管道应先在沟边分段连接，管道放在支座上时，用水平尺找平找正。安装在滑动支架上时，要在补偿器拉伸并找正位置后才能焊接。

4)通行地沟的管道应安装在地沟的一侧或两侧，支架应采用型钢，支架的间距要求见表 9-1。管道的坡度应按设计规定确定。

表 9-1 支架最大间距

管径/mm		15	20	25	32	40	50	70	80	100	125	150	200
间距/m	不保温	2.5	2.5	3.0	3.0	3.5	3.5	4.5	4.5	5.0	5.5	5.5	6.0
	保温	2.0	2.0	2.5	2.5	3.0	3.5	4.0	4.0	4.5	5.0	5.5	5.5

5)支架安装要平直牢固，同一地沟内有几层管道时，安装顺序应从最下面一层开始，依次安装上面的管道，为了便于焊接，焊接连接口要选在便于操作的位置。

6)遇有伸缩节时，应在预制时按规范要求做好预拉伸并作好支撑，按位置固定，与管道连接。

7)管道安装时坐标、标高、坡度、甩口位置、变径等复核无误后，再把吊卡架螺栓紧好，最后焊牢吊卡处的止动板。

8)冲水试压，冲洗管道办理隐检手续，把水泄净。

9)管道防腐保温，应符合设计要求和施工规范规定，最后将管沟清理干净。

（3）供热管道架空敷设。

1)按设计规定的安装位置、坐标，量出支架上的支座位置，安装支座。

2)支架安装牢固后，进行架设管道安装，管道和管件应在地面组装，长度以便于吊装为宜。

3)按预定的施工方案进行管道吊装。架空管道的吊装使用机械或桅杆(图 9-4)。绳索绑扎管子的位置要尽可能使管子不受弯曲或少弯曲。架空敷设要按照安全操作规程施工。吊上去还没有焊接的管段，要用绳索把它牢固地绑在支架上，避免管子从支架上滚下来发生事故。

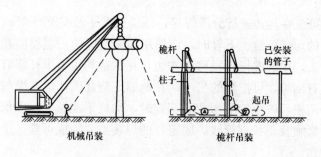

图 9-4　架空管道吊装

4)采用螺纹连接的管道，吊装后随即连接；采用焊接时，管道全部吊装完毕后再焊接。焊缝不许设在托架和支座上，管道间的连接焊缝与支架间的距离应 150～200mm 之间。

5)按设计和施工各规定位置，分别安装阀门、集气罐、补偿器等附属设备并与管道连接好。

6)管道安装完毕，要用水平尺在每段管上进行一次复核，找正调直，使管道在一条直线上。

7)摆正或安装好管道穿结构处的套管，填堵管洞，预留口处应加好临时管堵。

8)按设计或规定的要求压力进行冲水试压，合格后办理验收手续，把水泄净。

9)管道防腐保温，应符合设计要求和施工规范规定，注意做好保温层外的防雨、防潮等保护措施。

3. 管道配件安装

(1)减压阀安装。

1)减压阀的阀体应垂直安装在水平管道上，前后应装法兰截止阀。一般未经减压前的管径与减压阀的公称直径相同。而安装在减压阀后的管径比减压阀的公称直径大两个号码，减压阀安装应注意方向，不得装反；薄膜式减压阀的均压管应安装在管道的低压侧。检修更换减压阀应打开旁通管。

2)减压阀安装组成部分有减压阀、压力表、安全阀、旁通管、泄水管、均压管及阀门。如图 9-5 所示。

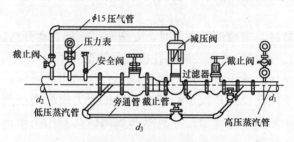

图 9-5 减压阀安装图

3)各部分配管规格见表 9-2，其中 d_2 为参考值。

表 9-2 减压阀组配管规格表　　　　　　　　　　mm

d_1	d_2	d_3	安 全 阀	
			规 格	类 型
20	50	15	20	弹簧式
25	70	20	20	弹簧式
32	80	20	20	弹簧式
40	100	25	25	弹簧式
50	100	32	32	弹簧式
70	125	40	40	杠杆式
80	150	50	50	杠杆式
100	200	80	80	杠杆式
125	250	80	80	杠杆式
150	300	100	100	杠杆式

4)在较小的系统中，两个截止阀串联在一起也可以起减压作用。主要是通过两个串联阀门加大管道内介质的局部阻力，介质通过阀门时，由于能量的损失使压力降低。尤其是两个阀门串联在一起安装时，一个阀门起着减压作用；另一个可作开关用，但这种减压方

法调节范围有限。

5)减压阀安装完后，应根据使用压力进行调试，并作出调试后的标志。调压时，先开启阀门2（图9-6），关闭旁通阀3，慢慢打开阀门1，当蒸汽通过减压阀，压力下降，那时就必须注意减压后的数值。当室内管道及设备都充满蒸汽后，继续开大阀门1，及时调整减压阀的调节装置，使低压端的压力达到要求时为止。

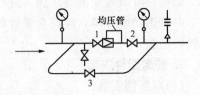

图9-6　减压阀调试

带有均压管的减压阀，则均压管在压力波动时自动调节减压阀的启闭大小。但它只能在小范围内波动时起作用，不能仅靠它来代替调压工序。

旁通管是维修减压阀时，为不使整个系统停止运行而采用的，同时还可以起临时减压的作用，因而使用旁通阀更要谨慎，开启阀门的动作要缓慢，注意观察减压的数值，不得使其超过规定值。

安全阀要预先调整好，当减压阀失灵时，安全阀可达到自动开启，以保护采暖设备。

(2)调压孔板安装。采暖管道安装调压孔板的目的是为了减压。高压热水采暖往往在入口处安装调压板进行减压。调压板是用不锈钢或铝合金制作的圆板，开孔的位置及直径由设计决定。介质通过不同孔径的孔板进行节流，增加阻力损失而起到减压作用。安装时夹在两片法兰的中间，两侧加垫石棉垫片。蒸汽系统调压孔采用不锈钢制作，热水系统可用不锈钢或铝合金作调压孔板。

1)调压孔板安装如图9-7所示。

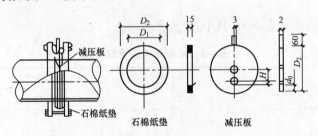

图9-7　调压孔板安装图

2)减压孔板孔径 d_0 由设计决定(包括孔的位置)。

3)减压板只允许在整个采暖系统经过冲洗洁净后再行安装。

(3)补偿器安装。常用波纹管补偿器的安装方法：补偿器接口有法兰连接和焊口连接两种形式，安装方法一种是随着管道敷设同时安装补偿器；也可以先安管道，系统试压冲洗后，再安装补偿器。视条件和需要确定。

前者安装方法较为简单，与阀类安装相同。后者安装方法叙述如下：

1)先丈量好波纹补偿器的全长，在管道波纹补偿器安装位置上，画出切断线。

2)依线切断管道。

3)焊接接口的补偿器：先用临时支、吊架将补偿器支吊好，使两边的接口同时对好口，同时点焊。检查补偿器安装是否合适，合适后按顺序施焊。焊后拆除临时支吊架。

4)法兰接口的补偿器：先将管道接口用的法兰、垫片临时安到波纹管补偿器的法兰盘上，用临时支、吊架将补偿器支、吊就位，补偿器两端的接口要同时对好管口，同时将法兰盘点焊。检查补偿器位置合适后，卸下法兰螺栓，卸下临时支、吊架和补偿器。然后对管口法兰盘对称施焊，按照焊接质量要求清理焊渣，检查焊接质量，合格后对内外焊口进行防腐处理。最后将波纹补偿器吊起进行法兰正式连接。

(4)疏水器安装。为了排除蒸汽管道中的冷凝水，提高蒸汽品质，在蒸汽管道容易积水的地方，都应安装疏水器，疏水器应安装在便于检修的地方，并尽量靠近用热设备或管道及凝结水排出器之下；疏水阀门的中心线与水平面应互相垂直，不可倾斜，以利于阻气排水，并使介质流动方向与阀体一致。疏水器组装时应设置冲洗管、检查管、止回阀、过滤器等，并装置必要的法兰或活接头，以便检修时拆卸。疏水器安装分为带旁通管和不带旁通管，水平安装或垂直安装。几种疏水器安装形式如图 9-8 所示。

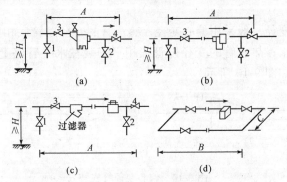

图 9-8 疏水器安装形式
(a)浮筒式疏水器安装；(b)吊筒式疏水器安装；
(c)热动力式疏水器安装；(d)疏水器旁通管安装
1—冲洗管阀门；2—检查管阀门；3、4—疏水器检修用阀门

冲洗管的作用是用来冲洗管路；检查管的作用是检查疏水器的工作情况；止回阀的作用是防止回水管网窜汽后压力升高；过滤器的作用是阻挡污物进入疏水器；旁通管的作用是在管道开始运行时，用来排放大量凝结水。

(5)排气阀安装。热水管网中，也要设置排气和放水装置。排气点应放置在管网中的高位点。一般排气阀门直径值选用 15~25mm。在管网的低位点设置放水装置，放水阀门的直径一般选用热水管直径的 1/10 左右，但最小不应小于 20mm。

(6)除污器安装。热介质应从管板孔的网格外进入。除污器一般用法兰与干管连接，以便于拆装检修。安装时应设专门支架，但所设支架不能妨碍排污，同时需注意水流方向与除污器要求方向相同，不得装反。系统试压与清洗后，应清扫除污器。

9.1.3 室外供热管道与配件安装技巧

1. 热力管道的排水和排气

热力管道安装时，水平管道应具有一定的坡度：一般为 0.003，但不能小于 0.002。蒸汽管道的坡向最好与介质流向相同，这样管内蒸汽与凝结水流动方向相同，以避免噪声。热水管道的坡向最好与介质流向相反，这样管内热水和空气流动方向相同，减少了热水流动的阻力，也有利于排气，防止噪声。热力管道的每段管道最高点或最低点应分别安装排

气和泄水装置。方形补偿器水平安装时，应与管道坡度和坡向一致；垂直安装时，最高点应安装排气阀，在最低点应安装排水阀，便于排水和放水。热力管道的排水、放气装置如图 9-9 所示。

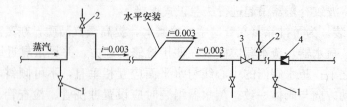

图 9-9　热力管道排水、放气示意图
1—排水阀；2—放气阀；3—控制阀；4—流量孔板

水平热力管道的变径一般采用偏心变径。蒸汽管的变径以管底相平安装在水平管路上，以利于排除管内凝结水；热水管的变径以管顶相平安装在水平管路上，以利于排除管内空气。偏心变径管安装如图 9-10 所示。

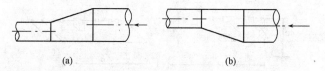

图 9-10　偏心变径管安装
（a）安装在蒸汽或气体管道上；（b）安装在泵进口或液体管道上

2. 热力管道的支管

蒸汽管道的支管应从主管上方或两侧接出，以防止凝结水流入支管；热水管道的支管应从主管的下方或两侧接出，以防止空气流入支管。不同压力或不同介质的疏、排水管不能接入同一排水干管。

3. 热力管道的支架安装

热力管道的热胀冷缩量较大，故支架种类多，要求不一。热力管道中最常用的有固定支架、活动支架及导向支架等。固定支架用于两个补偿器中间，同一管道两个补偿器中间只能安一个固定支架，而在每个补偿器的另一侧，与中间固定支架等距离的点上，也各安装一个固定支架。因为固定支架受力很大，安装必须牢固，应保证管子在这点上不能移动。热力管道两个固定支架之间应设置导向支架，导向支架应能保证管子沿着规定的方向作自由伸缩。补偿器两侧的第一个支架，宜设置在距补偿器弯头起弯点 0.5～1m 处，而且应设活动支架，不得设置导向支架或固定支架。补偿器平行臂上的中点应设置活动支架。

为了使热力管道伸缩时不致破坏保温层，管道的底部应用点焊形式安装高滑动托架，托架高度应稍大于保温层的厚度。安装托架两侧的导向支架时，应使滑槽与托架之间有 3～5mm 的间隙。

为了保证管道运行时，支架中心与滑托中心不致偏移过大，靠补偿器两侧的几个滑托应相对于支架偏心安装。其偏心距离应是该点距固定点之间管道热伸长量的一半，即 $\Delta L/2$。其偏心位置应在管道热膨胀方向相反的一侧。补偿器两侧滑托偏心安装如图 9-11 所示。

在设置吊架的热力管道中，邻近补偿器的吊架也应倾斜安装。倾斜位置与管道热膨胀的方向相反，倾斜的距离等于设吊架处管道热膨胀量的一半，即 $\Delta L/2$，如图 9-12 所示。

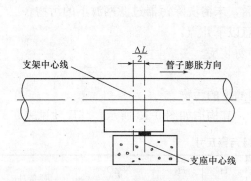
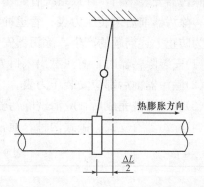

图 9-11　补偿器两侧活动支架偏心安装示意图　　　图 9-12　邻近补偿器的吊架倾斜安装示意图

4. 热力管

热力管道安装完毕后，应按设计要求进行强度试验及严密性试验。试压介质一般采用清洁水。水压试验宜在环境温度 5℃ 以上进行，否则须有防冻措施。

试压前，将管道系统中阀门全部打开，将通向大气的管口堵封，最高点装置放空阀，最低点装置排水阀。首先打开放空阀，关闭排水阀，向管道系统注水。待放空阀出水时，证明空气排净，关闭放空阀。对系统全面检查，无漏水现象才能升压，否则应及时修复。

强度试验时，升压应缓慢。达到试验压力后，停压 10min，以无泄漏、目测无变形为合格。然后降至工作压力，对管道系统进行全面检查，以无泄漏为合格。

试压合格后要及时放净系统内的水，以防冻裂管道。

9.1.4　地沟内管道敷设缺陷分析处理

通行地沟净高小于 1.8m，或净空通道宽大于 0.6m；半通行地沟净高小于 1.4m 或通道净空小于 0.4m；管道与支架间有空隙，焊口放在支架上等现象是由于施工人员对地沟管道敷设规范不熟悉；缺乏有效的质量监督等所致。

为防止产生上述问题，地沟内管道敷设应注意以下几点：

(1)将钢管放到沟内，逐段码成直线进行对口焊接(敷设不通行地沟内，除安装阀类采用法兰连接外，其他接口均采用焊接)，连接好的管道找好坡度(以 0.003 坡向排水阀为基准)。泄水阀安装在阀门井内。

(2)找正钢管，使管子与管沟壁之间的距离以及两管之间的距离能保证管子可以横向移动。在同一条管道两个固定支架间的中心线应成直线，每 10m 偏差不应超过 5mm。整个管段在水平方向的偏差不应超过 50mm；垂直方向的偏差不应超过 10mm。一旦管道位置调整好后，立即将各固定支架焊死，管道与支架间不应有空隙，焊口也不准放在支架上。

(3)供热管道的热水、蒸汽管，如设计无要求，应敷设在载热介质前进方向的右侧。

(4)安装阀门，并分段进行水压试验，试验压力为工作压力的 1.5 倍，但不得低于 0.6MPa，同时检查各接口有无渗漏水现象，在 10min 内压力降小于 0.05MPa，然后降至工作压力，做外观检查，以不漏为合格。

9.1.5 除污器安装不当分析处理

除污器安装不当，导致系统管路不畅通，堵塞，原因主要是安装除污器时，出入方向装反；除污器前后未装压力表；管道冲洗完成后，未清洗除污器过滤网滤下的污物。

为防止上述问题的产生，除污器安装应注意以下几点：

(1)安装除污器时，需注意出入口方向，切勿装反。

(2)除污器前后都应安装压力表。

(3)管道冲洗完成后，应清洗除污器过滤网滤下的污物。

(4)除污器有立式、卧式两种，通常用立式，其构造如图 9-13 所示，其尺寸见表 9-3。

表 9-3 立式除污器尺寸

型 号	L /mm	L_1 /mm	D /mm	D_1 /mm	H /mm	H_1 /mm	N-ϕD_2 /mm	质量/kg
DN40	399		$\phi159$	$\phi45$	350	220	4-$\phi14$ / 4-$\phi18$	23.09 / 27.64
DN50	399		$\phi159$	$\phi57$	350	220	4-$\phi14$ / 4-$\phi18$	23.90 / 28.95
DN65	459		$\phi219$	$\phi73$	400	250	4-$\phi14$ / 4-$\phi18$	34.43 / 44.10
DN80	513		$\phi273$	$\phi89$	500	350	4-$\phi18$	50.59 / 60.92
DN100	529 / 531	280	$\phi309$ / $\phi311$	$\phi108$	500	390	4-$\phi18$ / 8-$\phi18$	54.35 / 69.28
DN125	579 / 582	305	$\phi359$ / $\phi362$	$\phi133$	540	400	8-$\phi18$	70.11 / 90.90
DN150	630 / 634	335	$\phi410$ / $\phi414$	$\phi159$	610	470	8-$\phi18$ / 8-$\phi23$	96.78 / 126.95
DN200	730 / 736	390	$\phi510$ / $\phi516$	$\phi219$	770	590	8-$\phi18$ / 8-$\phi23$	155.58 / 211.29

注：当注有/符号时，线上数字用于 $P_N=0.6$MPa，线下数字用于 $P_N=1.0$MPa，其余数字共用于两种压力。

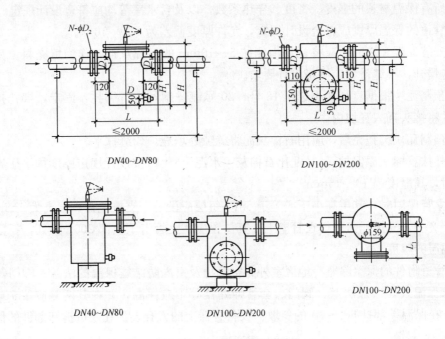

图 9-13 立式除污器安装图

9.2 室外供热管道防腐与保温

9.2.1 常见施工工艺

1. 管道防腐

(1)管道及附件保温前应在其表面涂刷一遍耐热防锈漆。

(2)表面温度不超过60℃的不保温管道及附件,应在其表面先涂刷一遍红丹防锈漆,再刷两遍酚醛磁漆或醇酸磁漆,也可刷两遍沥青漆。

(3)直埋敷设时,各种预制保温管的外表面都应作防腐处理。

(4)各种金属支吊架表面均应刷红丹防锈漆一遍,再刷调和漆一遍。

管道、附件及支架在涂刷防锈漆前,必须将表面上的污垢、灰尘、锈斑、焊渣等清除干净,并刷出金属光面。涂漆厚度应均匀,不得有脱皮起泡流淌和漏涂现象,并且必须在前一层干燥后方可涂刷下一层。

管道应根据敷设方式和热媒种类,决定其表面涂漆的颜色。架空管道全部涂色,通行地沟内管道每隔10m需涂色1m,不通行地沟管道仅在检查井内涂色,并用箭头标出热媒流动方向。

2. 管道保温

(1)管道保温应在水压试验合格后进行。如果必须先进行保温,应将管道的连接处留出,待水压试验合格后,再将管道连接处填充保温材料。

(2)所有保温材料的强度、密度、导热系数，以及含水率等均应符合设计规定。

(3)管道的保温厚度应符合设计规定，允许厚度偏差为 5%～10%。

(4)安装保温瓦块时，应将瓦块内侧抹 5～10mm 的石棉灰泥，作为填充料。瓦块的纵缝搭接应错开，横缝设置应满足设计要求。

(5)预制瓦块根据直径大小选用 18 号～20 号镀锌钢丝进行绑扎，固定，绑扎接头不宜过长，并将接头插入瓦块内。

(6)预制瓦块绑扎完后，应用石棉灰泥将缝隙处填充，勾缝抹平。

(7)外抹石棉水泥保护壳(其配比石棉灰∶水泥＝3∶7)按设计规定厚度抹平压光，设计无规定时，其厚度为 10～15mm。

(8)立管保温时，其层高小于或等于 5m，每层应设一个支撑托盘，层高大于 5m，每层不应少于 2 个，支撑托盘应焊在管壁上，其位置应在立管卡子上部 200mm 处，托盘直径不大于保温层的厚度。

(9)管道附件的保温除寒冷地区室外架空管道及室内防结露保温的法兰、阀门等附件按设计要求保温外，一般法兰、阀门、套管伸缩器等不应保温，并在其两侧应留 70～80mm 的间隙，在保温端部抹 60°～70°的斜坡。设备容器上的人孔、手孔及可拆卸部件的保温层端部应做成 45°斜坡。

(10)保温管道的支架处应留膨胀伸缩缝，并用石棉绳或玻璃棉填塞。

(11)管道保温采用硬质保温瓦时，在直线管段上，每隔 5～7m 应留一条膨胀缝，膨胀缝的间隙为 5mm。在弯管处也应留出膨胀缝，管径≤300mm 应留一条，膨胀缝的间隙为 20～30mm。膨胀缝须用柔性保温材料(石棉绳或玻璃棉)填充。保温瓦的接缝应该错开。多层保温瓦应盖缝绑扎，并用石棉水泥勾缝。绑扎保温瓦时，必须用镀锌铁丝，在每节保温瓦上应绑扎两道。当管径为 25～100mm 时，用 18 号铁丝；管径为 125～200mm 时，用 16 号铁丝。

(12)用管壳制品做保温层，其操作方法一般由两人配合，一人将管壳缝剖开对包在管上，两手用力挤住，另外一人缠裹保护壳，缠裹时用力要均匀，压槎要平整，粗细要一致。若采用不封边的玻璃丝布做保护壳时，要将毛边折叠，不得外露。

(13)块状保温材料采用缠裹式保温(如聚乙烯泡沫塑料)，按照管径留出搭槎余量，将料裁好，为确保其平整美观，一般应将搭槎留在管子内侧。

(14)用矿渣棉保温时，厚度须均匀平整，接头要搭严，绑扎要牢固。用玻璃丝布缠绕时，搭接宽度为 4～5mm。用草绳石棉灰保温时，应先在管壁上涂抹石棉灰后缠草绳，不准草绳接触管壁。

(15)保温管道的支架处应留伸缩缝，并用石棉绳或玻璃棉填塞。

(16)管道保温用铁皮做保护层，其纵缝搭口应朝下，铁皮的搭接长度，环形为 30mm。

9.2.2 供热管道防腐与保温操作技巧

1. 涂抹法保温

涂抹法保温施工操作技巧见表 9-4。

表 9-4 涂抹法保温施工操作技巧

方 法	施工操作技巧
保温层结构施工	(1)将石棉硅藻土或碳酸镁石棉粉用水调成胶泥待用。 (2)用 6 级石棉和水调成稠浆并涂抹在管道表面上,一次涂抹厚度为 5mm。 (3)等该涂抹底层干燥后,再将待用胶泥往上涂抹。涂抹应分层进行,每层厚度为 10~15mm。前一层干燥后,再涂抹后一层,直到达到保温厚度为止。管道转弯处保温层应有伸缩缝,中间填石棉绳。 (4)施工直立管道的保温层时,应先在管道上焊接支撑环,然后再涂抹保温胶泥。 1)支撑环的间距为 2~4m; 2)当管径大于等于 150mm 时,支撑环为 2~4 块宽度等于保温层厚度的扁钢所组成; 3)当管径小于 150mm 时,可直接在管道上捆扎几道铁丝作为支撑环。 (5)进行涂抹式保温层施工时,其环境温度应在 5℃以上
保护层施工	(1)油毡玻璃丝布保护层。将 350 号石油沥青油毡剪成宽度为保温层外圆周长加 50~60mm、长度为油毡宽度的长条待用。 将待用长条以纵横搭接长度约 50mm 的方式包在保温层上,横向接缝用沥青封口,纵向接缝布置在管道侧面,且缝口朝下。 油毡外面要用 $\phi1$~$\phi1.6$ 镀锌铁丝捆扎,且每隔 250~300mm 捆扎一道,切勿采取连续缠绕;当绝热层外径大于 $\phi600$ 时,则用 50mm×50mm 的镀锌铁丝网捆扎在绝热层外面。 用玻璃丝布以螺旋形缠绕于油毡外面。 油毡玻璃丝布保护层表面应缠绕紧密,不得有松动、脱落、翻边、皱褶和鼓包等缺陷,且应按设计要求涂刷沥青或油漆。 (2)石棉水泥保护层。当设计无要求时,可按 72%~77% 的 P·O32.5 级以上的水泥,20%~25% 的 4 级石棉,3% 的防水粉(重量比),用水搅拌成胶泥。 当涂抹保温层外径小于等于 $\phi200$ 时,可直接往上抹胶泥,形成石棉水泥保护层;当保温层外径大于 $\phi200$ 时,先在保温层上用 30mm×30mm 镀锌铁丝网包扎,外面用 $\phi1.8$ 镀锌铁丝捆扎,然后再抹胶泥。 石棉水泥保护层表面应平整、圆滑、无明显裂纹,端部棱角应整齐,并按设计要求涂刷面漆

2. 预制装配式保温

预制装配式保温施工操作技巧见表 9-5。

表 9-5 预制装配式保温施工操作技巧

方 法	施工操作技巧
保温层结构的施工	(1)将泡沫混凝土、硅藻土或石棉蛭石等预制成能围抱管道的扇形块待用。构成环形块数可根据管外径大小而定,但应是偶数,最多不超过 8 块;厚度不大于 100mm,否则应做成双层。 (2)用矿渣棉管壳或玻璃棉管壳保温时,可用其直接绑扎在管道上。另一种方法是在已涂刷防锈漆的管道外表面上,先涂一层 5mm 厚的石棉硅藻土或碳酸镁石棉粉胶泥,将待用的扇形块按对应规格装配到管道上面。装配时应使横向接缝和纵向接缝相互错开;分层保温时,其纵向缝里外应错开 15°以上,而环形对缝应错开 100mm 以上,并用石棉硅藻土胶泥将所有接缝填实。 (3)预制块保温可用有弹性的胶皮带临时固定,也可用胶皮带按螺旋形松缠在一端管子上,再顺序塞入各种经过试配的保温材料,并用 $\phi1.2$~$\phi1.6$ 的镀锌铁丝或 20mm×1.5mm 薄铁皮箍将保温层逐一固定,方可解下胶皮带移至下一段管上进行施工。 (4)当绝热层外径大于 $\phi200$ 时,应用 30~50mm×50mm 镀锌铁丝网对其进行捆扎。 (5)在直线管段上,每隔 5~7m 应留伸缩缝

续表

方　法	施工操作技巧
保护层 施工	用材、方法、外涂等与涂抹式的保护层要求相同；但矿渣棉或玻璃棉的管壳作保温层时，应采用油毡玻璃丝布保护层。 采用石棉水泥或麻刀石灰作保护层，其厚度不小于 10mm

3. 喷涂法保温

喷涂前，先在管段的外壁装好一副装配式的保温层胎具，用喷枪将混合均匀的发泡液直接喷涂在绝热防腐层的表面上。为避免喷涂液在绝热面上流淌，严格计算好发泡时间，使其发泡速度加快。

4. 填充法保温

保温材料为散料，对于可拆配件的保温可采用这种方法。

施工操作时，在管壁固定好圆钢制成的支撑环，环的厚度和保温层厚度相同，然后用铁皮、铝皮或铁丝网包在支承环的外面，再填充保温材料。

填充法也可采用多孔材料预制成的硬质弧形块作为支撑结构，其间距约为 900mm。平织铁丝网按管道保温外周尺寸裁剪下料，并经卷圆机加工成圆形，才可包覆在支撑圆周上进行矿渣棉填充。

5. 防腐保温

(1)刷漆前要除锈干净，选择合适的油漆刷，油漆调配比例合理；涂刷两遍或两遍以上的油漆，要在上一遍干透后再涂刷。

(2)施工过程中严格控制搭接长度和松紧度，以免玻璃丝布脱落。

(3)对主保温层要用镀锌铁丝网绑紧，并留出规定的伸缩缝；做保温层时，不要踩在已做完的保温层上，以免保温层脱落。

9.2.3　管道保温及防护缺陷分析处理

保温材料厚度不均匀，表面不平整，保温材料离心，玻璃棉外露，橡塑卷材接缝口开裂；或玻璃布搭接不平整，有皱褶、空鼓和封口不严等，包裹镀锌薄钢板或铝合金板时接缝向上，缝内积水等防护缺陷主要是保温材料不符合技术要求；技术交底不清，作业前未做详析；施工过程中，质量检查不到位等原因造成的。

为防止出现上述问题，直埋热力管道的绝热保温材料不能遇水失效，宜采用闭孔型无缝隙的材质，还应有足够的强度满足上方土的压力。安装单位技术交底应具有可操作性，要通过口头交底使操作人员真正掌握工艺要求；在全面开展保温作业前，必须先做样板，经检查合格，总结工序的操作要点。全面贯彻执行，巡视中要加强检查，严把质量关。

9.2.4　保温防腐结构不牢固分析处理

保温、防腐结构不牢固，保护壳不美观、易脱落，影响使用寿命是因为保温层结构的高空作业未搭设作业架；保温层外保护壳施工前，保温结构未找平、找圆；保护层未达到均匀、圆滑、坚固的标准等。

为避免出现上述问题，管道保温应在水压试验合格后进行。如果必须先进行保温，应将管道的连接处留出，待水压试验合格后，再将管道连接处填充保温材料。所有保温材料的强度、密度、导热系数以及含水率等均应符合设计规定。管道的保温厚度应符合设计规定，允许厚度偏差为 5%～10%。外抹石棉水泥保护壳(其配比石棉灰：水泥=3：7)按设计规定厚度抹平压光，设计无规定时，其厚度为 10～15mm。保温层外保护壳施工前保温结构应找平找圆。管道保温用铁皮做保护层，其纵缝搭口应朝下，铁皮的搭接长度，环形为 30mm。弯管处铁皮保护层的结构如图 9-14 所示。保温层结构高空作业应搭设作业架。保护层应达到均匀、圆滑、坚固的标准。

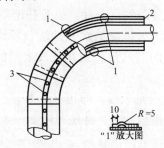

图 9-14　弯管处铁皮保护层的结构

1—0.5mm 铁皮保护层；2—保温层；3—半圆头自攻螺钉 4×16

9.2.5　保护壳或保温层被地沟内积水浸脱分析处理

导致保护壳或保温层被地沟内积水浸脱，管道能量损失增大，缩短使用寿命的主要原因是管道施工前，未检查管沟深度；未按设计坡度计算支架位置；在发现管道距沟底不满足规定值时，未向设计单位提出修改或采取有效措施。

为避免出现上述问题，管道安装前应检查沟槽底高程、坡度、基底处理是否符合设计要求。按设计坡度计算支架位置；若发现管道距沟底不满足规定值时，应先设计单位提出修改或采取有效的措施。在安装直埋热管道时，应排除地下水或积水。

9.3　系统水压试验与调试

9.3.1　常见施工工艺

1. 水压试验

(1)管道作水压试验时，管段上的阀门应全开，试验管段与非试验管段连接处应隔断。

(2)供热管道的水压试验压力应为工作压力的 1.5 倍，但不得小于 0.6MPa。

(3)压力先升至试验压力，观测 10min，如压力下降不大于0.005MPa，然后降至工作压力作外观检查，以不漏为合格。

2. 调试

(1)蒸汽管道吹洗。蒸汽管道试压结束后，在冲洗段的末端与管道垂直升高处设置冲洗口。冲洗口应该放在不影响交通和不损坏建筑物、管架的基础及人身安全处。冲洗口用钢管焊接在蒸汽管道的下侧，并装设阀门(性能与热力网本身阀门相同)。冲洗口的直径以保证将管中杂质冲出为宜。冲洗口一段的管子要加固，防止蒸汽喷射的反作用力将管子弹动。

必要时，应将管道中的流量孔板、温度计，滤网及止回阀芯等拆除，疏水器无旁通管路时也要拆除。送汽加热时，缓缓开启总阀门，勿使蒸汽的流量、压力增加过快，否则由于压力和流量的急剧增加，产生对管道强度所不能承受的温度应力致使管道破坏。而且由于凝结水来不及排出而产生水击现象，造成阀门破裂、支架断裂、管道跳动、位移等严重事故。同时，会使管道上半部是蒸汽，下半部是水，产生悬殊的温差，导致管道向上拱曲，破坏保温层结构。

在加热过程中，不断地检查管道的严密性，以及补偿器、支架、疏水系统的工作状态，发现问题及时处理。加热开始时，大量凝结水从冲洗口排出，以后逐渐减少，这时可逐渐关小冲洗口的阀门，以保证所用的蒸汽量。当冲洗段末端的蒸汽温度接近始端温度时，则加热完毕。

当加热过程中一切正常，加热完毕后，即可开始冲洗。先将各种冲洗口阀门打开，然后逐渐开大总阀门，增加蒸汽量进行冲洗。冲洗时间20～30min。当冲洗口排出的蒸汽完全清洁时，才能停止冲洗。

(2)热水管道冲洗。热水管路的冲洗分粗洗和精洗两个步骤，粗洗可以利用一般给水管道的压力(0.3～0.4MPa)进行。冲洗过的水直接排入下水道。当排出的水不再是乌黑混浊而呈现洁净时，就可以认为粗洗完成。

精洗的目的是为了清除颗粒较大的杂物(小石子、电焊渣等)，一般采用流速为1～1.5m/s以上的循环水进行清洗。精洗过程的时间为20～30h，直到循环水的水色完全呈现透明为止。

(3)系统调试。

1)若为机械热水供暖系统，首先使水泵运转达到设计压力。

2)然后开启建筑物内引入管的回、供水(气)阀门。要通过压力表监视水泵及建筑物内的引入管上的总压力。

3)热力管网运行中，要注意排尽管网内空气后方可进行系统调试工作。

4)室内进行初调后，可对室外各用户进行系统调节。

5)系统调节从最远的用户及最不利供热点开始，利用建筑物进户处引入管的供回水温度计，观察其温度差的变化，调节进户流量。

3. 供热管道的启动

(1)蒸汽管道的启动。蒸汽管道的启动，包括充汽、加热及冲洗等步骤，试压合格后，关闭各进户及冲洗管段以外的阀门，开启冲洗管段内阀门及疏水器旁通阀。

在冲洗管段末端与管道垂直升高处设冲洗口以排除杂物。冲洗口用钢管焊接在蒸汽管道的下侧并安阀门。冲洗口直径以保证将杂物冲出为宜。冲洗口段管子要加固，防止蒸汽喷射的反作用力引起管道剧烈振动，甚至造成管道系统的破坏。

上述准备工作完成后，开始对管道送汽加热。要慢慢开启总阀门，防止蒸汽流量和压力增加太快，引起管子温度急剧上升，产生很大应力使管道遭到破坏。当蒸汽流量过大时，凝结水来不及排出，管道内发生水击现象会使阀门破裂、支架断裂、管道跳动移位等严重事故。而且，管道内上半部是蒸汽，下半部是水，温差大，使管道向上挠曲，甚至破坏保温结构。在加热过程中，要不断地检查管网的严密性，检查补偿器、支架、疏水器等装置的工作情况，如有缺陷，应及时处理。随着加热时间的加长，凝结水慢慢减少，可逐渐关小冲洗口阀门，保证蒸汽所需量，当管段末端温度接近始端温度时则加热完毕。

管道加热合格后便开始冲洗，先打开冲洗口阀门，再逐渐增加蒸汽量进行冲洗，冲洗时间为 20~30min，冲洗口排出蒸汽完全清洁时才算冲洗合格。停止冲洗后，关闭总汽阀，拆除冲洗管，及时处理加热冲洗过程中问题，即可投入运行。

(2)热水管道的启动。热水管网的启动包括充水、冲洗、加热、启动、调节等步骤。热水管路的冲洗分为粗洗和精洗，先粗洗后精洗。粗洗为了排出管道中的污泥及杂物，一般用 0.3~0.4MPa 的自来水冲洗，污水直接排入下水道。当排出水完全清洁时即为粗洗合格。精洗是为了清除管中小石子、电焊药皮、粉渣等杂物，一般采用 1~1.5m/s 流速的循环水进行精洗，使循环水通过除污器，目测循环水完全透明时为合格。

冲洗完毕后对管道进行加热。加热前用净水充满管路，启动循环泵，使水慢慢加热，以防止产生过大的热应力。加热过程中，要不断观察管道系统的严密性，检查补偿器、支架等工作情况，发现问题采取临时措施时解决，直到管内水温达到设计温度后，再降低温度，进行全面检修。然后即可投入正式运行。

9.3.2　系统水压试验与调试技巧

(1)试压时压力稳不住，应采取降压，继续灌水并反复开关排气阀等措施，待将空气放净后再升压。

(2)应按照压力要求进行试压，严禁超压，以防止对管道及阀件造成破坏性损伤。

(3)用蒸汽吹洗管道时，为避免烫伤或杂物击伤，吹洗口、盲板附近及前方不得有人。

9.3.3　试压数值不正确分析处理

试压数值不正确是由于选用的压力表量程不符合要求；试压时未按规定要求升压等原因造成的。

为防止上述问题的产生，试压前应安装两块经校验合格的压力表，并应有铅封。压力表的满刻度应为被测压力最大值的 1.5~2 倍。压力表的精度等级不应低于 1.5 级，并安装在便于观察的位置。

试压工作要求如下。

(1)注水。往管道内注水时，应打开系统中的排气阀，待管内空气全部排净后，关闭排气阀，全面检查试验管段有无漏水现象，发现漏水时应修复。

(2)强度试验。注水工作完毕进行强度试验。加压应分阶段缓慢进行。先升压至试验压力的 1/2，全面检查管道是否有渗漏现象。若发现渗漏应降压后再修理。加压一般分 2~3 次升到试验压力。当升压到试验压力时，保持 10min，如压力下降不大于 0.05MPa，为强度试验合格。

(3)严密性试验。强度试验合格后，降至工作压力进行严密性试验，检查管道焊缝及法兰连接处，无渗漏现象为管道严密性试验合格。

9.3.4　采暖系统投入使用后，管道堵塞或局部堵塞分析处理

采暖系统投入使用后，管道堵塞或局部堵塞，影响蒸汽或热水流量的合理分配，使采暖系统不能正常工作，甚至使管道或炉片冻裂，严重影响使用。

为防止产生上述问题，采暖系统安装时应注意以下几点：

(1)进行管道安装时，应随时将管口封堵，特别是立管，更应堵严，以防交叉施工，异

物落入。

(2)尽量不采取气焊割口，如必须使用时，必须及时将割下的熔渣清出管道。

(3)无论采用电焊或气焊，均应保持合格的对口间隙。

(4)管道采用灌砂加热弯管时，弯管后必须彻底清除管内砂子。

(5)铸铁炉片在组对前，应经敲打清除炉片内在翻砂时残留的砂子。

(6)采暖系统安装完毕，应对系统吹污(用压缩空气)或打开泄水阀，用水冲洗，以清除系统内杂物。

(7)在开启管道系统内的阀门时，应通过操作，手感阀芯是否旋启，若发现阀芯脱落，应拆下修理或更换。

第10章 供热锅炉及辅助设备安装

10.1 锅炉安装

10.1.1 常见施工工艺

1. 基础检查及画线

锅炉的基础将承受锅炉的全部重量，基础质量的好坏及尺寸的准确性直接影响到锅炉安装质量。因此，锅炉及其辅助设备就位前，应检查基础的质量、尺寸和位置是否符合施工图样及规范要求。

(1)对基础进行外观检查。对基础进行外观检查主要是看基础表面是否有裂纹、麻面、蜂窝等缺陷；检查地脚螺栓预留孔内模板是否拆除干净。外观检查合格后才能进行尺寸和位置的检查。

(2)对基础尺寸和位置的检查。对基础尺寸和位置进行检查，其允许偏差应符合表10-1规定。

表 10-1　锅炉及其辅助设备基础的允许偏差　　　　　　　　　　mm

项　　　目		允许偏差
纵、横轴线的坐标位置		±20
不同平面的标高(包括柱子基础面上的预埋钢板)		0 −20
平面的水平度(包括柱子基础面上的预埋钢板或	每米	5
地坪上需安装锅炉的部位)	全长	10
外形尺寸	平面外形尺寸	±20
	凸台上平面外形尺寸	0 −20
	凹穴尺寸	+20 0
预留地脚螺栓孔	中心位置	±10
	深　　度	+20 0
	孔壁垂直度	10
预埋地脚螺栓	顶端标高	+20 0
	中心距(在根部和顶部两处测量)	±2

(3)复测土建确定的锅炉基础中心线。如图 10-1 所示，设此中心线为 OO'。经测定此中

心线与锅炉基础中心线、与其他相关设备基础（鼓、引风机、除尘器、炉排传动设备等）相对位置完全相符合，便可确认此线为锅炉纵向基准线。可用盘尺进行量尺。如果有出入，应进行协商调整，必须确定锅炉纵向基准线。

（4）首先在炉前外边缘（或炉墙外）画出一条与线段 OO' 垂直的线段 NN' 作为锅炉横向基准线。

（5）验证纵向中心线 OO' 与横向中心线 NN' 相互垂直，要利用等腰三角形法。即在 OO' 上任取一点 C，再在线段 NN' 上，以 OO' 与 NN' 两线段的交点 D 为中心，分别截取线段 AD 和 BD，使 $AD=BD$，然后连接 AC 与 BC，分别测量 AC 与 BC 的距离，如果 $AC=BC$，则说明 $OO' \perp NN'$，见锅炉基础画线图

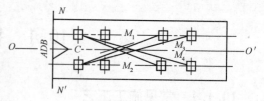

图 10-1 锅炉基础画线图

（图 10-1）。如果线段 $AC \neq BC$，则进行调整，直至 $AC=BC$、找出锅炉的横向基准中心线为止。用油漆作出纵横中心线的标记。

（6）再以纵向基准线 OO' 和横向基准线 NN' 为基准，分别画出其他辅助中心线和钢柱中心线（如果为散装锅炉），再用拉对角线的方法验证其画线位置准确否，如果 $M_1=M_2$，$M_3=M_4$，则说明画线正确，否则需要调整画线，如图 10-1 所示。

一般快装锅炉和组装锅炉的基础放线中，以上锅筒的中心线为依据，在锅炉基础上画出纵向基准线，再以链轮的后轴或前轴（根据厂家锅炉图定）作为画横向基准线的尺寸依据。基准线都要有明显标记，其位移偏差值应小于锅炉厂家规定值。

（7）如果为散装锅炉，尚需分别画出钢柱在基础预埋锚板上的轮廓线，并将其中心线延长到基础方框外，将标记画在基础侧面，便于调整。

（8）复测土建施工标高，再以准确的标高为依据，测出各基础（或锚板）的标高。在基础上和安装记录上作出标记。

（9）按照锅炉基础图和锅炉房平面布置图进行仔细核对；核对主中心线的偏差，立式和快装锅炉允许偏差为 4mm，组装和散装锅炉允许偏差为 ±2.5mm；基础几何尺寸与设计尺寸偏差允许 ±15mm；运转层标高差不得大于 20mm；炉墙不得超出基础界限；所有螺栓预留孔、预埋地脚、预埋铁件均应符合设计要求，并用油漆将各种基准线画在墙上、柱上或基础上，偏差不得超过 1mm。

（10）基础的各部分尺寸及坐标位置的质量不符合设计图纸和安装要求时，必须经过修整达到安装要求后再进行安装。

（11）基础上如有油污，应清除干净。再用回弹仪对锅炉基础的抗压强度进行复查。最后与土建施工单位进行锅炉基础工程验收与交接。

（12）确认锅炉与附属设备的相互位置、标高及基础几何尺寸能满足要求，再填写"锅炉基础检查验收合格证书"。应将检查内容和尺寸填写清楚，由建设单位、土建施工单位、安装单位三方签字，方能移交安装。

2. 锅炉本体安装

（1）锅炉就位安装。

1）锅炉吊装。

①锅炉安装时的起吊高度一般很小。垂直运输可采用起重机、桅杆等进行垂直吊装，如图 10-2 所示。

②组装锅炉为上、中、下三层组装型时，锅炉房往往为多层锅炉房，其附属设备均设于附跨各层地坪上。此时一般可采用旋转悬臂式起重机，起重机的主杆也可以用锅炉房的建筑骨架(使用前必须在施工组织设计中进行承载力的计算)进行运输、吊装、测平、找正，如图 10-3 所示。

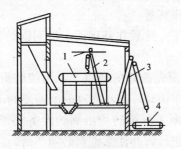
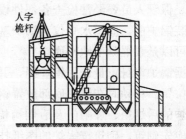

图 10-2　双层式锅炉房锅筒的吊装　　　图 10-3　多层锅炉房锅筒的吊装
1—上汽包；2—独立桅杆起重机；
3—人字桅杆起重机；4—下汽包

2)锅炉找平。经水准仪测量锅炉基础的纵向和横向水平度，其水平度不小于或等于 4mm 时，可免去锅炉的找平。

①锅炉纵向找平：用水平尺(水平尺的长度不小于 600mm)间接放在炉排的纵排面上，检查炉排面的水平度。检查点最少为炉排前后两处。水平度要求为：炉排面纵向应水平或炉排面略坡向锅筒排污管一侧为合格。

②锅炉横向找平：用水平尺(水平尺长度不小于 600mm)间接放在炉排的横排面上，检查点最少为炉排前、后两处，炉排的横向倾斜度不得大于 5mm 为合格，炉排的横向倾斜过大会导致炉排跑偏。

3)立式锅炉就位安装。立式锅炉运入锅炉房后，为使它立起，需将锅炉从卧状转一个 90°。根据锅炉的重量选取合适的滑轮和钢丝绳，以备吊起锅炉使其垂直于基础。

事先按锅炉房设计图纸，在浇灌完混凝土且达到 70％以上强度的锅炉基础上，弹出锅炉"十"字中心线，锅炉底座圆周线或地脚螺栓方位中心线。

将锅炉吊起后与基础成 45°，然后慢慢松动倒链使锅炉徐徐落下，待锅炉底的一部分与基础上所弹的底座线迹吻合时，让锅炉顶部缆绳受力，如图 10-4 所示。借用此拉力使锅炉沿基础上底座线迹就位。在锅炉下落过程中，要随时用撬棍调整，保证锅炉准确就位。

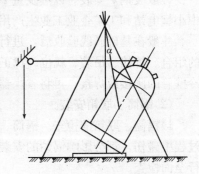

图 10-4　立式锅炉就位

若锅炉底基为螺栓孔，须将三脚架的高度抬高，足以平吊起锅炉或用人字架桅杆起吊。对准锅炉基础上预埋的地脚螺栓，然后再徐徐落下至基础上，用线坠吊正，找垂直后戴上螺垫和螺帽。

4)快装锅炉就位安装。快装锅炉结构紧凑，整装成为一体。运输方便，安装简单，底基为条状形，目前快装锅炉的第三代产品称为组装锅炉，已有蒸发量为 6~8t/h 的蒸汽锅炉；热功率 4.2~5.6MW/h 的热水锅炉多个品种。一般民用供暖大多采用快装锅炉和组装锅炉。

①安装前应先检查锅炉、附属设备和附件是否齐全，锅炉型号与设计图纸上的规定是否一致，各部件是否好用，然后对照设备说明书逐个验收，并与建设单位办理设备移交验收手续。

②锅炉在现场放置地点应尽量靠近锅炉房，并考虑到安装的搬运方便。锅炉放置的地方要防雨。保管人员要经常检查各部件设备有无损坏等。

③安装锅炉前，应用水平仪对锅炉基础面找平，然后在基础面上标明锅炉安装的位置，锅炉基础可以是素混凝土地平面。

④根据锅炉本身重量选用钢丝绳，并绑扎在预先选好的部位上，用绞磨滑轮等搬动锅炉至安装位置。移动时在锅炉底部放置钢管以便于滚动，减小搬动时所需要的动力。

⑤锅炉的后烟箱、煤闸门及后烟箱检查门等所需异型砖均由锅炉设备随带，在安装其他设备前应先砌筑，砌筑按锅炉的图纸技术要求进行，并注意砌筑必须严密。

⑥安装锅炉时，应尽量堵塞一切漏风的部位。水、汽管路应正确、通畅，各个阀门要灵活好用，如果阀门漏水和漏气应该更换合格的阀门，对不合格的阀门要进行研磨，直至密封圈严密为止。当发现阀门压盖漏水时，要修理压盖并加垫盘根。

⑦锅炉安装完毕，要对锅炉的各部分进行检查，无误后才可以上水，水位上到低水位时为止，同时开启排气阀门。

5)组装锅炉安装就位。目前双锅筒纵向 A 型布置水管式自然循环锅炉系列，蒸汽锅炉 6~20t/h，热水锅炉 4.2~14MW/h，均已在锅炉厂内组装成上部受热面本体、上部炉墙、钢架及保温层和下部燃烧设备即链条炉排、煤斗、看火门、拨火门两大部件出厂（20t/h 锅炉组装成三大部件）。受热面本体前端由四周布置的水冷壁管上升至锅筒组成燃烧室，在其后端上下锅筒间布置了密集的对流管束，锅炉尾部单独设置铸铁省煤器。炉排采用大块活芯炉排片，主炉排片中间加滚轮支承。炉排用分仓通风结构，调节灵活，炉膛采用新型炉拱强化燃烧新技术。

组装锅炉安装时，水平和垂直运输采用适合安装场地的机具以及因地制宜的安装顺序。

6)散装锅炉安装。以蒸发量 20~35t/h，蒸汽温度为饱和温度 400℃ 左右为主，重点供中小型电站和工矿企业工业生产用，即一般称为工业锅炉安装。

一般在基础画线验收后，进行锅炉的钢架及钢平台的安装，其中主要包括钢柱、钢架的组合、焊接、吊装、就位、找正、固定；进行锅筒、集箱的安装；再进行受热面管子和水冷壁管的胀接或焊接；再将省煤器、过热器、空气预热器、炉排进行就位找正。

(2)锅筒、联箱安装。

1)锅筒、联箱的检查。锅筒、联箱是锅炉的主要部件，如果制造质量有问题或在运输过程中碰伤，都会影响锅炉的安装质量。因此，在锅筒、联箱吊装之前，应对外观质量进行全面检查。

2)锅筒、联箱安装。

①锅筒、联箱的安装就是将其吊放在设计图样规定位置的支承物上。不是由钢梁直接支持的锅筒，应安设牢固的临时性搁架，临时性搁架应保持锅筒就位后稳定，且应在锅炉水压试验灌水前拆除。

②锅筒、联箱吊装时，绑扎要牢固可靠，钢丝绳的绑扎位置不得妨碍锅筒、联箱就位；严禁将钢丝绳穿过锅筒上的管孔；在绑扎钢丝绳的位置上应垫上木板或麻布。锅筒、联箱起吊时应由专人指挥。

③当锅筒、联箱就位找正时，应根据纵、横向安装基准线和标高基准线对锅筒、联箱中心线进行测量，如图 10-5 所示。

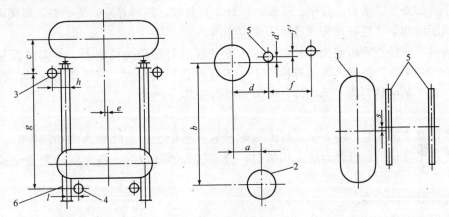

图 10-5　锅筒、联箱间的距离

1—上锅筒（主锅筒）；2—下锅筒；3—上联箱；4—下联箱；5—过热器联箱；6—立柱

3）支座和吊挂装置安装。

①接触部位圆弧应吻合，局部间隙不宜大于 2mm。

②支座与梁接触应良好，不得有晃动现象。

③吊挂装置应牢固，弹簧吊挂装置应整定，并应临时固定。

④临时支架应稳定，用完后拆除时应注意不能摇动锅筒，以免胀口松弛。

4）锅炉内部装置的安装。

①零部件的数量不得缺少。

②蒸汽、给水连接隔板的连接应严密不漏，焊缝应无漏焊和裂纹。

③法兰接合面应严密。

④连接件的连接应牢固，且有防松装置。

锅筒、联箱安装位置正确与否，直接关系到下道工序能否顺利进行。所以锅筒、联箱安装就位尺寸必须经过质量员检查验收。确认无误后，方可进行下道工序。挂管前还应进行复核，达不到设计及规范要求千万不要盲目挂管、连接，以免造成不良后果。

3. 锅炉附属设备安装

(1)钢架及平台安装。

1）钢架安装。安装钢架前应先修整基础，将已画出的每个钢柱底板轮廓线以内的地方凿平。一般凿至略低于设计标高或正好在标高线上，便于对钢柱进行调整。钢架的安装方法分组合法安装和分件安装。

①组合安装。采用组合法安装钢架时，将组合件中各钢柱的底板对准基础上的轮廓线就位，初调整后用带有花篮螺栓的钢丝绳拉紧，待各组合件全部拼装完毕后，再进行调整。调整合格的组合件应予以点焊加固。待全部调整合格后，并检查符合图样和规范要求后，

才可进行焊接。

②分件安装。采用分件安装时，应先装钢柱，后装横梁。将钢柱的底板对准基础上印轮廓线就位，然后用带有花篮螺栓的钢丝绳拉紧，经初调后即可用螺栓将横梁装上，再进行调整。每调整合格一件，就立即点焊加固。接着将立柱、联梁等按要求的位置点焊上，经全部复查符合规范要求时，才能进行焊接。

2)平台的安装。平台、撑架、扶梯、栏杆、栏杆柱、挡脚等应安装平整，焊接牢固，栏杆柱的间距应均匀，栏杆接头焊缝处表面应光滑。

安装时不应任意割短或接长扶梯，或改变扶梯的斜度和扶梯的上、下脚踏板与连接平台的间距。在平台、扶梯、撑架等构件上，不应任意切割孔洞。当需要切割时，在切割后应加固。对于某些妨碍施工的构件，可留到以后安装。

（2）省煤器安装。

1)省煤器支架安装。将支架上好地脚螺栓放在基础上。当烟管为现场制作时，支架可按基础图找平找正；当烟管为成品组件时，应等省煤器就位后，按照实际烟管位置尺寸找平找正。

2)省煤器本体安装。

①省煤器安装前应进行水压试验。试验压力为 $1.25PN+5$（PN 为锅炉工作压力）无渗漏再进行安装。同时可以进行省煤器安全阀调整。省煤器安全阀的开启压力应为装置点工作压力的 1.1 倍，或为锅炉工作压力的 1.1 倍。

②用人字桅杆或其他吊装设备将省煤器安装在支架上，并检查省煤器的进口位置、标高是否与锅炉烟气出口相符；以及两口的距离和螺栓孔是否相符。通过调整支架的位置和标高达到烟管的安装要求。

③一切妥当后可将省煤器下部的槽钢与支架板焊在一起。

3)灌注混凝土。支架的位置和标高找好后灌注混凝土。混凝土的强度等级应比基础强度等级高一级，应捣实和养护。

（3）螺旋出渣机安装。

1)先将出渣机从安装孔斜放在基础坑内。

2)将漏灰接口板安装在锅炉底板下部。

3)安装锥形渣斗，上好渣斗与炉体的螺栓后，再将漏灰板与渣斗的连接螺栓上好。

4)吊起出渣机的筒体与锥形渣斗连接好。锥形渣斗的长方形法兰与筒体长方形法兰之间一定要加橡胶垫或浸油石棉盘根，不得漏水。

5)安装出渣机的吊耳和轴承底座；在安装轴承座时，要使螺旋轴保持同心并形成一条直线。

6)把安全离合器的弹簧调好，用扳手扳转蜗杆方形螺旋轴使其转动灵活。油箱内应注入符合要求的机油。

7)安装稳妥后接通电源和水源，检查旋转方向是否正确，离合器弹簧是否跳动，冷态试车 2h，无异常声响和不漏水为合格。应做好试运转记录。

（4）液压传动装置的安装。

1)对预埋板应进行清理和除锈。

2)检查和调整使铰链架纵横中心线与滑轨纵横中心线相符，以确保有较大的调节量；

并将铰链架的固定螺栓稍加紧固。

3)把活塞杆全部提出(最大行程),并将活塞杆的长拉脚与摆轮连接好,再将活塞缸与铰链架连接好。然后根据摆轮的位置和图纸的要求把滑轨位置找好、焊牢。最后要认真调整一下铰链架的位置并把螺栓紧固。

4)液压箱安装:油压箱只需按设计位置放好即可。油箱内要清洗干净,经加油器,向油箱内加入 10 号(冬季)、20 号(夏季)机油。

5)地下油管安装:地下油管采用 $\phi22mm \times 3.5mm$ 的低压流体用无缝钢管,在现场煨弯和焊接管接头。钢管内要除锈,用破布拉拽干净。

6)高压软管安装:高压软管应安装在油缸与地下油管之间。安装高压软管时,应将丝头和管接头内的铁屑毛刺清除干净。为避免损坏油缸和油泵丝头连接处,应用聚四氟乙烯薄膜或麻丝白铅油作填料,将高压软管上好。

7)高压铜管安装:先将铜管截成适当长度。然后退火煨弯,用扩口工具扩口;再把管接头分别上在油箱和地下油管的管口上,最后把铜管上好。

8)电气部分安装:先将行程撞块安好,再安装行程开关。上行程开关的位置应是在摆轮拨爪略超过棘轮槽为宜,下行程开关的位置应定在能使炉排前进 80mm 或活塞不达到缸底为宜。最后进行电气配管、穿线,压接线鼻子及油泵电机接线。

9)油路管的冲洗和试压:把高压软管与油缸相接的一端卸开放在空油桶内,然后启动油泵调节溢流阀调压手轮,反时针旋转使油压维持在 0.2MPa 水平,再通过人工方法控制行程开关使油能对两条油管进行冲洗。冲洗时间为 15～20min,每条油管至少冲洗2～3 次,冲洗完毕后将高压软管与油缸连好。

油管试压,利用液压箱的油泵即可。启动油泵通过调压手轮使油压逐步升至 3MPa,在此压力下活塞动作一个行程,检查油管及接头、油缸等处不漏油为合格。立即将油压调整到炉排工作压力,因油泵不得长时间超载。1～2t/h 链条炉排油压为 1.2MPa;4t/h 链条炉排油压为 1.5MPa。

10)摆轮内部应擦洗后加入适量的 20 号机油。

11)油压传动装置冲洗试压时应做好记录。

(5)烟囱安装。

1)每节烟囱之间用 $\phi10$ 的石棉扭绳做垫料,连接头要严密牢固。组装好的烟囱应基本成直线。

2)当烟囱的高度超过周围建筑物时应安装避雷针。

3)在烟囱的适当高度处安装拉紧绳,最少 3 根。拉紧绳的固定装置焊接或安装要牢固。在拉紧绳距地面一定高度(不少于 3m)处安装绝缘球。拉紧绳与地锚之间用花篮螺栓拉紧,锚点的位置要合理。

4)用吊装设备把烟囱吊装就位,用拉紧绳调整烟囱的垂直度;垂直度要求达到 1mm/m,全高不超过 20mm。最后检查拉紧绳的松紧绳卡和基础螺栓。

4. 燃烧设备安装

(1)炉排安装。

1)手动炉排安装。

①以锅炉基础的纵、横基准线为依据,定出炉排的位置中心线,画出炉门及横梁的安

装位置线。

②安装固定搁置炉排的横梁。

③找正横梁的间距和水平。按设计图样的要求，找正相邻横梁之间的距离，使其偏差不大于 2mm，同时还应找正横梁的标高和水平，使其在同一平面上，每米偏差不得大于 2mm。

④安装和调整炉排片。要按设计图样的要求，安放炉排片，充分估计炉片本身尺寸的偏差和热膨胀因素，调整好每孔炉排片之间的间隙，以防热膨胀卡住。当图样无具体规定时，整个炉排片之间的总间隙应保持在 14～30mm，边部炉条和墙板之间应有膨胀间隙，不可过紧或过松，必要时要对炉排片进行选配、调整。

⑤安装除灰摇杆，并调整使其转动灵活。

⑥安装门框及炉门，并确保密封部位的严密。

2)链条炉排安装。

①链条炉排组装前，检查炉排构件的几何尺寸，不符合要求的应予以校正。

②检查炉排基础上有关预埋钢板、预埋螺栓、预留孔，如有缺陷及时处理。炉排基础经检查验收合格后，在基础上画出炉排中心线、前轴中心线、后轴中心线、两侧墙板位置线，如图 10-6 所示；并用对角线检查画线的准确度，如图 10-7 所示。

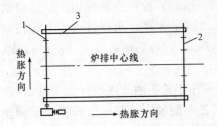

图 10-6 炉排膨胀方向

1—前轴；2—后轴；3—墙板

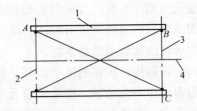

图 10-7 用对角线检查画线的准确度

1—墙板；2—前轴中心线；3—后轴中心线；4—炉排中心线

③安装墙板。墙板及其构件是炉排的骨架，在其前后各装一根轴。前轴和变速箱相连，轴上装有齿轮拖动全部链条炉排转动。安装时，应按设计要求留出轴向及径向热膨胀间隙，如图 10-8 所示。同时，应按规定标准调整前轴的标高、水平度、平行度及轴上齿轮和滑轮的位置。

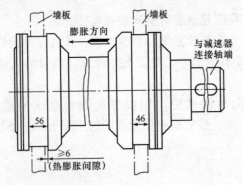

图 10-8 炉排前、后轴承预留热膨胀间隙

④炉排片组装不可过紧、过松，装好用手摇动，以松动灵活为宜；并对销轴、开口销全面检查，不得有缺少及未掰开情况。边部炉条与墙板之间应留有间隙。

⑤对于鳞片或横梁式链条炉排在拉紧状态下测量，各链条的相对长度差不得大于 8mm。

⑥组装加煤斗时，应检查各机件无异常现象时，方可清干净进行安装。

⑦组装挡渣门时，轴与轴之间和各出渣门之间，应按规定留出膨胀间隙。操纵机构和轴的转动均应灵活。

⑧组装挡渣器，经调整后，两挡渣器之间应留有适当间隙，端部与墙体间应留出间隙。

3)往复炉排安装。

①炉排片安装前应进行检查，通风间为 1～2mm，配合部位应刨平，以便吻合。

②炉排固定梁与炉排框架的连接必须牢固，各固定梁之间的间距、上下高度差，都应保持一致。

③活动梁与固定梁之间的滚动装置要接触良好。

④推拉轴与变速装置连接后，应检查活动炉排运行情况正常后，方可将变速装置定位。

⑤装炉片时，要留出 5～10mm 间隙，防止炉片受热膨胀后卡住。

⑥煤斗闸板安装要操作灵活，防止漏风和阻碍炉排运行。

4)炉排试运转。

①炉排试运转宜在锅炉前进行，并应符合下列要求。

a. 冷态试运转运行时间，链条炉排不少于 8h；往复炉排不少于 4h。试运转速度不应小于两级，在由低速到高速的调整阶段，应检查传动装置的保安机构动作。

b. 炉排运转应平稳、无异常声响、卡住、抖动和跑偏等现象。

c. 炉排片能翻转自如，且无突起现象。

d. 滚柱转动应灵活，与链轮啮合应平稳，无卡住现象。

e. 润滑油和轴承的温度均应正常。

f. 炉拉紧装置应留适当地调节余量。

②煤闸门及炉排轴承冷却装置应作通水检查，且无泄漏现象。

③煤闸门升降应灵活，开度应符合设计要求。煤闸门下缘与炉排表面的距离偏差应不大于 10mm。

④挡风门、炉排风管及其法兰接合处、各段风室、落灰门等均应平整，密封良好。

⑤挡渣铁应整齐地贴合在炉排面上，当炉排运转时不应有顶住、翻倒现象。

⑥侧密封块与炉排间隙应符合设计要求，防止炉排卡住、漏煤和漏风。

(2)抛煤机安装。

1)抛煤机的标高允许偏差为±5mm。

2)相邻两抛煤机的间距允许偏差为±3mm。

3)抛煤机采用串联传动时，相邻两抛煤机桨叶转子轴的同轴度不应大于 3mm；传动装置与第一个抛煤机轴同轴度不应大于 2mm。

4)抛煤机安装完毕后，试运转应符合下列要求：

①空负荷运转时间不应小于 2h，运转应正常，无异常振动和噪声，冷却水路畅通。

②抛煤机试验，其煤层应均匀。

(3)燃烧器安装。

1)燃烧器安装前应进行检查，并应符合下列要求：

①安装燃烧器的预留口孔位置应正确，并应防火焰直接冲刷周围的水冷壁管。

②油枪、油嘴和混合器内部应清洁，无堵塞现象；油枪应无弯曲变形。

③调风器喉口与油枪的同轴度不应大于 3mm。

2)燃烧器安装时，应符合下列要求：

①燃烧器标高允许偏差为±5mm。

②各燃烧器之间距离允许偏差为±3mm。

③调风装置调节应灵活。

(4)吹灰器安装。固定式吹灰器的安装应符合下列要求：

1)安装位置与设计位置的允许偏差为±5mm。

2)喷嘴全长的水平度不应大于 3mm。

3)各喷嘴应处在管排空隙中间。

4)吹灰器管路应有坡度，并能使凝结水通过疏水器流出；管路保温应良好。

5. 锅炉水压试验

(1)水压试验时环境温度的要求。

1)水压试验应在周围气温(室内)高于 5℃时进行。

2)在气温低于 5℃的环境中进行水压试验时，必须采取可靠的防冻措施。

(2)水压试验时对水温的要求。

1)水温一般应在 20～50℃；

2)当施工现场无热源时，可用自来水试压；但是要等锅筒内水温与周围气温较接近，没有结露，能进行检查时再进行水压试验。

(3)锅炉水压试验压力的规定。水压试验压力应符合表 10-2 的规定。水压试验应在环境温度高于 5℃时进行，否则应采取防冻措施。

表 10-2 水压试验的压力

项 目	锅筒工作压力 p/MPa	试验压力/MPa	附 注
锅炉本体	<0.6	1.5p	不应小于 0.2MPa
	0.6～1.2	p+0.3	
	>1.2	1.25p	
过热器	任何压力	与锅炉本体试验压力同	
可分式省煤器	任何压力	1.25p+0.5	

10.1.2 锅炉安装技巧

(1)钢架立柱与基础固定方法。钢架立柱与基础固定有三种方式：第一种方法是用地脚螺钉灌浆固定，这种方法要求立柱底板与基础表面之间应有不小于 50mm 的灌浆层，以保证二次灌浆的顺利进行；第二种方法是立柱底板与基础预埋钢板焊接固定，这种方法要求把立柱底板、预埋钢板和找平垫铁一起焊接牢固；第三种方法是立柱与预埋钢筋焊接固定，这种方法要求将钢筋加热弯曲并紧靠在柱脚上，其焊缝长度应为预埋钢筋直径的 6～8 倍，并应焊牢，钢筋转弯处不应有损伤。

（2）防止风、烟道跑风操作技巧。

1）将法兰填料加在法兰连接螺栓的内侧。

2）螺栓应拧紧，漏加螺栓处应补齐。

（3）防止锅炉坐标及标高误差过大操作技巧。基础施工前，土建与安装认真互相核对基础尺寸。严格按操作程序施工。

（4）防止两只水位计水位差过大操作技巧。锅炉安装时应用垫铁找平。管座不水平应加热调平。制造孔距不水平应与制造厂联系解决。

10.1.3　锅炉基础施工导致的质量问题分析处理

锅炉基础施工导致的问题有以下情况：基础未验收，未按规范办理交接手续；设备安装前未对基础进行有效处理；基础预埋预留时，未进行监控；施工过程中未注意对成品、半成品进行保护；垫铁设置未按规范规定进行，安装前未对基础做沉降试验；灌浆强度不足，表面不粉抹，设备底座灌浆不密实等。

为防止产生上述问题，应注意以下几点：

（1）严格按规范进行基础验收，办理书面交接手续。

（2）如基础标高过高，可用扁铲铲平；过低时可在原基础表面凿毛后，再补灌原强度等级的混凝土。基础中心线偏差较大时，可借改变地脚螺栓的位置来进行补救。如果基础是一次灌浆，在地脚螺栓预埋偏差较小的情况下，可把螺栓烧红矫正到正确的位置。螺栓预留孔偏差过大，则可以通过扩大所留的地脚螺栓孔来校正，孔内油污、碎石、泥土、积水等均应清除干净。

（3）联动机械的安装，应在基础上按规范规定埋设坚固的中心标板及基准点。

（4）基础二次灌浆前，应在基础表面凿毛，以加大接触面，加大二次灌浆在基础上的移动阻力，使两者结合牢固。二次灌浆采用强度比基础混凝土高一级的混凝土。

（5）对大型设备基础，安装前按规范进行静压、沉降试验至符合要求。

（6）设置垫铁部位的表面应凿平，每个地脚螺栓旁边至少应有一组垫铁，垫铁组在不影响灌浆的情况下，应放在靠近地脚螺栓和底座主要受力部位下方。相邻两垫铁组间的距离，按 500～1000mm 设置。在设备底座有接缝处的两侧各垫一组垫铁，设备找平后，应控制垫铁露出设备底面外缘某一规范规定尺寸，且垫铁组伸入设备底座底面的长度超过设备地脚螺栓的中心。

10.1.4　链条炉排被卡住分析处理

链条炉排被卡位的原因如下：炉排两侧的调节螺栓调整不好，前后轴不平行，炉排单边跑偏；链条与链轮啮合不好，或链轮磨损过多；炉排上有金属物或钉子及电焊条头等异物，使炉排片卡住；链轮轴承缺油；大块的结焦而增加阻力；炉排片过紧，造成炉排头部拱起而被卡住等。

为防止产生上述问题，链条、炉排安装时应注意以下几点：

（1）安装时，应注意主动炉排片与链轮啮合是否良好，并且两侧主动炉排片与侧密封块及侧密封角钢的最小间隙不小于 4mm。

（2）炉排两侧的调节螺栓要调整好，前后轴在同一平面内，两轴中心线平行。

(3)链条与链轮啮合好，链轮不要磨损；炉排片损坏可进行更换。

(4)炉排上有金属物或钉子及电焊条头等异物，使炉排片卡住。

(5)轴承应及时加油。

(6)炉排片不应过紧，以免造成炉排头部拱起而被卡住。

10.2 辅助设备及管道安装

10.2.1 常见施工工艺

1. 分汽缸(分水器)安装

(1)分汽缸的工作压力和锅炉相同，因此分汽缸属于一、二类压力容器。分汽缸的制造必须由经过省、市压力容器监察部门审定批准的专业压力容器制造厂承担，未经批准的单位和安装部门不得随意制造分汽缸。分汽缸的结构应符合压力容器设计标准规定。出厂时，应随设备提交附有材质、强度计算、无损探伤、水压试验和图纸等资料为内容的产品合格证。合格证上应有当地锅炉压力容器检验部门的复检合格签章，否则，应拒绝安装，并向当地监察部门报告。

(2)分汽缸一般安装在角钢支架上，如图 10-9 所示。当分汽缸直径 $D \geqslant 350\text{mm}$ 时，应从地面加一个 $50 \times 50 \times 5$ 角钢立柱支撑。有时也安装在混凝土基础的角钢支架上，用圆钢制的 U 形卡箍固定。

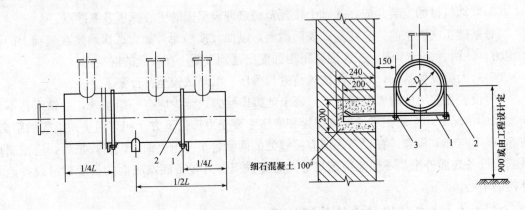

图 10-9 分汽缸支架

1—支架；2—夹环；3—螺母

(3)分汽缸安装的位置应有 0.005 的坡度，分汽缸的最低点应安装疏水器的排放出蒸汽中的冷凝水。

(4)和管道系统一道试压。

(5)保温按以下程序进行：

1)除锈后，刷两道樟丹。

2)包扎铁丝网。

3)将石棉灰和成泥状，均匀抹在铁丝网上，厚度约50mm。

4)最外部抹10mm厚的石棉水泥保护壳，压光抹实，厚度均匀。

2. 鼓风机、引风机安装

(1)风机的搬运和吊装。

1)整体安装的风机，吊装时绳索不得捆绑在转子和机壳或轴承盖的吊环上。现场组装的风机，捆绑时绳索不得损伤机件表面。转子、轴颈和轴封等处均不得用绳捆绑，应绑标准绳扣。

2)风机转子和机壳内如涂有保护层，不得损伤。

(2)将鼓风机抬到基础上就位。由于风机一侧比电机一侧要重，需先将风机壳一侧定位垫好，再用垫铁将电机侧找正，最后用混凝土将地脚螺栓灌注好。待混凝土强度达到75%，再复查风机的水平度，紧好地脚螺栓。

(3)风管安装。当采用地下风管时，地下风道的内壁要光滑，风道要严密。风机出口与风管之间，风管与地下风道之间连接要严密。当采用铁皮风道时，风道法兰连接处应严密不漏。最后扳动检查锅炉风室调节阀操纵是否灵活，定位是否正确可靠。

(4)电动机安装。先在安置好的基架(滑座)上或基础上安装电动机。就位后，以风机的对轮为准，进行相对位置找正，调准距离。初步校核传动皮带的规格与尺寸，要注意风机运转时，严禁传动中的皮带与基础擦边而过。

(5)将基础及台板上的污垢、灰屑等杂物清除干净，用手锤检查垫铁和地脚螺栓，不应有松动现象。

(6)然后，在基础上先支模板，用水浇湿凿毛后的接触表面，用细石混凝土进行二次灌浆，其强度等级应比基础混凝土高一级并且捣固密实，地脚螺栓不得歪斜。设计强度达到70%以上，即可拧紧地脚螺栓，再进行对轮二次找正。

(7)电动机单机试运转后，进行对轮连接，再次量准和核实传动皮带的尺寸，然后固定皮带。皮带传动的通风机和电动机、轴与轴间的中心线间距和皮带的规格，必须符合设计规定。

(8)安装进出口风管(道)。通风管(道)安装时，其重量不可加在风机上，应设置支吊架(支撑)，并与基础或其他建筑物连接牢固；风管与风机连接时，如果错口不得强制对口，勉强连接上，要重新调整合适后再连接。

(9)以上全部安装过程中，机体相连及法兰接合面上，都必须涂刷润滑油如机油等。

(10)风机运转：接通电源试车，检查风机转向是否正确，有无摩擦和振动现象。电源和轴承温升是否正常，滑动轴承温升最高不得超过60℃；滚动轴承温度最高不得超过80℃(一般不高于室温40℃为正常)。风机持续运转历时不应少于2h，并做好"风机试运记录"。

3. 除尘器安装

(1)基础画线。在基础检查的画线中，要以锅炉的中心线及引风机的定位线为依据，画出除尘器基础的中心线，中心线位置偏差不应超过规定值。

(2)支架安装。将地脚螺栓装配到支架上，然后把支架安装在基础上。

(3)框架安装。先组合框架，并检查其主要尺寸及对角线；再将合格的框架吊放在验收合格的基础上，按基础上画出的中心线找准位置；要求框架中心线与其一致。安装后测其框架标高、水平、偏差度均应满足设计要求。可用垫铁调整至合格，再把地脚铁筋或预埋件焊牢，将架固定。

若因厂房地方狭小受到限制而采用其他方法架托除尘器，应在安装托架前，认真核对其标高、位置。

(4)安装除尘器。支架安装好后，吊装除尘器，上好除尘器与支架的连接螺栓。吊装除尘器时不得损坏除尘器内部的耐磨涂料。

(5)安装烟管。先从省煤器的出口或锅炉后烟箱的出口安装烟管和除尘器的扩散管。烟管间用 φ10 石棉扭绳作垫料，连接要严密。烟管开口扩散管安装好后检查扩散管的法兰与除尘器的进口法兰位置是否合适，如略有不合适时可适当调整除尘器支架的位置和标高，使除尘器与烟管达到稳固连接。

(6)检查除尘器垂直度。除尘器和烟道安装好后，检查除尘器及支架的垂直度和水平度，除尘器的垂直度为1/1000，然后向地脚螺栓孔灌注混凝土。待混凝土强度达到75％时，将地脚螺栓紧固。

(7)安装锁气器。锁气器是除尘器的主要部件，是保障除尘效果的关键部件之一，因此，锁气器的连接要严密。舌形板接触要严密，配重要合适。

(8)现场制作烟管时除尘器安装方法：当除尘器至省煤器或除尘器至锅炉的烟管在现场制作时，除尘器应按基础图安装即可，最后安装烟管。

当在现场制作除尘器的扩散管时，扩散管的渐扩角不得大于 20°。

(9)除尘器在安装前应仔细检查除尘器进口与烟气排出筒的进口位置是否符合要求。

(10)安装完成后，按各项规定检查，全部合格后，进行各部件焊接、法兰连接。烟管各接口必须严密而不渗漏。

(11)安装完毕后，整个引风除尘系统进行严密性风压试验，合格后可投入运行。

4. 水处理设备安装

对于各类型水处理设备的安装，可按设计规定和设备出厂说明书规定的安装方法进行。如无明确规定时，可按下列要求进行安装。

(1)安装前，应根据设计规定对设备的规格、型号、长宽尺寸，制造材料以及应带的附件等进行核对、检查；对设备的表面质量和内部的布水设施，如水帽等，也要细致检查；特别是有机玻璃和塑料制品，更应严格检查，符合要求方可安装。

(2)安装前，应根据设备结构，结合负离子交换器的设置，一般不少于两台；在原水质处理量较稳定的条件下，可采用流动负离子交换器。

位置确定后，应按设计要求修好地面或建好基础，其质量要求应符合设备的技术要求。

5. 注水器、射水器安装

注水器(射水器)安装方法如图 10-10 所示。注水器安装高度，如设计无要求，一般装在距地1～1.2m 处，固定应牢固。与锅炉之间装好逆止阀，注水器与逆止阀的安装位置应保持在 150～300mm 的范围内。

注水器安装的管道流程图如图 10-11 所示。

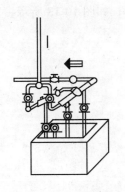

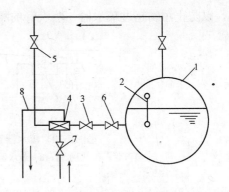

图 10-10　注水器安装方法　　　　图 10-11　注水器安装管路流程图

1—锅筒；2—水位计；3—逆止阀；4—注水器；

5—蒸汽管截止阀；6—闸阀；7—给水截止阀；8—排水管

6. 疏水器安装

(1)疏水器前后都要设置截止阀，但冷凝水排入大气时可不设置此阀。

(2)疏水器与前截止阀间应设置过滤器，防止水中污物堵塞疏水器。热动力式疏水器自带过滤器，其他类型在设计中另选配用。

(3)阀组前设置放气管，以排放空气或不凝性气体，减少系统内的气堵现象。

(4)疏水器与后截止阀间应设检查管，用于检查疏水器工作是否正常，如打开检查管大量冒汽，则说明疏水阀已坏，需要检修。

(5)设置旁通管便于启动时，加速凝结水的排除；但旁通管容易造成漏气，一般不采用。如采用时注意检查。

(6)疏水器应装在管道和设备的排水线以下。如凝结水管高于蒸汽管道和设备排水线，应安装止回阀。热动力式疏水器本身能起逆止作用。

(7)螺纹连接的疏水器，应设置活接头，以便拆装。

(8)疏水管道水平敷设时，管道坡向疏水阀，防止水击现象。

(9)疏水器的安装位置应靠近排水点。距离太远时，疏水阀前面的细长管道内会集存空气或蒸汽，使疏水器处于关闭状态，而且阻碍凝结水流到疏水点。

(10)在蒸汽干管的水平管线过长时应考虑疏水问题。

(11)疏水器安装常采用焊接和螺栓连接。螺纹连接的形式如图 10-12 所示。

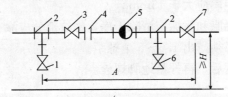

图 10-12　螺纹连接热动力式疏水器安装形式

1—放空阀；2—异径三通；3—前截止阀；4—活接头；5—疏水器；6—检查阀；7—后截止阀

(12)装于蒸汽管道翻身处的疏水器，为了防止蒸汽管中沉积下来的污物将疏水管堵塞，疏水器与蒸汽管相连的一端，应选在高于蒸汽管排污阀 150mm 左右的部位；排污阀也应定期打开排污，以防止污物超过疏水器与蒸汽管的相连接的部位，如图 10-13 所示。

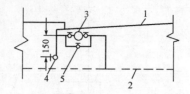

图 10-13　疏水器安装示意
1—蒸汽管；2—回水管；3—疏水器；4—排污阀；5—阀门

7. 给水泵安装

(1)详细检查基础，方可进行安装。安装蒸汽往复泵前，应检查主要部件、活塞及一切活动轴必须灵活。

(2)泵就位，对垫铁安装要求如下：

1)水泵的负荷由垫铁组承受，每个地脚螺栓近旁至少有一组垫铁，相邻两垫铁组间的距离应为 500～1000mm。

2)不承受主要负荷的垫铁组，可使用单块垫铁，斜垫铁下面应有平垫铁。

3)承受主要负荷的垫铁组，应使用成对斜垫铁，待找平后用电焊焊牢，钩头式成对斜垫铁组能用灌浆层固定可不焊。

4)垫铁下面的基础应凿平。

5)每组垫铁应尽量减少垫铁块数，一般不超过三块；应少用薄垫铁；放置垫铁时将最厚的放在下面，把最薄的放在中间，并将各垫铁焊接牢固。

6)每个垫铁组均应放置平稳，接触良好；找平后每组垫铁均应压紧，用 0.25kg 手锤逐组轻轻检查，不得松动。

(3)调整电机轴和泵的同心度，可采用在基座底脚下适当加薄垫片的方法找正，使两者不同轴度偏差符合规定。离心泵和蒸汽泵应牢固、不偏斜，其泵体水平度每米不得超过 0.1mm。

(4)安装地脚螺栓的要求：

1)地脚螺栓垂直度不得超过 10/1000。

2)地脚螺栓底端不应碰孔底。

3)地脚螺栓距孔壁的距离应大于 15mm。

4)地脚螺栓埋入部分油脂和污垢应清除干净，螺纹部分应涂黄油。

5)拧紧螺母后，螺栓必须露出 1.5～5 个螺距。

6)在二次灌浆达到强度后，再拧紧地脚螺栓。

(5)二次灌浆要求。

1)灌浆时，灌浆部位应清洗干净，灌浆用的碎石混凝土或水泥沙浆，其强度等级应比混凝土基础高一级，并要认真捣实。

2)灌浆前应安设外模板，而外模板距设备底座底面外缘的距离应大于 100mm，并且不应小于底座底面边宽，其宽度应约等于底座底面边宽，其高度应约等于底座底面至基础的距离。

(6)如属多级给水泵，则应手动盘车检查叶轮与泵壳有无摩擦的部位；如盘车正常，可不解体。对单极离心泵，可打开泵盖检查泵壳内有无杂物，叶轮与泵壳的间隙是否合适，叶轮有无破损等情况；待拧紧泵盖之后，要手动盘车，以手感轻快并无杂音为好。

(7)接通冷却水装置并调整密封盘根，使其能够正常工作且密封良好。

(8)填写"水泵安装记录"和"水泵试运转记录"；泵在设计负荷下连续运转不应少于 2h，滚动轴承温度不应高于 75℃；滑动轴承温度不应高于 70℃。

(9)泵阀门安装。

1)泵进口管线上的隔断阀直径应与进口管线直径相同。

2)泵出口管线上隔断阀的直径：当泵出口直径与出口管线直径相同时，阀门直径与管线直径相同；当泵出口直径比出口管线直径小一级时，阀门直径应和泵出口直径相同；当泵出口直径比出口管线直径小二级或更多时，则阀门直径按表 10-3 选用。

表 10-3　泵出口直径小于出口管径时阀门直径　　　　　　　　　mm

出口管直径	50	80	100	150	200	250
阀门直径	40	50	80	100	150	200

3)离心泵出口管线上的旋启式止回阀，一般应装在出口隔断阀后面的垂直管段上，止回阀的直径与隔断阀的直径相同。两台互为备用的离心泵共用一个止回阀时，应装在两泵出口汇合管的水平管段上，其位置应尽量靠近支管。止回阀直径应与管线直径相同。

4)泵的进出口阀门中心标高以 1.2~1.5m 为宜，一般不应高于 1.5m。

10.2.2　水处理方法

(1)炉内直接加热法：以磷酸三钠法较为简单、可靠。药剂加人量根据当地水质情况确定。

(2)除垢剂等软水法。

(3)磁水器处理法：有永磁软水器和电磁软水器，统称磁水器。

(4)离子交换剂软水法：主要采用离子交换设备，如固定床、移动床、流动床等。

前三种适用于小型锅炉系统，后一种适合于大、中型锅炉的给水处理。

10.2.3　分汽缸安装不合格分析处理

分汽缸安装不合格将产生严重的安全隐患，主要是分汽缸的制造未经省、市压力容器监察部门审定批准的专业压力容器制造厂生产；分汽缸的结构不符合压力容器设计标准规定；分汽缸安装位置不合格；分汽缸保温程序错误等原因造成的。

为避免产生上述问题，分汽缸安装应注意以下几点：

(1)分汽缸的制造必须由经过省、市压力容器监察部门审定批准的专业压力容器制造厂承担，未经批准的单位和安装部门不得随意制造分汽缸。

(2)分汽缸的结构应符合压力容器设计标准规定。出厂时，应随设备提交附有材质、强度计算、无损探伤、水压试验和图纸等资料为内容的产品合格证。合格证上应有当地锅炉压力容器检验部门的复检合格签章，否则，应拒绝安装，并向当地监察部门报告。

(3)分汽缸属于一、二类压力容器，其工作压力和锅炉相同，其外形如图 10-14 所示。制作尺寸及壁厚选择见表 10-4。

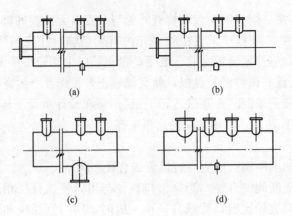

图 10-14　分汽缸、分水器图

(a)甲式分水器；(b)甲式分汽缸；(c)乙式分水器；(d)乙式分汽缸

表 10-4　*PN0.8MPa* 壁厚选择表　　　　　　　　　　mm

内　径	150	200	250	300	350	400	450
壁　厚	6	6	6	6	8	8	8
封头壁厚	10	10	12	14	16	18	20

10.2.4　水泵安装不合理引起的质量问题分析处理

1. 离心泵启动后不出水

水未灌满吸水管及管壳、泵体内存有大量空气；吸水管倒坡，存有大量空气；所选择的水泵扬程低于实际所需扬程时，表现出在用水点处无水现象；出现泵轴高于吸水水面的情况时，如吸水池水位过低，也会抽不上水；水泵转向不对，即电机转动方向与泵壳标志的箭头方向不一致时，也会出现不出水现象等原因都会造成水泵运转后，不吸水，压力表和真空表指针剧烈摆动等现象。

为避免产生上述问题水泵，安装吸水管时，应大于或等于 0.005 的坡度坡向水泵吸水侧，并用偏心渐缩管与之连接。检查漏气处，并堵塞；若泵壳有沙眼，用软铅堵住漏气处或更换新泵壳。打开灌水阀，灌满吸水管。

2. 水泵振动过大

水泵启动后，机组和出水管振动严重，噪声大，影响正常运行，主要是水泵地脚螺栓松动或基础不稳固；泵轴与电动机轴不同心；叶轮不平衡；出水管未用支架固定牢固等原因造成的。

为防止产生上述问题，水泵安装时应注意以下几点：

(1)紧固地脚螺栓或增设减振器。地脚螺栓安装要求如下：

1)地脚螺栓垂直度不得超过 10/1000。

2)地脚螺栓底端不应碰孔底。

3)地脚螺栓距孔壁的距离应大于 15mm。

4)地脚螺栓埋入部分油脂和污垢应清除干净，螺纹部分应涂黄油。

5)拧紧螺母后，螺栓必须露出 1.5～5 个螺距。

6)在二次灌浆达到强度后，再拧紧地脚螺栓。

(2)调整泵和电动机轴线，使其同心或更换轴承。

(3)更换不平衡叶轮，增设支架(撑)，固定出水管；或增设橡胶软接头。

10.2.5　注水器、射水器安装高度缺陷分析处理

注水器安装高度不合理，不能很好地利用锅炉蒸汽的能量将水引射到锅炉中去，主要是注水器安装高度不符合设计要求；注水器与逆止阀安装位置不合理等原因造成的。

为防止产生上述问题，注水器安装高度，如设计无要求，一般装在距地 1～1.2m 处，固定应牢固。与锅炉之间装好逆止阀，注水器与逆止阀的安装位置应保持在 150～300mm 的范围内。

10.3　安全附件安装

10.3.1　常见施工工艺

1. 仪表安装

(1)热工仪表及控制装置安装。

1)热工仪表及控制装置安装时，应符合国家现行的《自动化仪表工程施工及验收规范》(GB 50093—2002)和设计的规定。

2)热工仪表及控制装置安装前，应进行检查和校验，并应达到其精度等级，并符合现场使用条件。

3)仪表及控制装置校验后，应符合下列要求：

①仪表变差应符合该仪表的技术要求。

②指针在全行程中移动应平稳，无抖动、卡针或跳跃等异常现象，动圈式仪表指针的平衡应符合要求。

③电位器或调节螺丝等可调部件，应留有调整余量。

④仪表阻尼应符合要求。

⑤校验记录应完整，如有修改应在记录中注明。

(2)温度表安装。

1)安装在管道和设备上的套管温度计，底部应插入流动介质内，不得装在引出的管段上或死角处。

2)内标式温度表安装：温度表的丝扣部分应涂白铅油，密封垫应涂机油石墨，温度表的标尺应朝向便于观察的方向。底部应加入适量导热性能好，不易挥发的液体或机油。

3)压力式温度表安装：温度表的丝接部分应涂白铅油，密封垫涂机油石墨，温度表的感温器端部应装在管道中心，温度表的毛细管应固定好，并有保护措施，其转弯处的弯曲半径不应小于 50mm，温包必须全部浸入介质内。多余部分应盘好固定在安全处。温度表的表盘应安装在便于观察的位置。安装完后应在表盘上或表壳上画出最高运行温度的标志。

4)压力式电接点温度表的安装:与压力式温度表安装相同。报警和自控同电接点压力表的安装。

5)热电偶温度计的保护套管应保证规定的插入深度。

6)温度计与压力表在同一管道上安装时,按介质流动方向温度计应在压力表下游处安装,如温度计需在压力表的上游安装时,其间距不应小于300mm。

(3)压力装置安装。

1)弹簧管压力表安装。

①工作压力小于1.25MPa的锅炉,压力表精度不应低于2.5级。

②出厂时间超过半年的压力表,应经计量部门重新校验,合格后进行安装。

③表盘刻度为工作压力的1.5~3倍(宜选用2倍工作压力),锅炉本体的压力表公称直径不应小于150mm,表体位置端正,便于观察。

④压力表必须安装在便于观察和吹洗的位置,并防止受高温、冰冻和振动的影响,同时要有足够的照明。

⑤压力表必须设有存水弯。存水弯管采用钢管煨制时,内径不应小于10mm;采用铜管煨制时,内径不应小于6mm。

⑥压力表与存水弯管之间应安装三通旋塞。

⑦压力表应垂直安装,垫片要规整,垫片表面应涂机油石墨,丝扣部分涂白铅油,连接要严密。安装完后在表盘上或表壳上画出明显的标志,标出最高工作压力。

2)电接点压力表安装同弹簧管式压力表要求如下。

①报警:把上限指针定位在最高工作压力刻度位置,当活动指针随着压力增高与上限指针接触时,与电铃接通进行报警。

②自控停机:把上限指针定在最高工作压力刻度上,把下限指针定在最低工作压力刻度上,当压力增高使活动指针与上限指针相接触时可自动停机。停机后压力逐渐下降,降到活动指针与下限指针接触时能自动启动使锅炉继续运行。

③应定期进行试验,检查其灵敏度,有问题应及时处理。

3)测压仪表取源部件在水平工艺管道上安装时,取压口的方位应符合下列规定:

①测量液体压力的,在工艺管道的下半部与管道水平中心线成0°~45°夹角范围内。

②测量蒸汽压力的,在工艺管道上半部或下半部与管道水平中心线成0°~45°夹角范围内。

③测量气体压力的,在工艺管道的上半部。

(4)水位表安装。

1)每台锅炉至少应装两个彼此独立的水位表。但额定蒸发量小于或等于0.2t/h的锅炉可以装一个水位表。

2)水位表安装前应检查旋塞转动是否灵活,填料是否符合使用要求:不符合要求时应要换填料。水位表的玻璃管或玻璃板应干净透明。

3)安装水位表时,应使水位表的两个表口保持垂直和同心,填料要均匀,接头应严密。

4)水位表的泄水管应接到安全处。当泄水管接至安装有排污管的漏斗时,漏斗与排污管之间应加阀门,防止锅炉排污时从漏斗冒汽伤人。

5)当锅炉装有水位报警器时，报警器的泄水管可与水位表的泄水管接在一起，但报警器泄水管上应单独安装一个截止阀，绝不允许在合用管段上仅装一个阀门。

6)水位表安装完毕应划出最高、最低水位的明显标志。水位表玻璃管(板)上的下部可见边缘应比最低安全水位至少低 25mm；水位表玻璃管(板)上的上部可见边缘比最高安全水位至少应高 25mm。

7)水位表应装于便于观察的地方。采用玻璃管水位表时应装有防护罩，防止损坏伤人。

8)采用双色水位表时，每台锅炉只能装一个，另一个装普通(无色的)水位表。

2. 阀门安装

(1)阀门均应逐个用清水进行严密性试验，严密性试验压力为工作压力的 1.25 倍。应以阀瓣密封针不漏水为合格。

(2)蒸汽锅炉安全阀的安装，应符合下列要求：

1)安全阀应逐个进行严密性试验。

2)锅筒和过热器的安全阀始启压力的整定应符合表10-5的规定。

表 10-5　锅筒和过热器的安全阀始启压力的整定　　　　　　　　MPa

额定蒸汽压力	安全阀的始启压力
<1.27	工作压力＋0.02
	工作压力＋0.04
1.27~2.5	1.04 倍工作压力
	1.06 倍工作压力

注：表中的工作压力，系指安全阀装设地点的工作压力。

锅炉上必须有一个安全阀按表中较低的始启压力进行整定，对有过热器的锅炉，按较低压力进行整定的安全阀必须经过热器上的安全阀，过热器上的安全阀应先开启。

3)安全阀必须垂直安装，并应装设有足够截面的排气管，其管路应畅通，并直通安全地点，排气管底部应装有疏水管；省煤器的安全阀应装排水管。

4)锅筒和过热器的安全阀在锅炉蒸汽严密性试验后，必须进行最终的调整；省煤器安全阀始启压力为装设地点工作压力的 1.1 倍，调整应在蒸汽严密性试验前用水压的方法进行。

5)安全阀应检验其始启压力、起座压力及回座压力。

6)在整定压力下，安全阀应无泄漏和冲击现象。

7)安全阀经调整检验合格后，应做标记。

(3)热水锅炉安全阀的安装，应符合下列要求：

1)安全阀应逐个进行严密性试验。

2)安全阀起座压力应按下列规定进行整定：

①起座压力较低的安全阀的整定压力应为工作压力的 1.12 倍，且不应小于工作压力加 0.07MPa。

②起座压力较高的安全阀的整定压力应为工作压力的 1.14 倍，且不应小于工作压力加 0.1MPa。

③锅炉上必须有一个安全阀按较低的起座压力进行整定。

3)安全阀必须垂直安装，并装设泄放管，泄放管应直通安全地点，并应有足够的截面积和防冻措施，确保排泄畅通。

4)安全阀经调整检验合格后，应做标记。

10.3.2　安全附件安装技巧

为防止测压不准，取压短管不得伸入管道内。温度计与压力表在同一管道上安装间距过小，压力表应安装存水弯。

10.3.3　仪表安装导致的质量问题分析处理

1. 压力表未经检验合格即进行安装

压力表未经国家锅炉压力容器检测部门检验合格，可能造成锅炉实际压力与表压力不一致，影响安全运行。

为防止上述问题的产生，压力表安装时应注意以下几点：

(1)压力表应符合下列要求：

1)压力表精度不应低于 2.5 级。

2)压力表表盘刻度极限值应为工作压力的 1.5～3.0 倍，最好选用 2 倍。

3)表盘直径不应小于 100mm。

(2)压力表有下列情况之一者，不能使用。

1)有限止钉的压力表在无压力时，指针转动后不能回到限止钉处；没有限止钉的压力表在无压力时，指针离零位的数值超过压力表规定允许偏差。

2)表盘玻璃破碎或表盘刻度模糊不清。

3)封印损坏或超过校验有效期限。

4)表内泄漏或指针跳动。

5)其他影响压力表的准确指示的缺陷。

(3)应力表应垂直安装。压力表与表管之间应装设旋塞阀以便吹洗管路和更换压力表。

(4)压力表安装应有存水弯。存水弯用钢管时，其内径不应小于 10mm。压力表和存水弯之间应装旋塞。

(5)《蒸汽锅炉安全技术监察规程》(ZBFGH 15—1996)中规定。

1)对于额定蒸汽压力小于 2.45MPa 的锅炉，压力表精确度不应低于 2.5 级。

2)压力表应根据工作压力选用。压力表表盘刻度极限值应为工作压力的 1.5～3.0 倍，最好选用 2 倍。

3)压力表盘大小应保证司炉工人能清楚地看到压力指示值，表盘直径不应小于 100mm。

4)压力表的装置、校验和维护应符合国家计量部门的规定。压力表装用前应进行校验，并在刻度盘上画红线指示出工作压力。压力表装用后每半年至少校验一次。

5)压力表安装前进行校验，然后铅封。并在盘面上画出红线标示工作压力，如图10-15所示。

2. 温度计安装不符合要求

温度计安装不符合要求，不能测定在锅炉和锅炉房热水系统中给水、蒸汽和烟气等介

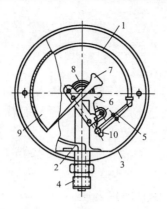

图 10-15　弹簧管式压力表

1—弹簧管；2—支座；3—外壳；4—管接头；5—拉杆；

6—扇形齿轮；7—指示针；8—游丝；9—刻度盘；10—调整螺丝

质的热力状态是否正常以及风机和水泵等设备轴承的运行是否良好。这是由于温度计选择错误；安装程序错误等造成的。

为防止上述问题的产生，安装时应按下列程序和方式进行：

(1)安装程序。

1)定位：根据设计图和规范规定，决定安装位置，不得装在管道和设备的死角处，亦不得装在受剧烈震动和冲击的地方。玻璃温度计和双金属温度计应装在便于监视和不易受机械碰伤的地方。

2)开孔：使用机械加工方法或气割方法在管道上开孔，并去除管内外的残留物和毛刺。

3)焊接：使用电焊将温度计插座焊接在管道上。

4)选用合适的垫圈，常用的垫圈材料和使用范围见表 10-6，并在螺纹上涂石墨粉，将测温元件固定在插座上。

表 10-6　常用垫圈材料和使用范围

介　质	工作压力/MPa	工作温度/℃	垫　圈　材　料
蒸　汽	2.5～6.4	300～425	紫铜或铝
蒸　汽	2.5 以下	300 以下	紫铜或高压石棉橡胶
水	2.5～6.4	100～200	紫铜或铝、高压石棉橡胶
水	0.6～2.5	60～100	高压石棉橡胶
水	0.6 以下	60 以下	橡胶
烟气、空气等		40 以下	石棉
烟气、空气等		40 以下	橡胶

(2)安装方式。

1)与空气(烟气)、给水、蒸汽等工艺管道垂直安装，应保证测温元件的轴线与工艺管道的轴线垂直相交。

2)在工艺管道的转弯处安装，应保证测温元件的轴线与工艺管道的轴线相重合并逆着流向。

3)与工艺管道倾斜安装,应保证测温元件的轴线与工艺管道的轴线相交并逆着流向。

3. 水位计安装后水位指标看不清

水位计安装后,水位指标看不清,不能使操作人员随时观察到锅炉里面的水位。这主要是因为水位计安装位置未保证足够亮度;安装后发现看不清水位时,未立即采取补救措施;警报器泄水管上未单独安装一个截止阀,只在合用管段上装设一个阀门等造成的。

为防止产生上述问题,水位计安装具体操作要求如下:

(1)水位计安装前,应检查旋塞转动是否灵活,填料是否符合使用要求;不符合使用要求时应更换填料。水位计的玻璃板应干净透明。

(2)水位计安装时,应使水位计两个表口保持铅直和同心,使玻璃板不易损坏,填料均匀,接头严密。

(3)水位计泄水管应接至安全处。当泄水管接至安装有排污管的漏斗时,漏斗与排污管之间应加阀门,以防止锅炉排污时从漏斗冒出烫伤人。

(4)当锅炉有水位警报器时,警报器的泄水管可与水位计的泄水管接在一起;但警报器泄水管上单独安装一个截止阀,绝不允许只在合用管段上装设一个阀门。

(5)水位表应有指示最高、最低安全水位的明显标志。水位表玻璃板(管)上的下部可见边缘应比最低安全水位至少低 25mm。对锅壳式锅炉,水位表玻璃板(管)下部的可见边缘的位置应比最高水位至少高 50mm。水位表玻璃板(管)的上部可见边缘应比最高安全水位至少高 25mm。

(6)水位表应装于便于观察的地方,玻璃管式水位表应有防护装置。

10.3.4 阀门安装导致的质量问题分析处理

1. 排污管不按规定装置

排污管不按规定装置排污阀时,不能及时排出炉内水垢,影响锅炉的传热效果,缩短锅炉的使用寿命。

为防止产生上述质量问题,蒸汽锅炉及额定出口热水温度高于等于 120℃时的锅炉的排污管应装有两个串联的排污阀。排污管用焊接连接,不应采用螺纹连接。

2. 安全阀安装不合格

安全阀未经国家锅炉、压力容器检测部门检测合格进行安装,锅炉将在严重安全隐患的情况下运行。这主要是因为杠杆式安全阀无防止重锤自行移动的装置和限制杠杆越出的导架;弹簧式安全阀没有提升手把和防止随便扭动调整螺丝的装置;静重式安全阀没有防止重片飞脱装置;冲量式安全阀的冲量接入导管上的阀门,没保持全开并加铅封;安全阀出厂时,没有金属铭牌等造成的。

为防止产生上述问题,安全阀安装时应注意以下几点:

(1)额定蒸发量大于 0.5t/h 的锅炉,至少装设两个安全阀(不包括省煤器安全阀)。额定蒸发量小于或等于 0.5t/h 的锅炉至少装设一个安全阀。

(2)额定蒸汽压力小于 0.1MPa 的锅炉应采用静重式安全阀或水封安全装置。

(3)安全阀在锅炉试验合格后安装;因为水压试验压力超过安全阀弹簧的工作压力。水压试验时安全阀管座可用盲板法兰封闭。

(4)安全阀的排气管应直通室外安全处,排气管的截面积不应小于安全阀排气口的截面积，排气管应坡向室外并在最低点安装排水管，接到安全处；排气管和排水管上不得安装阀门。

(5)安装安全阀必须遵守下列规定：

1)杆式安全阀要有防止重锤自行移动的装置和限制杠杆越出的手架。

2)弹簧式安全阀要有提升手把和防止随便拧动调整螺丝的装置。

3)静重式安全阀要有防止重片飞脱的装置。

4)冲量式安全阀的冲量接入导管上的阀门，要保持全开并加铅封。

(6)《蒸汽锅炉安全技术监察规程》(ZBFGH 15—1996)要求。

1)安全阀铅直安装，并尽可能装在锅筒、联箱的最高位置。在安全阀和锅筒之间或安全阀和联箱之间，不得装有取用蒸汽的出气管和阀门。

2)安全阀的总排放量必须大于锅炉最大连续蒸发量，并且在锅筒和过热器上所有安全阀开启后，锅筒内蒸汽压力不得超过设计压力的 1.1 倍。

3)锅筒和过热器的安全阀始启压力按工作压力(对于冲量式安全阀系指冲量接出地点的工作压力，对其他类型的安全阀系指安全阀装置地点的工作压力)＋0.02MPa 进行调整和检验。

4)安全阀回座压差一般应为始启压力的 4%～7%，最大不超过 10%。当始启压力小于 0.3MPa 时，最大回座压差为 0.03MPa。

5)安全阀一般应装设排气管，排气管应直通安全地点，并有足够的截面积，保证排气畅通。

(7)对于新安装的锅炉及检修后的安全阀，都应检验安全阀的始启压力、起座压力及回座压力。

(8)安全阀检验后，其始启压力、起座压力、回座压力等检验结果应记入锅炉技术档案。

安全阀经检验后，应加锁或铅封。严禁用加重物、移动重锤、将阀芯卡死等手段任意提高安全阀始启压力或使安全阀失效。锅炉运行中安全阀严禁解列。

(9)为防止安全阀的阀芯和阀座粘住，应定期对安全阀做手动的放气或放水试验。

3. 锅炉没有超温、 超压报警连锁保护装置

锅炉没有超温、超压报警连锁保护装置，则当锅炉压力、温度上升到极限值时，会产生爆炸，其原因是锅炉压力和温度都有极限值，一旦超过极限值，将会产生爆炸。超温、超压报警和连锁保护装置将能有效提高锅炉的安全性。

为防止上述问题的产生，锅炉安装时额定蒸发量大于或等于 6t/h 的锅炉，应装设蒸汽超压报警装置和联锁保护装置。额定出口热水温度高于或等于 120℃以及额定出口热水温度低于或等于 120℃但额定热功率大于或等于 4.2MW 的锅炉，应装设热水超温报警和连锁保护装置。

4. 锅炉给水管的止回阀在靠近锅筒一侧

锅炉运行时止回阀失灵无法修复的原因是止回阀装设在靠近锅筒一侧，止回阀受介质扰动比较大，容易失灵。

为防止产生上述问题，泵出口设置止回阀其目的主要用于防止介质倒流。止回阀内设有阀盘或摇板，在介质顺流时，阀盘或摇板即升起打开；在介质倒流时，阀盘或摇板即自动关闭，阻断介质倒流。对离心式等叶片式液体输送泵，就是利用止回阀这一特性，在泵出口设置止回阀，用于防止离心泵未启动时物料倒流或因突然停泵造成的逆流和冲击。

止回阀只能用以防止突然倒流但密封性能欠佳，同时止回阀容易损坏，因此，应靠近泵出口安装止回阀，在锅筒和止回阀之间设切断阀（一般用闸阀或球阀）之间，并与给水止回阀紧接相连，以便于检修和日常检查。

10.4 烘炉、煮炉和试运行

10.4.1 常见施工工艺

1. 烘炉

（1）木柴烘炉阶段。

1）关闭所有阀门，打开锅筒排气阀，并向锅炉内注入清水，使其达到锅炉运行的最低水位。

2）加进木柴，将木柴集中在炉排中间，约占炉排 1/2 点火。开始可单靠自然通风，按温升情况控制火焰的大小。起始的 2～3h 内，烟道挡板开启约为烟道剖面 1/3，待温升后加大引力时，把烟道挡板关至仅留 1/6 为止。炉膛保持负压。

3）最初两天，木柴燃烧须稳定均匀，不得在木柴已经熄火时再急增火力，直至第三昼夜，略添少量煤，开始向下个阶段过渡。

（2）煤炭烘炉阶段。

1）首先缓缓开动炉排及鼓、引风机，烟道挡板开到烟道面积 1/3～1/6 的位置上。不得让烟从看火孔或其他地方冒出。注意打开上部检查门排除护墙气体。

2）一般情况下烘炉不少于 4d，冬季烘炉要酌情将木柴烘炉时间延迟若干天。后期烟温不高于 150℃。砌筑砂浆的含水率降到 10% 以下为好。

3）烘炉中水位下降时及时补充清水，保持正常水位。烘炉初期开启连续排污，到中期每隔一定时间进行一次定期排污。烘炉期少开检查门、看火门、人孔等，防止冷空气进入炉膛。严禁将冷水洒在炉墙上。

2. 煮炉

（1）若设计无规定，按表 10-7 用量向锅炉内加药。

表 10-7 煮炉所用药品及数量

药品名称	加药量/(kg/m³ 水)	
	铁锈较轻	铁锈较重
氢氧化钠（NaOH）	2～3	3～4
磷酸三钠（$Na_3PO_4 \cdot 12H_2O$）	2～3	2～3

注：1. 如缺少磷酸三钠，可用无水碳酸钠（Na_2CO_3）代替，数量为磷酸三钠的 1.5 倍。

2. 对于铁锈较薄的锅炉，也可以只用无水磷酸钠进行煮炉，其用量为 6kg/m³ 炉水。

3. 铁锈特别严重时，加药数量可按表再增加 50%～100%。

（2）有加药器的锅炉，在最低水位加入药量，否则可以在上锅筒一次加入。

（3）当碱度低于 45mg/L，应补充加药量。

（4）药品可按 100℃ 纯度计算，无磷酸三钠时，可用碳酸钠代替，数量为磷酸三钠的 1.5

倍。若单独用碳酸钠煮炉，其数量为每 1m³ 水加 6kg。

3. 锅炉试运行

（1）打开点火门。在炉排前端放好木柴并点燃，开大引风机的调节阀使木柴引燃后，关小引风机的调节阀间断开启引风机使火燃烧旺盛。然后手工加煤并开启鼓风机。当煤层燃烧旺盛可关闭点火门向煤斗加煤，间断开动炉排。此时应观察燃烧情况进行适当的拨火使煤能连续燃烧，煤连续燃烧后应调整鼓风量和引风量使炉膛内维持 2～3mm 水柱（20～30Pa）的负压，使煤逐步正常燃烧。

（2）升火时炉膛温升不宜太快，避免锅炉受热不均产生较大的热应力，影响锅炉寿命。一般情况，从升火至锅炉达到工作压力历时不应小于 3～4h。

（3）升火以后应注意水位变化，炉水受热后水位上升。当超过最高水位时应排污使水位正常。

（4）当锅炉有压力时，可进行压力表弯管和水位计的冲洗工作。当压力升至 0.3～0.4MPa 时对锅炉范围内的法兰、人孔、手孔和其他连接部位进行一次检查和热状态下的紧固。无问题后升至工作压力。在工作压力下再进行一次检查。人孔、手孔、阀门、法兰和填料应严密。锅炉、联箱、管道和支架的膨胀应正常。

10.4.2　烘炉、煮炉、试运行操作技巧

1. 烘炉操作技巧

（1）火焰应保持在炉膛中央，燃烧均匀，升温缓慢，不能时旺时弱。烘炉时锅炉不升压。

（2）烘炉期间应注意及时补进软水，保持锅炉正常水位。

（3）烘炉中后期应适量排污，每 6～8h 可排污一次，排污后及时补水。

（4）煤炭烘炉时应尽量减少炉门、看火门开启次数，防止冷空气进入炉膛内，使炉膛产生裂损。

2. 煮炉操作技巧

（1）煮炉期间，炉水水位控制在最高水位，水位降低时，及时补充给水。

（2）每隔 3～4h 由上、下锅筒（锅壳）及各联箱排污处进行炉水取样，若炉水碱度低于 45mg 当量/L，向炉内补充加药。

（3）需要排污时，应将压力降低后，前后、左右对称排污。

（4）清洗干净后，打开人孔、手孔，进行检查，清除沉积物。

10.4.3　锅炉缺水分析处理

导致锅炉缺水的原因是水位表不通畅，排污后没关闭排污阀。

施工时，如果从水位表玻璃中看不到水位线，应立即停止向锅炉供应燃料，然后关闭水位计汽连管阀门，消除玻璃管上部的压力，此时锅炉水位如果仍在水位表水连管以上，玻璃管中就会有水位线出现。如仍看不到水位线，锅炉已经严重缺水，此时严禁向锅炉上水。

防止锅炉缺水的措施是保持水位表的通畅，排污后关闭排污阀。

10.4.4　锅炉满水分析处理

锅炉满水导致经放水玻璃管中看不到水位线，严重时，在管网中易造成严重的水击现

象。其原因主要是给水自动失灵；运行人员疏忽大意，监视水位不严或误操作；表计失灵造成误操作。

如果发现锅炉满水，先关闭水位表的水旋塞，使玻璃管与水连管断开，再开启放水旋塞，如玻璃管中的水位下降或有大量蒸汽冒出，为轻度满水；如果在关闭水旋塞以后经放水旋塞放出的水仍持续不断，玻璃管中不见水位线，为严重满水。如系轻度满水，可适当减少给水量，并通过排污阀放水，查明满水原因。如系严重满水，应立即停止供应燃料，停止鼓风、引风，关闭给水阀门，加大锅炉放水量，当水位恢复正常时，再继续投入运行。严重满水时，在管网中易造成严重的水击现象。

10.4.5 汽水共腾分析处理

汽水共腾主要表现在水位表内的水位发生激烈波动，看不清水位。过热蒸气温度急剧下降，饱和蒸汽含盐量增大；蒸汽管内发生水冲击和法兰处向外冒汽。

处理汽水共腾的办法如下：

(1)放下挡烟板，关闭灰门，降低锅炉负荷。

(2)适当增加排污次数和排污量，暂时维持较低水位(但要防止水位过低)。

(3)加强水质处理，有水质分析的要进行给水分析化验。

(4)开启汽管上的疏水阀。

(5)锅炉水质未改善前，不允许增加锅炉负荷。

为了防止汽水共腾，必须对锅炉用水进行化验分析，严格控制用水含盐浓度不得超过规定范围。同时，根据水质情况制订该锅炉在最高负荷时比临界含盐量为低的许可含盐量的标准。

10.5 换热站安装

10.5.1 常见施工工艺

1. 换热器安装

(1)热交换器安装前，先把座架安装在合格的基础或预埋铁件上。

(2)用水准仪或水平尺、线坠找正、找平、找垂直，同时核对标高和相对位置。然后拧紧地脚螺栓进行二次灌浆，或者将座架支腿焊在预埋铁件上，埋设或焊接都应牢固。

(3)吊起热交换器坐落在架上，找平找正，坐稳。核对进汽(水)口和出水口标高应符合设计规定。前封头与墙壁距离，不小于蛇形管长度。

(4)安装连接件、管件、阀件。按工艺标准相关部分要求，安装、拧紧各法兰件。

(5)按设计图纸进行配管、配件，安装仪表。各种控制阀门应布置在便于操作和维修的部位。仪表安装位置应便于观察和更换。交换器蒸汽入口处应按要求装置减压装置。交换器上应装压力表和安全阀。回水入口应设置温度计，热水出口设温度计和放气阀。如果锅炉设有连续排污时，可将排污水加到回水中补充到交换器和系统中。

(6)热交换器应以最大工作压力的1.5倍做水压试验。蒸汽部分应根据蒸汽入口压力加0.3MPa，装水部分不应小于0.4MPa。

在试验压力下，保持5min压力不降为合格；试压合格后，按设计要求保温。

2. 闭式膨胀水罐装置安装

(1)闭式膨胀水罐本体必须以工作压力的1.5倍做水压试验，但不得低于0.4MPa。在试验压力下，保持10min压力不降、无渗漏为合格。

(2)正确选定初始压力、终止压力、安全阀的启闭压力、电接点压力表的两个触点压力和超压报警压力等参数。这些压力参数应由设计和生产厂家技术部门共同研究确定，并写入设计资料。

(3)按设计要求和生产厂家安装使用说明书的要求进行安装和调试，并做好调试记录。安全阀的定压必须由有资质的检测单位进行，并出具检测报告。

10.5.2 减压阀工作不正常分析处理

减压阀由于安装不合理或阀体缺陷，投入使用后不能正常使用，其主要原因是安装不合理，接管不当；阀门不通畅或不工作；阀门不起减压作用或直通。

为防止产生上述问题，减压阀安装时应注意下列问题。

(1)在减压阀安装前要做仔细检查，特别是存放时间较长的，安装前应拆卸清洗；安装时要注意箭头所指的方向是介质流动方向，切勿装反；减压阀应直立安装在水平管路中，两侧装有控制阀门；减压阀两侧的高低压管道上都应设置压力表，以便于运行中调节和观察阀前和阀后的压力变化；均压管应连接在低压管道端，没有均压管的要设置安全阀，以保证减压阀运行的可靠性。

(2)波纹管式减压阀用于蒸汽时，波纹管应朝下安装；用于空气时，需将阀门反向安装；对于带有均压管的鼓膜式减压阀，均压管应装于低压管一边。

(3)减压阀安装如图10-16所示，其安装尺寸见表10-8。

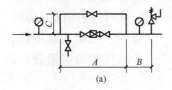 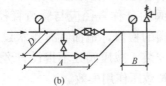 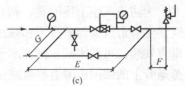

(a) (b) (c)

图10-16 减压装置安装形式

(a)立装；(b)平装；(c)带均压管的鼓膜式减压阀

表10-8 减压阀安装尺寸   mm

型 号	A	B	C	D	E	F	G
DN25	1100	400	350	200	1350	256	200
DN32	1100	400	350	200	1350	250	200
DN40	1300	500	400	250	1500	300	250
DN50	1400	500	450	250	1600	300	250
DN65	1400	500	500	300	1650	300	350
DN80	1500	550	650	350	1750	350	350
DN100	1600	550	750	400	1850	400	400

续表

型　号	A	B	C	D	E	F	G
DN125	1800	600	800	450			
DN150	2000	650	850	500			

(4)减压阀安装完后，应根据使用压力调试，并作出调试后的标志。如弹簧式减压阀的调整过程是：先将减压阀两侧的球阀关闭(此时旁通管也应处于关闭状态)，再将减压阀上手轮旋紧，下手轮旋开，使弹簧处于完全松弛状态，从注水小孔处把水注满，以防蒸汽将活塞的胶皮环损坏。打开前面的球形阀(按蒸汽流动的方向顺序打开)，旋松手轮，缓缓地旋紧下手轮，在旋下手轮的同时，注意观察阀后的压力表，当达到要求读数时，打开阀后的球形阀，再作进一步的校准。

(5)投入运行后，如减压阀不通，一是通道被杂物堵塞，二是活塞生锈被卡住，处在最高位置不能下移。此时应清除杂物，拆下阀盖检修活塞，使能灵活移动。必要时，在阀前可装置过滤器。

(6)减压阀投入使用后，不起减压作用的主要原因有：活塞卡在某一位置；主阀阀瓣下面弹簧断裂不起作用；脉冲式减压阀阀柄在密合位置处被卡住；阀座密封面有污物或严重磨损；薄膜式减压阀阀片失效等。这些缺陷要通过检查后，进行修理或更换部分失效零件。

10.5.3　减压阀前后无压力表、阀门分析处理

减压阀前无过滤器；减压阀前后无压力表、阀门。其后果是减压阀前无过滤器容易被杂质堵塞，达不到减压效果；减压阀前后无压力表则无法知道减压阀的运行状态及前后的压力值；减压阀前后无阀门，检修时无法断开水源等。

为防止产生上述问题，减压阀的公称直径应与管道管径相一致；设置减压阀的部位，应便于管道过滤器的排污和减压阀的检修，地面宜有排水设施。安装时，比例式减压阀宜垂直安装，可调式减压阀宜水平安装。减压阀处不得设置旁通管。若减压阀设旁通管，因旁通管上的阀门渗漏会导致减压阀减压作用失效。

第11章 中水系统及游泳池水系统安装

11.1 中水系统管道及辅助设备安装

11.1.1 常见施工工艺

1. 中水系统管道安装

(1)管道布置。

1)建筑中水引入管的位置,要根据室外中水分配位置、建筑物的布置等因素决定。中水引入管一般应从建筑物用水量最大处引入。

当建筑物使用中水卫生器具位置比较均匀时,宜在建筑物中央部位引入,这样可使配水均匀,同时减少管段转输长度,从而使管网的水头损失也减小。

当室内中水管网为杂用、消防共用系统时,而建筑物的消火栓在 10 个以上时,为保证供水安全可靠,引入管应该设置成两条,并从建筑物不同侧的室外中水管网引入。

当受到室内中水管条件限制,只能从一侧引入,则两根引入管间距不宜小于 10m,并应在两根引入管之间设闸门。

2)室内中水管道布置与建筑物性质、建筑物使用中水的卫生器具的位置、数量以及采用的供水方式有关。管道布置时应力求长度短、尽可能呈直线走向,并与墙、梁、柱平行敷设。

3)中水管道不允许敷设在排水沟、烟道和风道内,以避免管道过快被腐蚀,也不应该穿越橱窗、壁柜和木装修,以利管道维修。尽量不直接穿越建筑物沉降缝,如必须穿越时,要采取相应的措施,如柔性软管等。

(2)管道安装。

1)中水管道与生活饮用水管道、排水管道平行埋设时,其水平净距不小于 500mm;交叉埋设时,中水管道应位于生活饮用水管道下面,排水管道的上面,其净距均不小于 0.15m。

2)明装管道距墙应均匀一致,公称外径 32mm 以下的管道外皮距离建筑装饰墙面 20~25mm,公称外径 32mm 以上的管道外皮距离建筑装饰墙面 25~50mm。

3)管道上下平行安装时,要保证输送热水的管道在输送冷水的管道上方,垂直平行安装时,输送热水的管道在输送冷水的管道的左边。

4)根据建筑物对卫生、美观要求的高低,中水管可以明装或暗装。室内明装管道,宜在土建粉饰完毕后进行。

明装管可敷设在墙、梁、柱和顶棚下,也可在地板旁边暴露敷设,一般民用建筑卫生设备件数不多时可多采用明装方式。暗装是指将管道敷设在技术层、地下室顶棚下、吊顶中、管道竖井内。

5)引入管的室外部分埋深可由当地冻土深度及地面荷载情况确定，通常在冻土线以下200mm（管顶算起），管顶上覆土不小于0.7～1.0m。为防止因建筑物沉降而压坏引入管，应当采用防压坏的技术措施。如管道穿过基础或墙壁部分预留大于引入管直径200mm孔洞，在空洞与管道之间的柔性填充，或采取预埋套管、砌分压拱或过梁等措施。室外地下水位高于引入管埋管深度时，还要在引入管穿墙基础部位采取防水措施。

2. 中水系统辅助设备安装

(1)格栅安装。中水处理系统应采用机械格栅；当设置一道格栅时，格栅条空隙宽度应小于10mm；而设置粗细两道格栅时，粗格栅条空隙宽度为10～12mm，细格栅条空隙宽度为2.5mm；设在格栅井内时，其倾角不得小于60°，格栅井应设置工作台，其位置应高出格栅前设计最高水位500mm，其宽度不宜小于700mm，且格栅井应设置活动盖板。

(2)毛发过滤器安装。以洗浴（涤）排水为原水的中水系统，污水泵吸水管上应设置毛发过滤器。

毛发过滤器过滤筒（网）的有效过水面积应为连接管截面积的2.0～4.0倍，过滤筒（网）的孔径宜采用3mm具有反洗功能和便于清污的快开结构，过滤筒（网）应采用耐腐蚀材料制造。

(3)中水调节池施工。调节池（水箱）底部应设有集水坑和排泄管，池底应有不小于0.02坡度，并且应坡向集水坑。当采用地埋式时，顶部应设置人孔和直通地面的排气管，池壁应设置爬梯和溢水管。当中水调节池以生活饮用水为补水时，要采取防止饮用水被污染的措施，且补水管道出水口与中水调节池（水箱）内最高水位之间有不小于2.5倍补水管道管径的空气隔断高度，严禁采用淹没式浮球阀补水。

(4)生物氧化池安装施工。曝气设备和曝气装置的布置应该使曝气均匀，气水体积比为1540：1。氧化池使用固定床填料时，其底部距池底的安装高度不得低于2.0m，每层的高度不宜高于1.0m。当使用悬浮床填料时，装填体积不应该小于池子容积的25%。

(5)过滤设备安装。过滤设备必须采用耐腐蚀的材料制作。采用压力过滤，活性炭高度一般不小于3.0m，活性炭的炭层高和过滤器直径比一般为1：1或2：1，活性炭层常用4.5～6m的固定床串联进行。

(6)消毒设备安装。消毒设备安装稳固可靠，进出水方向正确，投药装置宜采用自动等比投加装置，要求消毒剂加投后应该与被消毒水充分混合均匀。

(7)设备配管安装。

1)中水贮存池以生活饮用水为补水时，补水管道出水口与贮存水池内最高水位之间有不小于2.5倍补水管道管径的空气隔断高度；中水贮存池设置的溢流管、泄水管均应采用间接排水方式，排出口溢流管口应设隔网。

2)设备与设备之间的连接管道应自然过渡，管道与设备之间不得存在拉压现象，各种坡度准确、泄水方便。

3)设备配管应独立设置承重支架，不允许设备承担配管重量。有振动的设备配管时应设置软连接。

3. 系统调试和试运行

中水处理设备在安装完毕以后必须进行单机试运行，要求机械设备运转无异常，水处理设备无渗漏、堵塞现象，进出水稳定。

系统调试完毕后，即可进行试运行工作；系统试运行应符合设计要求，中水处理深度应符合设计和国家卫生标准要求，调试合格做好质量记录；即为试运行完毕。

11.1.2　建筑中水及辅助设备安装技巧

1. 设备安装要求

(1)中水管道、设备及受水器具应按规定着色，以免误饮、误用。

(2)中水给水管道不得装设取水龙头。便器冲洗宜采用密闭型设备和器具。绿化、浇洒、汽车冲洗宜采用壁式或地下式的给水栓。

(3)中水高位水箱宜与生活高位水箱分开设在不同的房间内，如条件不允许只能设在同一房间内，二者净距离应大于 2m。

2. 设备配管要求

(1)设备与设备之间的连接管道应自然过渡，管道与设备之间不得存在拉压现象，管道与管道、管道与设备之间的连接紧密、美观、可靠、便于拆卸与检修，各种坡度准确、泄水方便。

(2)设备配管应独立设置承重支架，不允许设备承担配管重量。

(3)有振动的设备配管时应设置软连接。

3. 系统调试方法

中水系统水量调试可以通过表 11-1 中的方法进行。

表 11-1　中水系统水量调试方法

方　法	操作技巧
水量平衡调试	中水用水量较大时，可以通过扩大原水收集范围和收集量来调节水量，原水水量较大时，可以通过扩大中水使用范围，如浇洒道路、绿化、冷却水补水等来平衡水量
原水调节池调节用贮水量的调试	原水的贮水量不得少于设计的规定值。当设计未规定时，在调试中连续运行时可以取原水日处理水量的 35%～50%；间歇运行时，原水调节池的贮水量应为处理设备一个运行周期的处理量
中水调节池调节用贮水量调试	中水调节池调节用贮水量不得少于设计的规定值。当设计未规定时，在调试中连续运行时可以取日中水用水量的 25%～35%；间歇运行时，贮水量应为中水设备一个运行周期的用水量

除以上表中几种调节方式外，在实际中还可用分流、溢流、超越等方式进行水量调节。

11.1.3　中水管道未采取防止误接、误用、误饮措施分析处理

中水管道未采取防止误接、误用、误饮措施可能会使人误用、误饮，对人们身体健康造成危害。

为防止产生上述问题，应注意下列几点：

(1)中水管道外壁应按有关标准的规定涂色和标志。

(2)水池(箱)、阀门、水表及给水栓、取水口均应有明显的"中水"标志。

(3)公共场所及绿化的中水取水口应设带锁装置。

(4)工程验收时应逐段进行检查,防止误接。

11.1.4　中水供水系统未独立设置的分析处理

中水供水系统如果不独立设置,就得靠自来水补给,不能保障其使用功能。主要原因是中水供水系统不能以位间形式与自来水系统连接,单流阀、双阀加泄水等连接都是不允许的,同时也是在强调中水系统的独立性功能,中水系统一经建立,就应保障其使用功能,不能总依靠自来水;另外自来水的补给只能是应急的,有计量的,而且要确保不污染自来水的措施。

为避免上述问题的产生,中水供水系必须独立设置。

11.1.5　中水管道装有取水嘴的分析处理

中水管道装设取水嘴,会导致中水的误饮、误用,不能保证中水使用安全。其主要原因是中水管道上不得装设取水嘴,当根据使用要求需要装设取水接口(或短管)时,如在处理站内安装的供工作人员使用的取水嘴,在其他地方安装浇洒、绿化等用途的取水接口等,应采取严格的技术管理措施,措施包括:明显标示不得饮用,安装供专人使用的带锁水嘴等。

为防止上述问题的产生中水管道上不得装设取水龙头。当装有取水接口时,必须采取严格的防止误饮、误用措施。

11.1.6　中水管道与生活饮用水给水管道连接分析处理

因中水是非饮用水,必须严格限制其使用范围,根据不同的水质标准要求,用于不同的使用目标,必须保障使用安全,采取严格的安全防护措施,为防止发生误接、误用,严禁中水管道与生活饮用水管道任何方式的连接。

为避免安全问题产生,中水工程设计必须采取确保使用、维修的安全措施,而且严禁中水进入生活饮用水给水系统。

11.2　游泳池水系统安装

11.2.1　常见施工工艺

1. 循环系统安装

(1)循环管道布置。

1)游泳池供水管道的布置[图 11-1(a)、(b)],一般采用图 11-1(a)的布置方式,即 $v_1 = v_2 = v_3 = v_4$,以保证池水循环和保证水质。

2)循环管道宜采用沿游泳池四周设置管沟的敷设方式,对于设有加热设备的游泳池更有实用意义。不仅便于施工安装,也便于维修管理。但循环回水管设在游泳池底的部分,只能埋地敷设。

(2)循环系统附属装置。

1)给水口(进水口)的位置宜设在泳道浮标线的端头,为避免与泳道端头的电动计时计分的触板发生矛盾,给水口的间距一般不超过6m。给水口淹没在水中的深度为0.3～0.5m。给水口的流速,一般宜取1.0～2.0m/s。给水口的截面积应不小于管道截面积的两倍。由于建筑装饰的要求,给水口都做成有孔管盖板,形状为矩形或圆形。材料一般采用大理石,也有用铜板制的。

2)便于游泳池的排污,吸水口一般作成长条形的铸铁格栅或铸铜格栅,其格栅的空洞不大于20mm。格栅有效面积的流速不应大于0.5m/s。

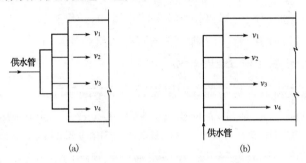

图 11-1　游泳池供回水管道布置图

(a)各管道长度相等；(b)管道长短不一

3)溢水口一般设在游泳池溢水槽内,每隔3m设一个,用50mm的排水地漏代替,也有采用铸铜制作的。但连接溢水口的溢水管不应设存水弯,以免堵塞管道。关于溢水的处理有两种方式,一种是将溢水接入室外雨水管道内予以排放；另一种是将溢水管与循环回水管相接,使其溢水经过过滤、消毒后再重新使用,以节省补充水及热量。

4)捕发器(用卧式直通除污器代替)安装在循环水泵的吸水管上,并联安装两个,一用一备交替使用。

5)补给水池(均衡池)的设置是为了保证各游泳池的水位一致,不断向池内补充新鲜水,并防止游泳池水倒灌到城市自来水管网或室外管网,使补充水量能自行调节。

补给水池应考虑一定的沉泥部分,据有关资料介绍,深度不小于300mm,游泳池水面高出补给水池水面的高度,按回水管的水头损失计算确定,一般可采用100～200mm,补给水池与游泳池的连接方式如图11-2所示。

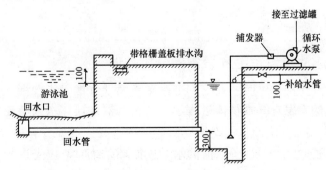

图 11-2　补给水池与游泳池连接方式

关于补给水池的容积尚无统一规定，可按循环水泵 3～5min 的循环水流量来确定。补给水管接至补给水水池，并装浮球阀门，浮球阀门的阀口应高出补给水池的水面 100mm 以上。

2. 游泳池管道连接

游泳池管道按使用功能划分为回水管、供水管与加药剂管道。回水管多采用 UPVC 管；供水管采用给水 UPVC 或 ABS 管；其连接方式均为粘接。

3. 游泳池附件安装

在土建浇筑混凝土时应配合提供游泳池附件安装的详细尺寸，并在砌筑贴砖时，进行试配安装，调整与装饰面的结合，达到理想的观感质量与使用舒适度。

11.2.2　游泳池水系统安装技巧

应根据图纸认真放样，以免基础方向错误，应待基础强度达到 75% 以上再进行设备安装。计量设备安装方向必须与标识方向统一，以防止安装方向不正确导致计量设备不能正常工作。初次运行，泳池中存有大量杂质，易造成管道或设备堵塞，因此要对泳池内进行人工清扫。管路因温度变化而变形导致穿越水池壁的管路周围渗水，因此，在管道穿越水池时应设固定支架，并贴近水池外壁。

11.2.3　公共游泳池和水上游乐池通道上未设置浸脚清毒池分析处理

公共游泳池和水上游乐池通道上不设置浸脚消毒池，会产生传染病菌。

进入公共游泳池和水上游乐池的通道，为了减少游泳者带入池内细菌传染，应设置浸脚消毒池及强制淋浴，强制淋浴应为自动控制，有人通过时，淋浴器才喷水，人通过后自动停止供水。

浸脚消毒池应设于强制淋浴之后，且有一定距离，防止淋浴水溅入而使消毒液稀释。消毒池长度不小于 2m，液深不小于 0.15m，消毒液余氯量不低于 10mg/L。消毒液的排放管应用塑料给水管，并安装塑料阀门控制。为防止管道被杂物或泥沙堵塞，公称管长不宜小于 80mm。消毒液应中和或稀释后才能排入市政排水管网。

11.2.4　水上游乐池滑道润滑水系统的循环水泵未设置备用泵分析处理

水上游乐池滑道润滑水系统的循环水泵，没有设置备用泵，易发生事故，是由于水上游乐池滑道的娱乐功能全靠水来润滑，如果断水会导致滑道娱乐功能丧失，而载人容器设备在无水润滑情况下可能会发生事故。

为防止安全事故发生，水上游乐池滑道润滑水系统的循环水泵，必须设置备用泵。

11.2.5　游泳池未设置毛发聚集器分析处理

游泳池的水进入循环系统时，未设置毛发聚集器进行预净化处理，会使水中夹带颗粒状物、泳者遗留下的毛发及纤维物体进入水泵及过滤器，损坏水泵叶轮，又影响滤层的正常工作。

为防止上述问题的产生，当游泳池的水进入循环系统时，应先进行预净化处理，以防止水中夹带颗粒状物、泳者遗留下的毛发及纤维物体进入水泵及过滤器。否则，既会损坏水泵叶轮又影响滤层的正常工作。所以，在循环回水进入水泵之前、吸水管阀门之后，必须设置毛发聚集器。

毛发聚集器的原理与给水管道上的 Y 形过滤器相同，但因聚集器的过滤筒必须经常取出清洗，因此，取出滤筒处的压盖不要采用法兰盘连接，而应采用快开式的压盖，否则每次清扫需要较长时间。

毛发聚集器一般用铸铁制造，其内壁应衬有防腐层，也有用不锈钢制造的，防腐性能较佳。过滤筒应用不锈钢或紫铜制造，滤孔直径宜采用 3mm。

目前，国内生产的快开式毛发聚集器有 $DN100$，$DN150$，$DN200$，$DN250$ 等规格，当流量超过单个设备的过水能力时可并联使用。

参考文献

[1] 叶欣.建筑给水排水及采暖施工便携手册[M].北京:中国计划出版社,2006.

[2] 深圳市建设工程质量监督总站.新版建筑设备安装工程质量通病防治手册[M].北京:中国建筑工业出版社,2005.

[3] 冯秋良.安装工程分项施工工艺表解速查系列手册·建筑给水排水及采暖工程[M].北京:中国建材工业出版社,2005.

[4] 中国建筑工程总公司.给排水与采暖工程施工工艺标准[M].北京:中国建筑工业出版社,2004.

[5] 北京城建集团.建筑给排水、暖通、空调、燃气工程施工工艺标准[M].北京:中国计划出版社,2004.

[6] 李德英,吴俊奇,周秋华.简明实用水暖工手册[M].北京:机械工业出版社,2003.

[7] 杨南方,尹辉.住宅工程质量通病防治手册[M].第2版.北京:中国建筑工业出版社,2002.

[8] 张兴国.水暖工长手册[M].北京:中国建筑工业出版社,2001.

[9] 《建筑施工手册》编写组.建设施工手册[M].第4版.北京:中国建筑工业出版社,2003.

[10] 辽宁省建设厅.暖、卫、燃气、通风空调建筑设备分项工艺标准[M].第2版.北京:中国建筑工业出版社,2001.